科学观念在中国的历史演进研究

The Historical Evolution of
Scientific Concept in China

李 丽　李明宇　著

人民出版社

目　录

前　言

　　科学观念是指人们对科学及其发展的总体看法和根本态度，是人们通过科学概念、原理、规律而建立起来的对自然界和人类社会存在与发展一般规律的认识，是科学及其发展在思想领域里的反映。广义而言，科学观念既包括科学概念、科学理论等知识，也包括以哲学世界观的形式展现的一定历史阶段各学科科学知识的总和，还包括科学技术的社会化带来的新观念和新思想。科学观念对于人的发展具有重要的引导作用，它首先缘于"科学"概念的理解。"科学"概念，即：科学的含义和指称的内容。"科学"这个词源自英文"science"和法文"science"（拼写与英文相同但是读音不同）以及德文"wissenschaft"，但他们的具体指称和含义不同。英文和法文的"science"通常用来指称自然科学，而德文中"wissenschaft"不仅涵盖了自然科学，也涵盖了哲学社会科学。可以肯定，这样的指称关乎英法和德国不同的社会文化背景。那么，当这些词源被中国人逐渐地由"格致"翻译为"科学"时，以及"科学"在被正式使用的一个多世纪的过程中，"科学"概念指称的究竟是英法的习惯，还是德国的习惯，抑或两者兼有之？包括科学概念在内的科学观念在中国表现出何种样态？这需要我们结合中国的实际情况客观分析，给出合理的回答。

　　在中国社会主义建设的实践过程中，我们已经清醒地认识到，谋求科学发展势在必行。正如党的十九大报告所指出的："发展是解决我国一切问题的基础和关键，发展必须是科学发展"。① 那么，科学发展究竟是什么样的

---

① 习近平：《决胜全面建成小康社会　夺取新时代中国特色社会主义伟大胜利——在中国共产党第十九次全国代表大会上的报告》，人民出版社 2017 年版，第 21 页。

发展?"科学"的意涵是什么?这些都是带有根本性意义的问题。这些根本性问题的实质是发展的方向选择问题。在这个意义上,我们非常有必要在学理上进一步加深对中国科学观念的历史演进过程,尤其是演进逻辑的理解和认识。在"科学救国→科学兴国→科学发展"的百年历史进路中,梳理出国人在不同的历史阶段对"科学"的不同理解。通过转型逻辑的梳理和把握,解释科学观念发展的方向,为谋划今天的科学发展方略提供方向性的借鉴。

本书正是基于这样的前提性思考,在理论上探本溯源,在整个中国现代化的大背景中,结合中国现实的文化要素,注重科学观念演进的学理分析。针对科学意涵本身的演进逻辑,挖掘出了一条"知识→价值→文化"的发展主线。并围绕着这条主线进行拓展性研究,探寻出其历史演进的社会动因和文化动因,展示出中国科学观念历史演进的双重语境。由此,较为全面系统地展示出新发展理念提出和确立的历史必然性。这样,把中国科学观念的历史演进与"科学救国→科学兴国→科学发展"时代引领性理念演进的研究结合起来,把曾经对科学的误解和误用及由此导致的人文精神的失落等作为警钟,在"五位一体"总体布局和"四个全面"战略布局中更清楚地把握新发展理念形成和演进的逻辑内涵,为我们坚定不移地贯彻落实科学发展方略廓清思路、增强信心,从而更好地贯彻新发展理念、坚定文化自信和实现人的自由全面的发展。

经过多年的研究和思考,本书确立的主要内容和基本观点如下:

1.科学观念演进的一般逻辑。"科学"概念源自西方,由"SCIENCE"一词经历了一个由"格致"到"科学"的过程翻译过来的,是中西文化交流融合的结晶。在这个意义上,科学观念在西方和在中国的演进历程应该是一种一般和特殊、共性与个性的关系,即:科学观念在中国的演进应该既包含有西方科学观念演进的某些趋势和方面的共性,又有因社会历史和文化因素而造成的个性发展和历史超越的历程。因此,在历史演变的视角下梳理源自西方的一般意义上的科学观念的演进逻辑对理解科学观念在中国的历史演进具有重要的前提性作用。这个演变的逻辑为:知识体系、科学活动、社会建制、生产力、科学方法、科学文化以及科学对话等不同意涵的次第展开。这是一个从知识体系经由制度和经济达到文化理解的一般过程，展示了科学观念演变的内在逻辑，揭示出此种逻辑与人的观念发展的内在一致性。

2.科学观念在中国的演进逻辑。结合中国现代化的社会文化背景，我们发现，"科学"的意涵在中国经历了一个知识论经由价值论发展到文化论的逻辑转换过程。虽然，特定的阶段上，社会背景和文化条件不同，导致人们的科学观念呈现出实证理解和价值化的形上理解的交错情形，但是实际上还是隐含着一条发展主线，即："知识→价值→文化"。这条主线经由注重实证知识的知识论，发展成为包括知识、制度、器物在内的兼容形上和形下层面的文化论体系，实现了片面理解向全面理解、浅层理解向深层理解的转换。

3.科学观念在中国历史演进的社会语境。科学观念在中国演进的社会语境经历了一个"救亡保种的革命性语境→民族崛起的政治性语境→富国强民的经济性语境"的转换过程，为科学观演进提供了社会动因。其间，此种语境转换决定了"科学救国→科学兴国→科学发展"时代主题的转换。即救亡保种的革命性语境决定了科学救国的时代主题，民族崛起的政治性语境决定了科学兴国的时代主题，富国强民的经济性语境决定了科学发展的时代主题。在特定语境下"救国→兴国→强国"的时代主题决定人们对"科学"的理解视角从实证科学向统一科学转换，这是一个理性成熟度不断增强的过程。

4.科学观念在中国历史演进的文化语境。中国科学观念转型的文化语境研究主要从"内逻辑"与"外逻辑"两条路径展开。"内逻辑"路径主要从"科学主义→科学主义反思→科学人文主义"中科学与人文之间的文化转型出发来寻求中国科学观念演进的文化动因。"外逻辑"路径关注的是中国近现代的各种文化思潮与科学观念转型之间的激荡与约束，诸如文化保守主义、文化激进主义、自由主义等，对中国科学观念转型提供了重要的文化影响。

在此，必须强调的是，在中国科学观念转型的现实过程中，上述社会语境和文化语境不是分别发挥作用的，而是呈现出交织与纠缠的状态。正是社会语境和文化语境两者的交织与纠缠，各种社会要素和文化要素的激荡与碰撞,发挥了类似发酵的效应,推动了科学观念实现转型,成就了科学的权威地位。这种发酵效应中关键的问题是转型节点的把握。这里最主要的节点便是传统与现代、观念与制度、东方与西方。这些节点正是社会与文化的交汇点。可以说,在这些节点上,社会转型与文化转型成为若合符节的事情。在中国独特的社会转型和文化转型的过程中,在各种社会要素和文化要素的综合作用下,中国人完成了从科学、科学主义到科学发展观再到新发展理念的精神苦旅,完成了民族文化的整合和提升。

第一章 科学是什么？——基于一般演进逻辑的多维考察

从近代"科学"一词引入中国到当前谋求创新、协调、绿色、开放、共享的新发展理念，迎来中国特色社会主义的新时代，中国经历了"科学救国→科学兴国→科学发展"的百年历史进路。中国人在不同的历史阶段对"科学"有着不同的理解。为更好地贯彻落实新发展理念，非常有必要进一步加深我们对中国科学观念历史演进的理解和认识。对于"科学究竟是什么"这个问题，中外学界出于不同的社会和学术背景给予了不同的解释，呈现出理解的多维性。著名学者李醒民指出："必须明白，从单一的视角定义科学，只能是管中窥豹，窥一斑而难见全貌。这是因为：把科学定义为一种解决问题的工具，强调了科学的工具性方面；把科学定义为组织化的知识，强调了科学的档案性方面；把科学定义为获得关于自然界可靠知识的特殊方法，强调了科学的方法论方面；把科学定义为具有特殊研究才能的人所做出的发现，强调了科学的职业方面。正确地讲，科学是上述事情的全部，甚至更多"。① 这些不同维度的理解在中国的发展历程中都显现着和经历着，只是这些显现和经历的具体情形与其在西方的经历相比，由于社会文化背景的差异而存在不同之处。"科学"概念源自西方，由"SCIENCE"一词经历了一个由"格致"到"科学"的过程翻译过来的，是中西文化交流融合的结晶。在这个意义上，科学观念在西方和在中国的演进历程应该是一种一般和特殊、共性与个性的关系，即：科学观念在中国的演进应该既包含有西方科

---

① 李醒民：《科学是什么》，《湖南社会科学》2007年第1期。

学观念演进的某些趋势和方面的共性，又有因社会历史和文化因素而造成的个性发展和历史超越的历程。因此，在研究和探讨科学观念在中国的演进历程之前，有必要简要地梳理一下科学观念在西方的发展过程和演进逻辑，以期使我们对科学观念在中国的演进有一个比较视阈下的相对丰满的理解。

因此，我们首先必须做一项基础性的工作，在研究中国科学观念的历史演进之前，探讨一下包括西方科学观在内的一般意义上的科学观念演进逻辑，为中国科学观念历史演进的研究提供某些启示。复旦大学陈其荣教授对此提供了一个颇具信服力的解释。他在人与自然的关系视角中，从"科学是人对自然的能动的认识和改造关系"① 这一总论点出发，揭示了与科学相关的各种含义（包括知识体系、科学活动、社会建制、生产力、科学方法、科学文化以及科学对话）及其联系，展示了科学概念理解的一个内在的演进逻辑。此种理解我们非常赞同。我们认为，"科学是什么"这个问题发展至今，经历了一个从知识体系经由制度和经济达到文化理解的一般过程。这个过程表达了时代变迁对科学观念的深层次影响，也展示了科学观念在演变的过程中与人的观念发展的内在一致性。在这个过程中，科学的内涵不断深入，科学的外延不断拓展。对于这个逻辑轨迹，我们在整个中国科学观念的历史演进过程中也能窥见其大体的面貌。

第一节　科学知识体系

一、科学作为知识体系的渊源

在古希腊，科学被视为一种知识。亚里士多德就把科学知识视为一种"获得关于可以论证的事物的知识"，以此来与"意见"相区别。后来，西方世界不同的社会文化环境中的"科学"皆由此衍生而来。康德说："任何

---

① 陈其荣：《自然辩证法导论——自然论、科学论和方法论的新综合》，复旦大学出版社1995年版，第188页。

一种学说，如果它可以成为一个系统，即成为一个按照原则而整理好的知识整体的话，就叫做科学"。① 在他看来，科学包括感官材料和普遍必然性的形式，科学是通过概念、范畴等逻辑贯通起来的知识体系，而非简单的知识堆积。正如黑格尔所言："一堆知识的聚集，并不能构成科学"。② 实际上中世纪经院哲学把神学也称为科学，就是采纳了"体系的知识"这个含义。

在中国，16世纪经历了西学东渐的文化交流过程，此间，中国学者将"science"理解为中国文化传统中的"格物致知"，简称"格致"。格致的基本路径为："致知在格物，物格而后知至"，表达了某种程度上的知识性理解。日本直至19世纪下半叶还沿用"格致学"概念，到产业革命兴起时改称"科学"。1885年，康有为首先把"科学"一词引入中国。1894—1897年间，严复译《天演论》时，把英文"science"译为"科学"。尽管当时严复抱着价值追求的理想，但把"science"译为"科学"仍然包含着对科学的知识化理解。作为人类精神成果的科学知识体系，内蕴其自身独特的结构和性质。

二、科学知识体系的结构

对于科学知识体系的结构，国内已有学者做了总结和梳理的工作。目前关于科学知识体系的结构大致有如下几种：钱学森首先提出了一个"1+5"的体系结构，即：马克思主义哲学加上自然科学、科学的社会科学、技术科学、工程技术、数学。于光远将科学划分为五个领域，在这一结构中，具体学科由自然科学和社会科学组成，两者的交叠部分是交叉科学。哲学和数学在两大板块的上下方，与自然科学、社会科学和交叉科学直接"接壤"。何钟秀等学者提出了纵横交错的科学体系结构。许志峰等学者构造了一个立体的经纬网球体系结构。刘仲林提出了一种科学体系"软分类"的方法。在他

---

① [德]康德：《自然科学的形而上学基础》，邓晓芒译，上海人民出版社2003年版，第2页。
② [德]黑格尔：《哲学史讲演录》第1卷，贺麟、王太庆译，商务印书馆2011年版，第38页。

那里，科学体系被简化为自然科学、社会科学和技术科学，并且三者彼此交叠。王续琨提出了独特的四面体塔杆式科学体系结构。陈文化等学者提出了融合梳形结构和纵横交错结构特点的宝塔型科学体系结构。①

这些科学知识体系结构主要是从科学分类的视角构建的，反映了不同时期的时代特征，但是都略显宏观化，没有体现出科学作为知识体系的本质要素和特征。当我们把科学作为一个概念来理解和阐述时，对科学知识体系的内在结构特征和本质的揭示就非常重要。基于这个视角，我们大体把科学知识体系的要素归结为以下几点：（1）科学事实：通过观察与实验等途径获得的经验事实，是经过科学整理和鉴定的具有某种解释性的确定事实。科学事实是科学研究的前提和基础。（2）核心观点：对科学事实背后的原因和本质进行归纳性或者是假设性的概括，核心观点实质上是对科学事实的解释或认识方法。（3）特有概念：是一个完整的知识体系中特有的、与其他知识体系区别开来的概念集合，是基于核心观点而逻辑地引入的。（4）基本规律：揭示事物的内在的本质联系，表达概念与概念之间的关系，是核心观念的系统表达、发展和具体化。（5）元知识：是构建知识体系途径、技巧和方法的规律性知识，是知识体系架构的思路。（6）典型应用：运用核心观点、特有概念，尤其是基本规律，进一步解释事实对象，以期解决问题，预测未来。

总之，在人类的知识体系中，大致包括上述六个结构要素和由此而形成的特有结构。只不过，在特定的知识背景下，可能这六种要素的名称不一定与上述完全一致，但基本性质和特征是没有区别的。根据马克思主义的观点，我们必须明确，世界是实践基础上的多样性的统一。相应地，知识体系也是一个拥有统一性结构的复杂的多样系统，实际上是历史结构与逻辑结构的统一。知识体系的统一性与物质世界的统一性存在着内在的渊源关系。知识的逻辑受制于对象本身的逻辑，也正是基于此，科学知识体系的构造和应用才会体现出应有的意义和价值。

---

① 严建新：《国内几种科学知识体系结构的评述》，《科学学研究》2007 年第 1 期。

三、科学知识体系的特征

结合知识体系的要素及其之间的逻辑关系，可以看出，科学知识体系具有如下特征：第一，个体性：知识体系的构造虽然是人类集体智慧的结晶，具有社会性。但是这种集体性首先依赖于个体性的前提。与个人的认知背景和个体对对象的独特感受和领悟等都有密切的关系。第二，结构性：如前所言，知识体系不是一堆知识的大杂烩，不是简单堆砌，而是存在内在逻辑联系的系统。第三，开放性：由于科学知识体系的统一性是建立在世界的物质统一性基础之上的，知识的逻辑恰恰是对象逻辑的反映。而物质世界又是一个依据一定演进序列的开放性物质系统，因此，科学知识体系必定是开放的，否则便失去了存在的合理性。第四，预测性：由于科学知识体系是依据对科学事实的合逻辑推理，拥有基于逻辑的解释性，也因此具有预测功能。

由此，可以肯定，科学知识体系是人类依据从现实世界抽象出来的符号进行的逻辑推理，其目的在于理解世界和改造世界。那么它的主体必然是人类，不可能独立于人类而存在。但是，知识体系一旦被构建成一个自洽的、获得验证的逻辑系统，它对于主体人类也同样具有相对的独立性。

第二节　科学活动

一、科学活动及其特征

科学不仅被理解为知识体系，还被理解为形成和产生并运用科学知识的实践活动。贝尔纳就把科学作为一种研究的过程，作为一种与人类其他活动相互作用的活动。马克思也明确强调科学活动是一种社会劳动。"一般劳动是一切科学工作，一切发现，一切发明"。[①] 梅森强调："科学就是人类在历史上积累起来的，有关自然界的相互联系着的技术、经验和理论知识的不断

---

① 《马克思恩格斯全集》第 25 卷，人民出版社 1974 年版，第 120 页。

发展活动"。① 这些论述都从科学活动的视角表达了对科学的理解。

科学被视为一种活动，既指理论活动，又指实践活动。出于这两个层面的理解，科学活动更多地被理解为一种社会性的活动。随着科学的体制化完成和科学家社会角色的确立，科学便介入了社会系统和社会活动，发生了实践转向。这种实践转向被视为是科学合理性的重要部分。如普特南就坚信科学是一种社会行为，它只能在文化共同体的内部进行，其合理性关乎文化习俗规范的确定性。事实上，理论活动必须依赖于人类的实践活动，才能实现科学真理和人类价值的统一，真正获得它的合法性地位。也就是说，科学活动不仅具有认知向度，还具备人文向度。在这样的致思路径上，我们把科学活动的特征归纳为以下几个方面：

1.实践性。按照马克思主义的理解，实践是人能动地改造客观世界的对象性活动。它是一种具有直接现实性和主体性的物质性活动，因此实践使人成为社会存在物。科学的进步标志着人的实践能力的提高，科学的认识离不开科学实践得以发生的实践境况，科学活动本质上是一种实践活动。正如科学哲学家劳斯所强调的："实践不仅仅是行动者的活动，而且是世界的重组，其中这些活动有意义"。② 这里强调了实践是充满意义和价值的，具有社会性的、历史性的和物质性的过程。并且，实践境况是一个拥有因果性特征的结构性整体。人作为行动者以一定的规范原则把这种结构性整体中的诸要素整合起来，确立目标和行动方式，从而形成系统的实践场景，发挥实践的作用。

2.创造性。科学活动作为一种实践过程的表达，体现出显著的创造性。"科学活动是科学主体对科学事实的理论重构，是用'知识的概念'对'知识的对象'的'剪裁'"。③ 通过科学活动，人完成了对自然的知识整合及

---

① ［英］史蒂芬·梅森：《自然科学史》，周煦良、全增嘏等译，上海译文出版社 1980 年版，第 562 页。

② ［美］约瑟夫·劳斯：《涉入科学：如何从哲学上理解科学实践》，戴建平译，苏州大学出版社 2010 年版，第 112 页。

③ 林兵、金中祥：《论科学活动的真理向度》，《长白学刊》1997 年第 1 期。

其在思维中的建构。它不是一种既定的、终极性的，而是生成中的、建设性的认识过程。爱因斯坦便把握到了此种本质，他说："科学就是一种历史悠久的努力，力图用系统的思维，把这个世界中可感知的现象尽可能彻底地联系起来。说得大胆一点，它是这样一种企图：要通过构思过程，后验（posterior）地来重建存在"。① 但是，必须指出的是，在科学活动中，人也不可能随心所欲地"创造"，人的"创造"必然地要受到实践性的制约。

3.互动性。科学活动作为人和自然之间的一种"交往"和"对话"方式，既表达了人对自然的理解，又表达了人对自身生存状态和生命价值的深切关照。因此，科学活动是一种主体积极参与的，与人的生存现实休戚相关的实践活动，是科学主体和客体之间的双向互动，即：主体客体化和客体主体化的过程。主体客体化是主体在科学活动中把自身的主观意愿外化为对象的过程，客体主体化是客体在科学活动中内化为主体的过程。这两个过程是同时展开的、有机统一的活动过程。同样，此种互动性特征也是建立在科学活动的实践性特征基础之上的。

二、科学活动的结构

与人类其他实践活动一样，科学活动也是一个由主体——中介——客体所构成的系统。概括而言，主体就是从事科学研究活动的人，客体是科学研究活动指向的对象，中介则为科学研究的工具、方法、机制等构成的媒介系统。

其中，科学活动主体应该具备科学研究所特有的人文特性和创新精神，必须是训练有素的高素质人才。要有在记忆清晰、思维敏捷、反应准确等一般素质的基础上，拥有独特的科学才能，如观察力、思维力、想象力、操作力乃至组织协调能力等。更重要的，科学活动的主体必须具备人文情怀，具备进取心、责任感、克制、自信以及坚韧不拔的精神品格。科学研究主体活

---

① 《爱因斯坦文集》第3卷，许良英、赵中立、张宣三编译，商务印书馆2010年版，第215页。

动对客体施加影响。主、客体之间是相互规定、相互影响的，其结果便是上述所言的主体客体化和客体主体化。科学活动中的中介系统是指主体研究客体所采纳的手段、方式和方法的总称，包括物质性的和精神性的两大类，即硬件和软件。

必须强调的是，科学活动的主体、客体和工具作为科学活动结构系统的三个基本要素，是在一般意义上而言的。因为每个基本要素都有复杂的情况，所以科学活动系统中包含不同的子系统。在实际科学研究活动中，由于不同的实践境况，三个基本要素会表现出复杂的存在状态。

三、科学活动的过程

科学活动作为一个具有较强系统性的结构体系，其诸要素发挥作用必须要经历一个相对稳定和规范的过程。虽然过程中因其具体境况不同，可能表现出复杂情形，但是总体而言，依据其展开的阶段和序列，应该包括以下几个环节：第一，设定目标。目标是主体从事科学活动的原始动机，是科学活动的开端。动机会因人而异、因情境而异。它规定科学活动的方向，并通过方向引领支配人的活动。在这个过程中，目标的设定体现出科学活动主体的价值观念和理想追求。第二，确认方法。适宜的科学方法犹如一盏指明灯，对科学活动来说会起到事半功倍的作用，其意义不容低估。特定的方法制约研究课题的选择，决定着研究工作开展的路向，并且在一定程度上还影响、制约着研究手段、工具的选择和运用，从而制约着科学活动的结果。第三，甄别事实。科学活动主体在着手研究的时候面对的科学事实是数不胜数且瞬息万变的，这就带来了甄别的问题。科学事实通常分为客观事实和陈述事实两大类，分别代表了本体论路向和认识论路向。这种区分为科学活动主体的甄别提供了有效的依据。第四，构造体系。对科学事实进行合逻辑的推理，展示出其理论形态。这是科学活动的必然结果，不可或缺。之所以说是逻辑的必然，是因为构成理论体系的概念和论断并不是按照任意的或外在的次序排列，而是在逻辑上严整的、连贯的系统。科学理论体系的形态必然是逻辑结构，这实际上是一个创造性的认识过程。第五，验证成果。科学成果的验证在两个维度上展开：一个是它与客观现实是否相符；一个是它是否得到社会的承认。这两个维度不仅关乎科学成果的实践检验，而且还关乎科学活动主体的社会行为和准则。

第三节　社会建制

一、科学的社会建制的含义

社会建制意指一定的社会形态、组织结构、设施和规划以及纪律、规章等制度。一般而言，社会建制由观念、组织、规范和设备等几个系统等构成，包括政治、经济、宗教、科学、教育等类型。科学的社会建制是指在社会活动组织化、职业化、专业化背景下，依据特定的价值观念导向、经济基础和法律制度体系，科学家、工程师、科学共同体等所从事的科学研究活动的体制化发展过程，结果是科学技术成为相对独立的社会职能部门，成为社会组织内的特定的编制、系统或体制，乃至成为一个重要事业和社会力量。贝尔纳认为："科学建制是一件社会事实，是由人民团体通过一定组织关系联系起来从事社会化的科学研究活动。"[1] 他强调科学作为社会建制所拥有的社会属性。韦伯也同样把科学作为一种社会职业，把科学研究者作为一种社会角色，强调科学的专门化发展以及科学家团体必须训练有素才能胜任。默顿的"科学共同体"概念认为，一定数量的科学共同体成员是科学社会组织的重要成分，以区别于其他社会共同体。[2]

由此可见，所谓科学的社会建制，强调的是科学事业成为社会构成中的一个相对独立的社会部门或者职业部类的一种社会现象。它通过科学家的社会角色、科学专业、科学共同体及其活动、规范等方面勾勒出了科学与社会的关系。这里，必须强调一种有机论的观点，即，当我们强调科学作为一种

---

① ［英］贝尔纳：《历史上的科学》，伍况甫等译，科学出版社 1959 年版，第 9 页。
② ［美］R.默顿：《科学的规范结构》，林聚任译，《哲学译丛》2000 年第 3 期。

相对独立的社会部门时，不能忽视它是作为社会建制的结果而存在的，也就是说，它实际上是具有系统性特征的组织性存在。

二、科学社会建制的特征

科学的社会建制与政治、经济等社会建制相比，除了同样是作为社会结构和文化分化的必然产物，体现了价值性和文化认同的特征外，还由于社会建制本身所涉及的社会因素、文化因素的复杂性和矛盾性而体现出了一些自身独有的特征。

第一，基于特定文化的地域性形成与跨界传播的统一。科学的社会建制的形成需要特定的文化土壤。纵观科学发展史，这个特定的文化土壤源于古希腊文明。随着文化的累进发展，到近代在英国的清教和实验科学中开始萌芽。法国巴黎科学院成立的时候，科学的社会建制正式形成。在德国和美国，教育、工业生产与科学紧密结合，科学的社会建制昌盛起来。科学社会建制的整个过程都显示出了孕育在独特文化土壤中的地域性特色。但是，在西方文明向全世界传播的过程中，伴随着现代科技革命和产业革命的步伐，科学的社会建制的理念和规范等都不断地传播，在大多数国家甚至全球确立，超越了国界和文化区域的限制。这样，科学的社会建制实现了它的无疆域性。

第二，独特价值和广泛承认的统一。科学的社会建制无疑会加大和促进科学技术对生产力的渗透性效应和运筹性效应的发挥。现代科学的社会建制的组织化程度已经使科学技术效应的发挥达到了几何级增长的程度，给社会方方面面都带来巨大的和深入的影响，尤其是对人自身的发展和改造，显示了其价值的独特性。但是，随着科学的社会建制化不断深入地发展，尤其是科学技术不断地为人们带来巨大的经济效益和精神享受的空间，使得包括法律制度在内的社会各方面都努力推动科学的社会建制化发展。科学的社会建制得到了广泛的承认，显示出了社会性的一面。

第三，独立性与受制性的统一。科学的社会建制活动独立于其他社会建制，拥有共同体自身独特的行为规范、评价尺度，自主性程度较高。但是，科学的社会建制活动源于人类的一般社会活动，在发展过程中可能会受到宗教、政治、行政力量等社会其他因素的限制和干扰，表现出自主化程度较低的状况。如中世纪科学受制于宗教神学，成为神学的婢女。在苏联时期，科学技术的研究和发展一度受制于政治力量和行政力量，发展受到了严重阻碍。

第四，渗透能力与适应能力兼容。科学技术通过其社会建制把自身的理念和规范及其产品等渗透到社会各领域和方方面面，具有强大的渗透能力。而且，不仅如此，科学技术建制还能够通过内部结构和功能等方面的自动调节适应政策变化、经济发展等外部环境变化，发挥其服务功能。这体现了它程度较高的适应能力。

第四节　科学生产力

一、科学与生产力的关系

在马克思主义看来，生产力是指人们征服自然和改造自然的能力。劳动者、劳动资料、劳动对象是其基本要素。劳动者是指具备一定科学技能和生产经验的人，是生产力的主体要素；劳动资料是与一定的科学技术相结合的，以生产工具为主要体现的媒介系统，生产工具的出现不仅标志着人类劳动水平的提升，也代表科学技术初步形成；劳动对象是指劳动者凭借一定的劳动资料能动地对其施加影响的要素。

科学是人们对自然规律和社会规律的正确认识和把握，技术是人类在劳动经验积累的基础上形成的生产劳动技能。科学技术的发展是在生产过程中产生和发展起来的。而科学技术运用于生产大大促进了生产力的发展。关于科学技术对生产力的巨大作用，马克思有着深刻的洞察。他指出，机器大工业"第一次使自然科学为直接的生产过程服务"、"第一次产生了只有用科学方法才能解决的实际问题"、"第一次达到使科学的应用成为可能和必要的那样一种规模"，从而"第一次把物质生产的过程变成科学在生产中的应用"，同时也把科学变成"应用于生产的科学",使科学"成了生产过程的因素即所谓职能。""资本的趋势是赋予生产以科学的性质,而直接劳动则被贬低为只是生产过程的一个要素。同价值转化为资本时的情形一样,在资本的进一步发展中,我们看到:一方面,资本是以生产力的一定的现有的历史发展为前提的,——在这些生产力中也包括科学,——另一方面,资本又推动和促进生产力向前发展"。①

科学技术对生产力的促进作用,实际上是通过科学技术在生产力各个要素中的渗透作用实现的,因此,科学技术也被视为生产力系统中的渗透性因素。同时,科学技术的进步还促进了生产过程管理科学化水平的提升,不断发挥其运筹性的功能,从而大幅度提升生产力。因此,管理被视为是生产力系统中的运筹性因素。这样,科学技术通过渗透性功能和运筹性功能的发挥,变成了直接的、现实的生产力。因此,科学技术的发展水平和速度已然成为现代生产力发展的关键。

当然,每个特殊部门的科学技术一旦形成,都表现出其独有的特性和适用范围。但是不管它们拥有多么特殊的个性,在生产中还是存在着普遍的共性,即:与生产力中的基本要素主体人和生产工具系统存在着能量转换关系。这种转换成为人对自然界巨大的能动作用和促进力量。因此我们肯定地说科学技术是生产力。这也坚持了马克思所说的生产力中包含科学技术的观点。

二、科学技术何以成为第一生产力?

在马克思看来,"生产力中也包括科学",科学是"一般的生产力"。② 它是"历史的有力的杠杆","是最高意义上的革命力量"。③ 可以说,马克思关于科学与生产力关系的基本观点是:科学既是生产力,又不仅仅是生产力。科学是生产力意指,科学是决定社会发展的重要力量,成为需要人们去

---

① 《马克思恩格斯全集》第 46 卷(下),人民出版社 1980 年版,第 211 页。

② 《马克思恩格斯全集》第 46 卷(下),人民出版社 1980 年版,第 210—211 页。

③ 《马克思恩格斯全集》第 19 卷,人民出版社 1980 年版,第 372 页。

掌握和驾驭的外在力量，仿佛被物化了。科学又不仅仅是生产力意指，科学是人的本质力量的展现，是人的能力提升和全面发展的载体和手段，回归于人，被人化了。

随着高科技的不断发展，科学技术在经济发展中越来越显示出巨大的无可替代的作用，体现出了第一生产力的地位。"科学技术是第一生产力"是邓小平坚持和发展马克思关于生产力的理论而提出的新论断。他说："马克思讲过科学技术是生产力，这是非常正确的，现在看来这样说可能不够，恐怕是第一生产力。"[1] 那么，科学技术何以成为第一生产力呢？

第一，高科技向直接生产力转化的速度和强度都空前加大。这是社会经济发展的新趋势，也是科学技术发展的新趋势。当今社会，高新技术产业在经济中所占的比重越来越大，经济与科技的结合日趋紧密，合作、升级、重组加速，全球化趋势明显。科技革命推动了生产管理和组织形式不断升级和优化，科技人才成为举足轻重的核心竞争力要素。由此，科学技术成为提升国家综合实力的关键要素。

第二，科学技术已经成为衡量生产力功能的第一位标志性因素。这是由于生产力是客观规律性因素与主观能动性因素的统一。在这种具有统一性的生产力发展过程中，人类对自然规律的认识和把握是一个过程性的循序渐进的活动。这种活动累积到一定程度的时候，即科学技术经历了几次革命，到了高新技术革命的时候，影响了人们实践方式。科学技术因素便由非第一因素转变成第一因素了，这是人类实践演进和发展的必然的内在逻辑。

第三，科学技术在生产力系统内诸要素统一的方式上具有第一位的作用。不同的社会条件下，生产力诸要素的结合方式和过程各有特点。在科技飞速发展的当前，现代科技发挥的是催化组合作用，即：生产力 = 科学技术 × (劳动力 + 劳动工具 + 劳动对象 + 生产管理)，这种乘法效应既表达了它的渗透性功能，也表达了它在生产中的首要地位。

---

[1] 《邓小平文选》第三卷，人民出版社 1993 年版，第 275 页。

第四，科学技术成为加速生产力发展的第一位因素。现代科学技术对生产力发展的加速作用，主要是表现在对生产力诸要素改变的速度和程度上。科学技术在改变劳动者的素质、提升劳动能力，提高劳动资料的状态和水平，扩展劳动对象的广度等方面都起巨大的加速作用。这是科学技术由量的规定性到质的规定性转换的必然逻辑。

诸多因素决定了"科学技术是第一生产力"的逻辑必然性。当然，"科学技术是第一生产力"并不否定科学技术的其他方面的功能和性质，科学技术在整个社会发展中所起的作用远远不止于此。

第五节 科学方法

科学在很多时候以方法的独特性和有效性被人们接受，科学方法在科学发展的过程中举足轻重，因此，科学也被视为是科学方法，许多学者甚至把科学方法与科学等量齐观。郝林军认为，"事实上，科学在某种意义上的确等价于方法，方法则独立于任何科学的对象、问题和题材；科学理论的实证性、合理性、臻美性等特性正是科学的实证方法、理性方法、审美方法的自然而然的结果。"[1] 李醒民也对科学方法的重要性做了评断："科学方法的重要性或意义是怎么估计也不会过分的"。[2] 历史上，许多科学家和思想家对科学方法倍加推崇。巴伯对科学方法给予了很高的评价，他说："科学方法是达到知识的唯一可靠的路径"。[3] 皮尔逊也有相同的态度："科学方法是我们能够借以达到知识的唯一道路。的确，正是知识一词仅仅适用于科学方法在这个领域的产物。其他方法处处可能导致像诗人或形而上学家那样的幻想，导致信仰或迷信，但永远不会导致知识。"[4] 巴普洛夫则强调科学的进

① 郝林军：《科技哲学研究》，辽宁科学技术出版社 2009 年版，第 26 页。

② 李醒民：《科学方法概览》，《哲学动态》2008 年第 9 期。

③ 李侠：《断裂与整合——有关科学主义的多维度考察与研究》，山西科学技术出版社 2005 年版，第 150 页。

④ [英] 卡尔·皮尔逊：《科学的规范》，李醒民译，商务印书馆 2012 年版，第 92 页。

步就是依靠科学方法："科学是随着研究法所获得的成就而前进的。研究法每前进一步，我们就更提高一步，随之在我们面前也就开拓了一个充满着种种新鲜事物的、更辽阔的远景。"① 玻恩在 1954 年诺贝尔物理学奖致谢辞中谈道："我荣获 1954 年的诺贝尔奖奖金，与其说是因为在我所发表的工作里包括了一个自然现象的发现，倒不如说是因为那里面包括了一个关于自然现象的新思想方法基础的发现"。② 这些论断均表达了科学方法对于科学乃至人类发展的重要意义。

一、科学方法及其性质

"方法"的词源在西方可追溯到古希腊，意为"沿着某一道路"或"按照某种途径"前进的意思，几经演进，意指达到某目标或做某事的程序或过程。中文"方法"一词可追溯到《墨子·天志》，意为量度方形之法，后衍生为知行的办法、门路、次序等。方法具有重要的意义，正如黑格尔所言："方法是任何事物所不能抗拒的一种绝对的、唯一的、最高的、无限的力量；这是理性企图在每一个事物中发现和认识自己的意向。"③ 这里，他把方法视为理性的最高力量，马克思称之为"一种绝对的方法"。虽然马克思对这种绝对的方法持批判态度，但仍然不妨碍我们在黑格尔那里看到他对方法的推崇。

李醒民依据以往诸多思想家的相关看法对科学方法进行了界定："'科学方法'（scientific method，method of science）是认识自然或获得科学知识的步骤、顺序或过程；它既意谓特定科学门类所使用的或对其来说是恰当的探究程序、途径、手段、技巧或模式，通常实施时是比较有秩序的、合乎逻辑的、系统的和行之有效的；它又意谓处理科学探究的原则和技巧的研究领域或学科，大体相当于'科学方法论'（scientific methodology）"。④ 中国历史

① ［苏］巴甫洛夫：《巴甫洛夫选集》，吴生林等译，科学出版社 1955 年版，第 49 页。
② ［德］马克斯·玻恩：《我这一代的物理学》，侯德彭、蒋怡安译，商务印书馆 2015 年版，第 231 页。
③ 《马克思恩格斯选集》第 1 卷，人民出版社 1995 年版，第 139 页。
④ 李醒民：《科学方法概览》，《哲学动态》2008 年第 9 期。

上有不少思想家对科学方法提出了比较恰当的解释。比如王星拱认为，科学方法"就是实质的逻辑"，"就是制造知识的正当方法"①。丁文江认为，"我们所谓科学方法，不外乎将世界上的事实分起类来，求它们的秩序。等到分类秩序弄明白了，我们再想出一句最简单明白的话来，概括这许多事实，这叫做科学的公例。"②

概括起来，科学方法具有其自身独特的要素和性质。关于科学方法的构成要素，大体包括：对事实的观察、对相同事实的归纳、演绎、证明。中国思想家任鸿隽明确指出了科学方法的构成要素及其展开过程："科学的方法，既是从搜集事实入手，我们讲科学方法，自然须先讲搜集事实的方法。搜集事实的方法有二：一曰观察，二曰试验。"③ 然后，依据事实进行分类、分析、归纳、假设等整理事实，提出科学的一般法则。正如辛普森所表述的：陈述问题——收集资料——详细阐明假设的解答——从假设导出预言——观察所预言的现象是否出现——接受、修正或拒斥假设。④ 这恰恰是科学方法展开的一般程序，实际上包含了经验和逻辑两大范畴。在这样的要素及其展开过程中的精确陈述、猜想、假定、检验，恰恰显示出科学方法独特的性质，这是一个创造性的过程。

二、科学方法的功能

科学方法无论对科学自身还是对人类社会的发展都具有重要的功能。

第一，科学方法是科学合理性和统一性的基石。科学方法具有强大的统摄作用，它构成了科学成其为科学的本质所在。皮尔逊说："整个科学的统一仅在于它的方法"⑤。强调科学是某种具有开放性的不断变化的东西，而蕴

---

① 王星拱：《科学方法论与近代中国社会：王星拱文集》，安徽教育出版社 2013 年版，第 2 页。

② 张君劢、丁文江等：《科学与人生观》，山东人民出版社 1997 年版，第 39 页。

③ 任鸿隽：《科学方法讲义》，《科学》第 4 卷 1919 年第 12 期。

④ G. G, "Simpson.Biology and the Nature of Science", *Science*, Vol.139, 1963, pp.81–88.

⑤ ［英］卡尔·皮尔逊：《科学的规范》，李醒民译，商务印书馆 2012 年版，第 13 页。

含其中不变的东西就是方法。中国思想家任鸿隽也极力强调："要之，科学之本质不在物质，而在方法"。①

第二，科学方法是人类认识世界、发挥本质力量的工具。这是科学方法的辐射性功能。科学方法在科学活动中，首先为科学研究提供导向作用，犹如指路明灯，有效的科学方法使科学研究事半功倍。人类正因为秉持了有效的科学方法才得以几何级增长的速度增强了认识自然、改造自然的能力，人的本质力量得到的超常发挥。尤其在现代社会，科学方法已经被延拓到其他各个领域，社会科学也常常把科学方法作为有效的方法趋之若鹜。科学方法的价值被放大，它不仅是人类认识自然的利器，也是认识社会、人生的有效工具。科学方法的这种辐射功能也正是科学主义的表现之一。

第三，科学方法通过教育塑造人性，嵌入文化，蕴含科学精神。科学方法通过教育对人进行训练和熏陶，调整和改变人的思维方式，训练人的心智，从而塑造人性，使人越来越成为具有现代性的人。这样，科学方法就影响了人的活动，嵌入了文化，显示出了它独有的文化影响力。同时，科学方法的求真性、创造性、开放性等本质特征恰恰是科学精神的核心要素。可以说，科学精神就是科学方法的精神。

第六节　科学文化

一、科学是一种文化

科学作为人类对自然界的认识成果或对自然现象的解释体系，它脱胎于哲学，而哲学是文化的核心，因此科学带有浓厚的文化色彩。什么是文化？至今尚无统一的定义，关于文化的定义可查到有几百种之多。比如：1871年人类学家泰勒在《原始文化》中首先提出文化的定义，"从广义的人种论的意义上说，文化或文明是一个复杂的整体，它包括知识、信仰、艺术、道

---

① 樊洪业、潘涛、王勇忠：《任鸿隽传》，中国人民大学出版社2014年版，第16页。

德、法律、风俗以及作为社会成员的人所具有的其他一切能力和习惯。"①
泰勒的此种定义被视为是第一个科学意义上的文化定义，堪称经典。随后，
人们分别从描述性、规范性、心理性、结构性、历史性等不同视角提出了对
文化的定义和理解。总体而言，文化包含三个层面的意涵：器物层面、制度
层面和观念层面。器物层面是文化的浅表层，它包括人们的生活方式、风
俗习惯和各种物品等。制度层面是指各种社会结构，具有规范性功能，如
政治体制、经济体制、教育体制等。观念层面是文化的内在层面，主要包
括人的思维方式、价值观念、信仰体系等，这些因素往往看不见、摸不着、
属于无形的东西，体现出形上特征。必须强调，科学在整个文化系统中不
是固定地属于某个特殊层面，而是渗透在每一个文化层面当中。我们可以
在每一个文化层面上看到科学因素及其影响，融汇了实证科学与形上之学，
并表现出了两者彼此趋近的过程。从科学史来看，文化的观念层面对科学
发展的影响更深刻、更具有决定性。到了20世纪，科学作为一种文化发展
成为一种意识形态，其形上特征愈加凸显。如今，科学是一种文化观点已
经成为共识。

历史上，许多思想家对科学持一种文化理解的态度。比如卢梭《论科
学和艺术的进步是否有助于敦化风俗》中，把科学放在社会文化之中加以
批判。德国斯宾格勒《西方的没落》中也同样把科学放在特定的文化背景
中加以考察。萨顿新人文主义思想体系的核心特点便从文化的意义上理解
科学。他说："研究科学史有两个主要的理由：一个是纯粹历史的理由，要
分析文明的发展，即理解人类；另一个是哲学的理由，有理解科学更为深
层的含义。"② 贝尔纳也坚持："总起来说，我们希望把科学当作整个文化的
一个组成部分来对待，以促进所有人的智育和体育的发展"。③ 1972年李
克特指出"科学是一种文化过程"，指出科学文化有三个特征：科学文化是

---

① [英] 泰勒：《原始文化》，蔡江浓编译，浙江人民出版社1988年版，第1页。
② [美] 乔治·萨顿：《科学史和新人文主义》，陈恒六、刘兵、仲维光编译，华夏出版社
  1989年版，第56页。
③ [英] 贝尔纳：《科学的社会功能》，陈体芳译，广西师范大学出版社2003年版，第26页。

一种认知过程，有别于个体的认知；是传统文化的生长物，具有特定的发展特征；其发展速度快于生物进化。① 怀特海在《科学与近代世界》中阐发现代科学的起源时，也对科学做了文化意义上的理解：他认为科学的飞跃进步作为一种新的思想方式，"甚至比新科学和新技术更为重要。它把我们心中的形而上学前提以及构思的内容全都改变了。"② 波普尔非常重视科学的破旧功能，把它视为人性的需要。他说："我们的通过知识而自我解放的观念不同于我们的征服自然的观念。比较地说，前者是从错误、从迷信和从虚假偶像的精神上的自我解放。它是通过人们自己对自己的观念的批评——尽管总会需要别人的帮助——而达到的自己的精神上的自我解放和发展的观念"。③

那么，为什么科学是一种文化呢？学者钱兆华从不同的价值观决定人们研究自然界的兴趣、不同的哲学思想决定人们如何研究自然界、不同的信仰体系决定人们认识自然界的成果形式等几个方面说明科学、哲学、文化三位一体，从而说明为什么科学是一种文化。④ 笔者对此深表赞同。在整个科学史发展的过程中，自始至终都凸显出哲学思想、价值观和信仰信念等要素对科学的引领和支配作用。观念层面的文化尽管无形，但却深刻地影响着科学的发展进程。这一点无论如何不能被我们忽略，否则我们对科学的把握就会陷入肤浅境地或者无根状态。

二、科学的文化特征

科学是一种相当特殊的文化，具有自己独特的精神气质。这是科学活动主体必备的意识和态度，比如信念、意志、气质、品质、责任感和使命感

---

① ［美］李克特：《科学是一种文化过程》，顾昕、张小天译，三联书店 1989 年版，第 53—85 页。

② ［英］怀特海：《科学与近代世界》，何钦译，商务印书馆 2009 年版，第 6 页。

③ ［英］卡尔·波普尔：《通过知识获得解放》，范景中、李本正译，中国美术学院出版社 1996 年版，第 192 页。

④ 钱兆华、李经晶：《为什么说科学是一种文化》，《山西师大学报（社会科学版）》2006 年第 1 期。

等。概括起来即是：求真求实的实证精神、怀疑批判的创新精神、自由宽容的开放精神等。科学精神与科学本身是内在一致的，科学精神是科学的灵魂。如果没有科学精神，科学也无从创立和发展。"科学精神体现在科学生产中，并对象化在科学的产品中，凝结在科学的体制中，体现并贯穿在科学的方法和思想中"。[①] 这恰恰体现了科学的文化特征。

第一，求真求实的实证精神。实证精神包含了"求真"和"求实"两个维度，体现了科学研究活动的目的和手段的统一。

追求真理的理性精神，即"求真"，是科学所以可能的精神基础。科学活动以自然规律为研究对象，自然的合规律性便成了科学活动所以可能的客观基础和认识论基础。因此，科学研究活动必须是客观基础和精神基础的统一。正如爱因斯坦所言："要是不相信我们的理论构造能够掌握实在，要是不相信我们世界的内在和谐，那就不可能有科学。这种信念是，并且永远是一切科学创造的根本动力"。[②] 这恰恰说明，科学研究活动本身便是合规律性与合目的性的统一。

实验验证的求实精神是科学之为科学的实践基础。科学认识成果是否正确反映了客观世界的本来面目，需要通过科学实验的方式来检验，从而达到证实和证伪的目的。这种实验验证的求实精神保证了认识成果——科学理论的真理性，是科学发挥力量的源泉，也是科学区别于人类其他文化成果（如哲学、宗教等）的标志。一切科学研究都必须从科学事实出发，也必须接受科学事实的检验，这也是科学的经验范畴。马克思也认可培根的观点，强调科学的这种实证特征："科学是实验的科学，科学就在于用理性方法去整理感性材料"。[③] 因此，科学研究活动就必须从实际出发，以事实为依据，坚持实事求是的原则。否则，伪科学就会泛滥，危害无穷。

第二，批判怀疑的创新精神。怀疑批判的创新精神是科学发展的不竭

---

① 巨乃歧：《论科学精神》，《科学技术与辩证法》1998 年第 1 期。

② 《爱因斯坦文集》第 1 卷，许良英等编译，商务印书馆 2010 年版，第 520 页。

③ 《马克思恩格斯全集》第 2 卷，人民出版社 1957 年版，第 163 页。

动力。科学在追求真理的过程中，始终交织着批判思维和创新思维，彰显着科学研究主体持续的创造意识和进取精神。科学的批判思维和怀疑精神看到了科学的阶段性和局限性，不承认有绝对正确的科学，反对教条态度。即使被实践证实的理论，也只是寻求真理的里程碑，科学的发展永远在途中。这也符合马克思主义辩证法的基本精神。这种内蕴在科学中的批判精神和怀疑态度启发和催生着发现和创造，激发着勤于思考、善于提问、敢于怀疑、勇于突破、乐于创新的精神，而创新则必须经受批判性的检验，这是一个良性循环。在这个良性循环的过程中，创造意识是科学进取精神的灵魂。创造意识主要包括勤奋好学、对未知的激情和好奇、求真求实的心理状态。它需要广博而扎实的专业基础、敏锐的洞察能力、丰富的想象能力以及一定的直觉和灵感等创新素质。这些素质正是科学得以创造和发展的精神源泉。

第三，自由宽容的开放精神。这是科学自由、深入发展的民主基础，具有明显的民主特质。科学研究无禁区，具有较大的自由度。爱因斯坦就强调，科学概念和理论在本质上是"人类思想的自由发明"，科学本质上是一种自由创造活动。[①] 因此，科学是不设限的宽容行为。任何权威，即便是圣人也不能成为支配科学创新的教条。费耶阿本德的"怎么都行"就反映了科学的这种民主和宽容的精神。

同时，这种民主和宽容在科学发展内部是通过不同学派和观点之间的自由竞争和平等争论展示出来的。争论就引导争论双方尽力举证、反驳对方，并在这个过程中受到对方启发，取长补短，使对问题的认识和理解趋向全面化和深化，"真理越辩越明"就是这个道理。这里必须强调，自由宽容的开放精神呼唤良好的民主氛围，必须坚持百花齐放、百家争鸣的多元原则，反对学阀作风和行政压制，科学研究主体应该坚持实事求是，善于听取不同意见，在争论中获得进步。

---

① 《爱因斯坦文集》第 1 卷，许良英等编译，商务印书馆 2010 年版，第 447 页。

第七节　科学对话

一、自然作为科学研究的对象

自然（nature）一词自古希腊以来，经过了一个含义演变的过程，总的演化图景是：从生长、生成、诞生、起源等意涵，到意指本性、本质、本原、原则，再到包含宇宙万物之整体、自然物的集合、自然力、规律等。当今，我们使用"自然"概念时，上述这些含义是交织在一起使用的。可以肯定，自然是科学的主要研究对象。那么作为科学研究对象的自然实际上恰恰是包含了上述意涵在内的。当自然作为科学认识的对象时，它自然是对象客体。有人在考察中西方科学的本质差异时，强调自然作为对象客体的这一特性对于西方科学的崛起具有标志性的决定作用。并以此证明中国传统中的"天人合一"不具备西方科学的对象客体性的前提，因而产生了与西方科学的本质差异性。西方自然科学的这种对象客体具有明显的特性。比如：第一，客观实在性。自然的实在性常常与宇宙、外部世界、外部存在等词含义相同，其客观性则是主体间意义上的客观性。因此，自然及其规律是相对独立于人的客体，但却能够为人直接感知。第二，秩序性。怀特海说："我们如果没有一种本能的信念，相信事物之中存在着一定的秩序，尤其是相信自然界中存在着秩序，那么，现代科学就不可能存在。"[1] 因此，自然秩序的信念对科学研究和科学认识而言，是一个基本的前提。只有坚信自然秩序，我们才有可能坚持对对象客体由现象到本质、由可能到现实、由偶然到必然的执着追求，科学研究的成果才有可能得以创获。第三，稳定性。自然一直以来都沿着特定的历史进程演化着，但是其中蕴含的规律却始终不变，保持着绝对的稳定性。这种稳定性赋予了科学规律存在的合法性。因为，如果科学不能反映自然不变的规律，那它自身也就没有存在的必要了。第四，和谐

---

① 　［英］怀特海：《科学与近代世界》，何钦译，商务印书馆 2009 年版，第 7 页。

统一性。可以说，自然和谐性的体现与人类追求自然统一性的轨迹具有内在的一致性。这种和谐统一性的信念也同样是科学研究和科学发现的原则前提。第五，可理解性。自然的可理解性根源于自然的秩序性。但是，可理解性更多地强调自然的法则与主体人的思维之间具有某种一致性。至于何以具有这种一致性，的确是个见仁见智的话题。因此，爱因斯坦感慨道："自然的可理解性是一个'永久的秘密'，甚至是一个'奇迹'。"①

从上述自然对象客体的特性，我们不难看出自然对于科学而言的意义所在。比如：第一，自然的秩序、神秘和美能够极大地激发人们探索自然的兴趣和愿望。对此，彭加勒强调说："科学家研究自然，并非因为它有用处；他研究它，是因为他喜欢它，他之所以喜欢它，是因为它是美的。如果自然不美，它就不值得了解；如果自然不值得了解，生命也就不值得活着。"② 第二，自然的稳定性决定了自然规律和科学定律具有绝对性。这种绝对性表现为它是普适的、完美的，是客观的、永恒的，它不依赖于任何他物，当然也不依赖于主体的人。第三，自然作为科学研究的对象限定了科学研究的范围和科学家思维的自由度。由于科学面对和思考的是具有实在性和客观性的自然对象客体，因此，他的思维便不可能天马行空，而是必须依据自然的实在状态展开思维工作。

由此，我们发现，虽然自然本身具有实在性和客观性，但它存在的意义却取决于它与主体人发生的关系。它只有作为科学研究的对象存在时，才能更加彰显它的意义。

二、科学充当人与自然对话的角色

在科学研究对象的问题上，我们实际上已经涉及人与自然的关系这个基本问题。一般而言，人和宇宙的关系存在三种模式。第一是超自然的模式，聚焦于上帝，在这里，人是神创造的一部分。第二是自然的模

---

① 《爱因斯坦文集》第一卷，许良英等编译，商务印书馆 1976 年版，第 277 页。

② ［法］昂利·彭加勒：《科学与方法》，李醒民译，辽宁教育出版社 2001 年版，第 7 页。

式，也是科学的模式，聚焦于自然，在这里，人是自然秩序的一部分。第三是人文主义的模式，聚焦于人，重视人的存在和意义。相比其他两种模式，科学的模式形成要晚一些，它恰恰是在人文主义视角下，对人与自然关系的考察。科学的进展经由自然知识引发自然道德的膨胀，从而呼唤自然责任的出场。尊重自然，顺应自然，爱护自然，成为人类的明智选择乃至道德命令和情感需要。但这种需要是人们在坚持利用和改造自然的前提下生发出来的，人类面临着与自然和谐相处的历史使命。人类不应该秉持着支配和控制自然的傲慢态度，也不是简单地对自然俯首称臣。人类应该认识到，人与自然是一体的，正如马克思断定的：自然是人的无机的身体，人是自然的成员。但是，人不是简单的从属于自然，而是在自然界中具有主体地位，在主体地位发挥作用时，展现的是人与自然之间的对象性关系。恰恰是在这种对象性关系中，人与自然在实践领域实现了和解。

在这个考察的视阈中，科学对自然具有特殊的意义，科学在把握自然的过程中展现出的非自然化、人化以及历史性特征等决定了科学实际上充当了人与自然之间对话的角色，发挥了人与自然之间对话的功能。人们认识到这一点是晚近的事情，可以说，这点认识意味着人们对于科学本质的认识视野逐步打开，视阈逐渐宽广，表露出对科学本质的认识逐渐走向统一的趋势。因为它已经将人（以及人与人之间的社会关系）与自然的互动引入科学认识，把科学视为人与自然之间的对话。正如普里戈金所言，科学是"人与自然间的永不完结的对话"。① 这一观点刚提出时，几乎是提供了一个认识科学本质的全新的反思视角，是一个崭新的科学观念。它对传统的科学观而言实现了突破，突破了人以旁观者的身份"从外面"去描述自然的立场。新观念认为：现代科学"向我们表明了自然界不能'从外面'来加以描述，不能好像是被一个旁观者来描述。描述是一种对话，是一种通信，而这种通信所受到

---

① ［比］伊·普里戈金、［法］伊·斯唐热：《从混沌到有序——人与自然的新对话》，曾庆宏、沈小峰译，上海译文出版社1987年版，第37页。

的约束表明我们是被嵌入在物理世界中的宏观存在物。"① 这里，对话和通信标志着人与自然在对象性关系中相互作用、相互制约，主体人参与自然客体的运行过程，而客体自然恰恰是通过主体人的活动结构来展示的。

由此可见，现代科学作为人与自然之间的对话这个视角具有非常重要的意义。科学成了人（包括社会）与自然之间的桥梁，当我们在思考人与自然的和解途径时，科学必然地进入我们的视野。而且，更重要的是，这个视角给理解科学提供了一个更全面的视阈。由此，我们可以结合今天的社会现实，在全面把握人、自然、社会之间的互动过程中理解科学的本质，勾勒出科学作为"统一科学"的特征。这展现了一个统一科学的全新视角。

至此，我们便看到了源自于西方的科学本质内涵认知的演化轨迹。在这个轨迹中，科学恰恰是由传统的知识体系的认知开始，一步步扩大其内涵和外延。从科学活动、社会建制、生产力、科学方法、科学文化乃至从人与自然对话的视角理解科学，这是一个不断加入社会因素，不断渗入人文要素的展现其内在演进逻辑的理解过程。可以肯定，这是一个不断深入、不断拓展，理性成熟度不断增强的过程。这个过程也与社会发展的逻辑轨迹和人的观念发展的逻辑轨迹具有内在的一致性。这个轨迹对我们今天探讨中国科学观念演进逻辑同样具有重要的借鉴意义。

---

① ［比］伊·普里戈金、［法］伊·斯唐热：《从混沌到有序——人与自然的新对话》，曾庆宏、沈小峰译，上海译文出版社1987年版，第357页。

第二章　科学观念在中国的演进逻辑

作为文化交流的结晶，科学观念在中国的传播和发展必定具有与西方在本质上的相通之处，但是同时也一定涉及中国独特的社会文化背景。所以，必须把科学观念的理解放在中国现代化的历史进程中，深入剖析人们理解科学观念的社会的和文化的要素，把历史与逻辑统一起来，全面地、立体地理解科学观念。具体而言，自"科学"代替"格致"以来，在追求科学精神和民主精神的历程中，在不同的历史条件和文化背景下，国人对"科学"意涵的理解在特定的历史阶段有着复杂的情形，其演进路径不是线性的发展过程，而是呈现出实证理解和价值化的形上理解相互交错的面貌。也就是说，如果从追求概念演进的视角来看的话，实际上很难严格地对科学观念演进作出历史阶段的界限划分，比如在维新思想家和五四运动先哲那里，就更多地表现出对科学的实证理解和价值化追求的双重面貌。因此，我们着重考虑科学观念演进的逻辑。总体来说，这是一条隐含着的发展主线，即："知识→价值→文化"的逻辑转换。这条主线经由科学实证知识发展成为既包括知识、制度、器物在内的兼容形上和形下层面的科学文化体系，实现了片面理解向全面理解、浅层理解向深层理解的转换。时至今日，这种深层理解已经转换成强大的精神动力，注入科技创新的强大洪流中，并通过科技创新转换成巨大的社会发展动力。"从某种意义上来说，我们能不能实现'两个一百年'奋斗目标，能不能实现中华民族伟大复兴的中国梦，要看我们能不能有效实施创新驱动发展战略。到本世纪中叶建成社会主义现代化国家，科学强国是应有之义。"① 由此看来，这个转换历程对当前新科学观及新发展理念的当代建构具有重要的意义，从而深层次地影响国家的未来发展。

第一节　"科学"概念在中国的确立

一、从"格致"到"科学"的词义考辨

"科学"概念在中国正式被使用是在维新思想家用"科学"翻译"science"代替"格致"的时候开始的。虽然学界对中国最先使用"科学"一词的是严复还是康有为尚存争议。但由于二人同为维新思想家，所以不管归功于哪一个，维新思潮都是"科学"概念在中国最初使用无可争议的文化背景。"科学"经历了由"格致"到"科学"的概念转换过程，而后才被国人确定下来，正式使用。"格致"更多地指向技艺之术，而"科学"之"学"字则更多地意指原理、理论，具有现代概念的特征。实际上，到"科学"一词正式使用，它经历了一个"格致"到"科学"的概念转换的过程，这个转换过程也体现了阶段性发展的特质。

"格致"本指朱熹所言"格物致知"，即："物格而后知至，知至而后意诚，意诚而后心正，心正而后身修，身修而后家齐，家齐而后国治，国治而后天下平"，② 格致的认识过程恰恰是修齐治平的前提。在维新思潮中，"格致"一词逐渐显露出新背景下的"科学"含义。在西方科学技术书籍不断介绍和翻译的过程中，当然也在寻求救国良方的过程中技术救国失败的启引下，人们逐渐认识到西学"格致"中不仅有实用的技术，而且存在着高深的学理。这种落脚在"学"上的理解已经与"格致"、"格物"存在着明显的界限了，体现出明显的理论化倾向，这样，"科学"便逐渐取代了原来的"格致"，成为新观念的表征。可以说，这种概念的演变实际上反映了文化背景的转换和

---

① 《习近平关于科技创新论述摘编》，中央文献出版社 2016 年版，第 31 页。

② 《大学·中庸》，金良年、胡真注，上海古籍出版社 2007 年版。

思想观念的转型。换言之,"科学"取代"格致"并不是语言幻觉,而是意识形态更替在语言上留下的印迹。①

1902 年以后,国人开始慢慢地由"格致"转向使用"科学"。比如严复,1900 年前他把"science"翻译为"格致"或音译,而随后在 1900—1902 年期间翻译穆勒《逻辑体系》的过程中,把"sciences"或者"science"译作"科学",同时把"natural philosophy"译为"格物",已经能够在其中发现一些概念转换的端倪。同时,梁启超也开始使用"科学"一词。他把具有形下特征的技术科学视为"格致"。而"科学"意指包括自然科学、社会科学在内的各门理论科学,具有形上意蕴,区别于"格致"的形而下特质。尽管在 19 世纪末 20 世纪初世纪之交的时候,曾一度出现过"格致"和"科学"并用的局面,但是到 1905 年废除科举制时,指向现代知识谱系的"科学"正式取代了"格致","格致"自此逐渐隐退出历史的舞台。

至此,指向现代知识谱系的"科学"迅速普及,科学的观念在国人的心里扎下了根,中国社会的文化背景也真正地发生了指向现代的转换。从"格致"到"科学"的转换究竟是在什么样的文化契机中完成的呢?"科学"概念在中国确立的深层文化因素都有哪些呢?笔者认为,中国哲学传统、中西文化融合以及中国救亡图存的文化需求等为"格致"到"科学"的概念转换提供了文化契机。

二、"科学"概念在中国确立的内在依据:经世致用的哲学传统

经世致用的哲学传统在中国源远流长。从先秦至清代,以"经世致用"为内容的实用理性的致思路向一直发挥着重要作用。按照孟建伟教授的观点:"经世致用"包含极为丰富的中国文化内涵,"包括经国济世、志存高远、胸怀天下的'形而上'内涵,也包括以实为宗、尽其所用、注重实效的'形而下'内涵"。② 如荀子"知之不若行之"、韩非的"功用"标准、墨家"利

---

① 金观涛、刘青峰:《从"格物致知"到"科学"、"生产力"——知识体系和文化关系的思想史研究》,《"中央研究院"近代史研究所集刊》2004 年第 46 期。
② 孟建伟:《文化哲学的中国路径》,《辩证法通讯》2012 年第 6 期。

于人谓之巧，不利于人谓之拙"等观点均体现了明显的"经世致用"倾向。这种倾向影响了其后中国的儒生、官吏、科学家、哲学家等，科学技术的实际应用引发了几乎包括理论家在内的所有学者的浓厚兴趣，成为中国封建社会的主流意识形态。经过了宋明理学对实践、力行、践履等道德经验主义的强调，明清之际更为提倡"实事求是"和"实学救世"的学术风气，促使"经世致用"的理念走向深入，拉开了近代启蒙运动的帷幕。李泽厚在梳理中国现代思想史的时候深入剖析了以"经世致用"为内容的实用理性："中国的实用理性有与实用主义相近的一面，即重视真理的实用性、现实性，轻视与现实人生与生活实用无关的形而上学的思辨抽象和信仰模式，强调所谓'道在伦常日用之中'。但也有与实用主义并不相近的一面，即实用理性更注意长远的效果和具有系统内反馈效应的模式习惯，即承认有一种客观的'道'支配着现实社会和日常生活，从而理性并非只是作为行为的工具，而且也是认识（或体认）道体的途径"。①

这种传统为"格致"到"科学"的转换提供了内在的文化依据。也就是说，实际上，正是由于西方的"科学"概念所蕴含的求真务实、批判创新特质和精神，与中国经世致用的哲学传统存在着内在的文化契合，才有可能在国人寻求救国良方的燃眉之急背景下实现会通。这一点正如中国历史悠久的大同理想与马克思主义存在内在的文化契合，马克思主义才能得以在中国生根并普及一样，任何外来文化如果没有与本土文化的内在契合的话，企图在异质文化里生根是不可能的。以"经世致用"为内容的实用理性就是"科学"概念在中国确立的思想前提和文化基础。

这样，科学几百年来所建立的威望，得到了中国传统价值观的支持和接纳。中国人在对外来文化进行选择和取舍的过程中，经世致用的哲学传统一直决定着这个选择机制的价值取向。这种取向决定了从"格致"到"科学"的概念的飞跃性转换，当"科学"正式取代"格致"的时候，所表征的恰恰是国人对创获科学知识的科学方法的价值认同。

---

① 李泽厚：《现代思想史论》，天津社会科学院出版社 2003 年版，第 150 页。

三、"科学"概念在中国确立的文化土壤：中西融通

现代中国"科学"概念的基本特征和主要内涵源于西方科学的传统，是西方科学传统与中国哲学和文化传统相融合的产物。因此，考察"格致"到"科学"的转换，必然离不开明清之际和晚清民初的两次西学东渐以及与此对应的东学西渐，这是个文化交流的互动过程。此间，西方科学的传入对"科学"概念在中国生根乃至逐渐成熟提供了萌芽的土壤，具有不可忽视的底蕴作用。或者可以说，"格致"到"科学"的转换就是在西学东渐的文化融合过程中孕育并逐步完成的。

明清之际，西方传教士来到中国进行宗教活动，科学技术成了他们的传教手段。在利玛窦入乡随俗的策略实施以后，包括西方科学在内的西方文化体系就源源传入，中国人眼界大开，试图接受西方的新知识、新思想和新领域，徐光启、李之藻、黄宗羲、方以智、王锡阐、梅文鼎等一些实学思想家开始宣传、翻译、介绍、引进西方关于机械、物理、测绘、历算等科学知识，在中西文化的冲突与融合中扩大和丰富了中国文化的内容和内涵，突破了传统的思维模式，力图革故鼎新，成为了一种思想启蒙。

鸦片战争之后，西学再次卷土重来。鸦片战争的失败促使洋务运动的开启。洋务运动坚持中体西用的原则，大力引进和学习西方科学技术，积极兴办军事工业和民用工业，积极传播自然科学，废除科举制度，兴建新式学堂等，导致了一场由小到大的科学运动。从文化交流的视角来审视的话，应该说这是洋务运动的积极结果。甲午战争中清政府的惨败，使人们对西学的认识发生了变化。人们开始总结洋务运动失败的原因在于对西学的片面认识，仅仅把科学技术当作工具而已。国人对西学的理解更加深入和深刻了。比如严复，坚信西学的根本在"于学术则黜伪而崇真，于刑政则屈私以为公"①，这便是当前视阈中的科学与民主。人们已经清醒地认识到，洋务运动在"技"的层面上学习西方的实践未能使清政府如愿，说明

---

① 《严复文选》，天津百花文艺出版社 2002 年版，第 3 页。

救亡图存、富国强兵的真正实现需要在文化和制度的层面上完成转型。这种认识直接引发了"百日维新"，在制度和观念的层面上为科学思想和科学精神深入人心作了充足的准备，奠定了民国时期五四新文化运动的基础。五四时期，几乎所有的西学门类，从自然科学到社会科学，相关的各种思潮、学说、观念都陆续传入到了中国。"科学"和"民主"的时代强音也呼之欲出。

这是一个对科学的理解从器物到制度乃至文化层面的转型的过程，"科学"概念就是在这种价值追求的过程中逐步确立的。

四、"科学"概念在中国确立的历史契机：救亡图存的文化诉求

洋务运动时期，虽然国人对科学的认识停留在"器物"的浅表层面，但由于"经世致用"的价值导向的规约，即便是浅表认识，也大大激发了国人对科学的向往。鸦片战争中，国人看到了坚船利炮的威力，顺理成章地在科学"船坚炮利"的功能中寻找救国良方，并迅速付诸行动。当时的一批知识分子，如李善兰、徐寿、华蘅芳、徐建寅等，无一例外抱着拳拳报国之心，秉持着"科学救国"的理想传播西方自然科学。他们早年都受到经世致用思想的影响，摒弃八股科举，选择了"专研格物致知之学"的自然科学研究道路。但他们为中国在科学技术方面与西方的差距感到忧虑，并在洋务活动的实践中获得了对西方近代自然科学的深切认知，形成了初步的"科学救国"思想。科学作为图强的手段也自然而然彰显了它的价值，为"科学"概念在中国的确立提供了思想基础和内在动力。

在维新思潮中，我们更加可以清楚地看到凭借科学图强的意图。维新思想家反思洋务运动，对科学的理解扩大到社会科学领域，除了关注自然科学，还关注西方包括政治制度学说在内的社会科学知识，深化了对科学的认识，这是戊戌变法时期的重大进步。究其进步的根本动因则是来自于救亡图存的功利性需要，也就是说，是救亡图存的价值需求促使国人顺利地完成了对科学的"器物"到"制度"再到"观念"的理解过程。当时的

知识分子积极倡导和传播新思想、新价值，他们有着共同认同的文化传统，在思想价值的选择过程中发挥了极大的引导作用。他们禀赋的"先天下之忧而忧，后天下之乐而乐"的社会担当精神，促使他们对天下事"事事关心"，甚至可以为救治中国的衰落而"舍生取义"。此时，"赛先生"作为包罗社会、自然、人生的科学世界观被认同为一种道德真理和人生价值，获得了中国知识分子最大的合法性支持。严复译《天演论》而非《物种起源》就是一个恰当的例子。严复在《天演论》序中说："赫胥黎此书之旨，……于自强保种之事，反复三致意焉"。在这里，严复看重的恰恰是赫胥黎表达出的"与天争胜"的理念。而这种理念完全迎合了甲午惨败以后要自强保种，发奋图强的社会期望。另一个明证便是康有为科教救亡的殷殷之心。康有为以"经世致用"为主旨，通过教育、科技和人才的中西比较，提出"泰西之所以富强，不在炮械军兵，而在穷理劝学"[1]"近者日本胜我，亦非其将相兵士能胜我也，其国遍设各学，才艺足用，实能胜我也"[2]。由此强调，我们若想在近代新的国际环境中求得生存空间和机会，就必须"审古今之时变"，积极维新变法，广设学校，培养人才，鼓励科技创新，大力发展经济，实现工业化。在此，他极力倡导物质救国的理念，希冀大兴科教和实业来实现救国兴邦的宏图。这样，科学便通过其价值功能的发挥迎合了中国知识分子的救亡图存的文化要求。但是，中国知识分子在为自强保种而寻求新价值的急迫需求中，在还未能透彻地了解科学的本质时便接受了它作为一项全能的文化权威的设定。由此，"科学"观念作为一种价值权威在中国扎根了。

必须说明的是，这种词义转换是与特定的语境密不可分的。在中国特殊的社会语境中，"格致"到"科学"经历了明末清初的儒学包装、洋务运动中的强国依据、维新变法中的形上追求三次变革。关于这三次变革，我们将在第三章中加以详细论述。

---

[1]　汤志钧：《康有为政论集》，中华书局 1981 年版，第 130－131 页。

[2]　汤志钧：《康有为政论集》，中华书局 1981 年版，第 306 页。

第二节　科学知识：实证科学的视角

如上述所言，由于救亡图存的社会背景及其与中国传统文化的内在契合，"科学"经历了由"格致"到"科学"的概念转换过程之后在中国确立下来，生根发芽。实际上，从"格致"到"科学"的概念转换表征了国人科学观念的飞跃，它最初代表的是国人对创获科学知识的科学方法的价值认同。尽管这个概念从使用之初就蕴含了强烈的价值诉求，具有明显的形上意蕴，但这种形上意蕴实际上是对引领科学知识的科学方法的价值认同，仍然没有脱离实证主义的科学哲学范式。而且，在很长一段历史时期内，对科学的实证理解和价值诉求是同时并存、相互包含的。只是出于社会发展的实际需要，对两者的地位做了不同的区分罢了。也就是说，即使是在两种理解并存的状态中，科学的实证化理解也是作为其价值诉求的基础和前提的，而且中国思想史的实际情况恰恰是实证科学中渗透着科学的价值理解，有着深刻的文化因素。正如学者汪晖指出的："在中国现代语境中，科学体制的形成、科学团体的建立、科学刊物的出版、科学概念的流行不是孤立的、游离于其他社会领域的事件，而是具有深刻的社会和文化动力和后果的事件。"[1]

可以说，17—19世纪西方世界的近代科学本质上是以经验为基础的实证科学。它主张通过观察和实验来搜集大量经验材料，然后依据合逻辑的原则通过分析和归纳的方法来提炼自然界和人类社会的普遍规律及法则。从哥白尼、伽利略到牛顿、达尔文，便是采用实证科学的方法创立近代天文学、物理学、生物学等自然科学学科，随后，由于这种实证科学方法的效用被社会广泛认可，逐渐被运用于政治学、经济学、历史学、社会学、心理学等人文社会科学领域，以培根、洛克为代表的经验主义哲学就体现了这种实证本质，而以孔德为代表的实证主义哲学则成为这种实证科学方法论的集大成者。考察中国近现代思想史，我们发现，中国人也同样把握住了西方科学的

---

[1]　汪晖：《现代中国思想的兴起》，三联书店2004年版，第1126页。

这一实证本质，在解释和理解科学的过程中频次较多地体现了"科学"的实证化理解。孙正聿先生曾经指出："作为独立的、科学的哲学，它要依赖于实证科学，又要高出于实证科学"。① 如此说来，即使是近代科学在中国衍生为一种哲学思潮，实证化的前提性理解也不可避免。而且，科学在中国的传播也是有一个过程的，是一个从形下到形上的逐步深入的过程。到国人正式使用"科学"这个概念的时候，几乎已经完成了这个过程。此时，人们即使已经在观念上深刻地认识到了科学的价值引领作用，但是其理解的逻辑结构中仍然包含了实证科学这一基础性要素。实证科学包括经验事实、对规律的猜想、对假设的逻辑论证以及对理论验证等构成要素。它具有明显的具体性、经验性、精确性、可检验性等特征。它对世界进行分门别类的研究，针对具体的物质运动，提出解决问题的设想，以经验为出发点和归宿，力求不超越经验，其假设和结论必须是精确分析的结果，可以重复接受实验和事实的检验。通过对五四前后思想发展历程的考察，我们发现，即使在"赛先生"以其价值功用迎合了国人需求而深入人心的时候，人们仍然把科学视为强调精确、实验和逻辑分析的自然科学，对科学进行了知识化理解。而且，无论是否作出了明确和清晰的表达，这种理解都一直是作为默认的基础性理解。

在几乎整个 20 世纪，我们都能够清楚地看到"科学"概念的此种理解。如：维新时期对证实原则的推崇和对实证科学方法的演绎、五四时期的唯觉主义原则和实验主义态度都表达了对科学的知识化理解，新中国成立后"向科学进军"浪潮下的技术跃进、"科教兴国"、"科学是第一生产力"等国策高度上的理念都体现了人们对"科学"的实证化理解。科学首先被理解为实证知识的体系，其价值功用是在科学知识的基础上逻辑地衍生出来的，两者的内在相关从未隔断。在这个意义上，科学知识及其进化被视为文明进步的标准。"科学知识的合法性的建立也是一种新的判断标准的建立，现代世界中的一切似乎都需要经过它的检验，从而科学知识以一种'客观的'方式对

---

① 孙正聿：《对实证科学的两种关系——马克思主义哲学与科学主义思潮的原则分歧之二》，《理论探讨》1990 年第 3 期。

世界进行编排：正确与错误，正常与反常，先进与落后，文明与愚昧，合理与不合理，等等"。①

一、实证科学的形而上学前提

科学观念在中国的传播是在中西文化交流的背景下展开的。虽然，一开始国人对科学的态度就抱有救亡图存的价值诉求，但是，这种价值功用还是有其实证根基的。只不过，这种实证根基一开始便遵循着形而上学的前提，围绕着形而上学的价值导向展开。中国人由于特殊社会背景下的急切心态而跨过科学的实证根基，没有扎实地钻研实证科学本身，而直接奔向它的价值功用。国人对实证原则的坚持便体现了这种前提。

实证原则即是一种坚持从事实出发，摒弃一切主观臆断的态度，本质上属于一种"求真"的精神。这与西方近代的实证主义思潮有明显的理论联系。这种联系缘于中西文化交流的背景，尤其是中国科学家留学西方，受到西方相关文化影响的实际状况。比如严复留学英国时就接受了实证主义哲学和经验科学方法论，把以实证性为特征的西方近代自然科学称为"实测内籀之学"，"实测"即是通过观察和实验获得感性材料，"内籀"即指归纳法。他赞同赫胥黎《天演论》中的观点，"始于实测，继以会通，而终于试验。三者阙一，不名学也。而三者之中，则试验为尤重。"② 经验既是科学的基础和开端，运用"会通"的逻辑推理导出的科学结论必须回到经验，接受经验的检验，三者必须有机统一才能构成科学，这里在探求"公理公例"的主旨下突出强调了经验在科学中的重要地位，体现了对实证原则的推崇。严复坚信，一切科学真理都是通过归纳法设立的，因而对经验证实原则高度重视。"内籀者，观化察变，见其会通，立为公例者也"，"公例无往不由内籀，不必形数公例而独不然也"。③ 在此，他已经把归纳法（内籀）看做是通往"公例"（一般社会准则）的必经之路。康有为的实证方法论在《实理公法全书》

① 汪晖：《现代中国思想的兴起》，三联书店 2004 年版，第 1134 页。

② 王栻：《严复集》，中华书局 1986 年版，第 1358 页。

③ 王栻：《严复集》，中华书局 1986 年版，第 98 页。

书前"凡例"中明确表示了一种坚持实证原则的态度:"书于凡可用实测之理而与制度无关者仍不录,理涉渺茫,无从实测者更不录。"① 继严复和康有为对实证科学方法的引入之后,王国维试图把实证方法提升到实证原则的高度,成为中国使用"实证"这一术语的第一人。他以一种哲学思维的高度来审视西方的实证科学,并把这种原则运用到人文科学研究领域。虽然他因为对人文学科的偏爱而放弃了实证科学的研究,最终没有成为实证论者,但是他一生的治学始终都以事实为重,以证据为重,坚持实证原则。这种实证原则作为一种思想引领,影响了中国一批学者和思想家,尤其是自然科学背景浓厚的思想家。如丁文江在留英期间,也深受斯宾塞等倡导的实证主义和达尔文的生物进化学说影响,坚信行为思想依靠理智、是非评价全靠经验。回国后,他致力于科学的解释和传播工作,以及中国科学事业发展的组织工作。他偏爱归纳法,认为科学的基本活动就是分类,科学的基本目标就是描述,科学的任务就是将事实详加分类,从中获得它们的秩序关系。科学的目的在于更准确地观察事实,摒除个人主观的成见,求人人所能共认的真理。因此,他特别反对任何经验以外的臆想和武断,坚持实证经验与主观理性的统一,既强调事事求诸证实,又要求尊重科学理性,尊重客观规律。他的实证原则也通过他的唯觉主义体现出来,"觉官感触是我们晓得物质的根本。我们所以能推论其他可以感触觉官的物质,是因为我们记得以前的经验。我们之所谓物质,大多数是许多记存的觉官感触,加了一点直接觉官感触";②"无论思想如何复杂,总不外乎觉官的感触。"③ 他把这样的用科学方法试验的觉官感触作为知识论的根据,并作为与玄学区分的标志。在这里我们看到,培根及穆勒的依靠感觉经验的实证原则的影响。再如胡适,他在方法论上坚持存疑原则,主张:"实事求是,不作调人"。④ 坚持以存疑的态度,反对一切独断和教条,也看得出这种主张与实证主义思潮存在着理论联系。任

---

① 康有为:《康子内外篇》,中华书局 1988 年版,第 33 页。
② 张君劢、丁文江等:《科学与人生观》,山东人民出版社 1997 年版,第 45 页。
③ 张君劢、丁文江等:《科学与人生观》,山东人民出版社 1997 年版,第 46 页。
④ 胡适:《胡适文存(三集)》,黄山书社 1996 年版,第 78 页。

鸿隽在留美期间也关注到斯宾塞、赫胥黎等人对科学方法及其对科学教育的影响。他解释培根的归纳法时，表明了自己对归纳法的态度："归纳的论理法为何。即凡研究一事。首重实验。而不倚赖心中悬揣。易言之。即叩自然事物。以待自然事物之答解。而不以己意为之设解是也。"[1] 进而强调："无归纳法则无科学"，将归纳原则上升到科学本质的高度。王星拱也在哲学发展方面不断地做着实证化的努力。"知识最初的起源，都由于器官的感触，不过当感触的时候，有个主观的'我'在里面认识罢了。"[2] 他强调感性基础的重要性，但是更重要的是，整理感性材料的逻辑和方法，王星拱称之为"智慧"。他还强调，"我们若是要得确切的结果，不能有主观的偏见。"[3] 主张摒弃主观偏见的影响，大力推崇实证原则。而且，在检验真理的标准问题上，他也尤其强调试验或行的作用，坚持实证原则，"真实之最后的判断，还要靠着试验。……从前的人说，知而不行，知是无益的；现在我们说，知而不行，并知也不能算作知啊。"[4] 陈独秀在《敬告青年》中对"科学"的阐述也仍然是秉持着实证的原则。"夫以科学说明真理，事事求诸证实，较之想象武断之所为，其步度诚缓，然其步步皆踏实地，不若幻想突飞者之终无寸进也。"[5] 在这里，"科学"一词涉及"实利"、"常识"、"实证"等概念的含义，恰恰与"想象"、"武断"等词对立，表达了实证原则的立场。正是在实证原则的基础上，陈独秀的"科学"概念逐渐走向历史唯物主义。也正是在此实证原则之上的历史唯物主义后来与科学派结盟，才使得科学派在科玄论战中战胜了玄学派，确立了科学的权威地位。

这种实证原则的坚守一直持续到新中国成立后的社会主义现代化建设进程之中。新中国成立之初，在内忧外患、百废待兴的背景下，国人提出了

---

① 任鸿隽：《科学救国之梦——任鸿隽文存》，樊洪业、张久春选编，上海科技教育出版社、上海科学技术出版社 2002 年版，第 11—12 页。

② 王星拱：《科学方法论　科学概论》，商务印书馆 2011 年版，第 180 页。

③ 王星拱：《科学方法论　科学概论》，商务印书馆 2011 年版，第 85—86 页。

④ 王星拱：《科学方法论　科学概论》，商务印书馆 2011 年版，第 182 页。

⑤ 《陈独秀文集》第 1 卷，人民出版社 2013 年版，第 70 页。

"向科学进军"的口号时，仍然是对科学抱着这样的实证态度的。但是，由于兴国富强的急迫心态导致了科技领域的"大跃进"，人们对发展科学的态度逐渐显露出浓郁的政治色彩，把这种实证科学的坚守淹没了。改革开放以来，虽然"科教兴国"的策略更多地体现出对科学的生产力价值的期求，但是这种期求同样是在对科学实证理解的前提下确立的。人们在处理科学、教育与经济的关系时，科学技术被视为经济发展的手段，这种工具地位的理解实际上还是秉持着实证原则的。

这里必须强调，在现实的社会情境中，实证原则具有明显的价值诉求意味。他直接体现出国人理解实证科学的形而上学前提。事实上，对科学的实证理解和价值诉求在中国特定的社会环境中大多不是独立存在的，而是交织在一起，发挥着综合作用。

二、科学知识的分化与社会文化的合理化

科学知识的分化程度是评判科学知识发展水平一个重要标志。分科越精细便说明科学知识系统完善程度越大，也说明科学发展的程度和水平越高。随着越来越多地碰触西方自然科学，国人对科学的了解日益深入。在这样的背景下，国人在形而上学的前提下，开始着手科学研究事业的具体工作。比如对知识的分科、科学名词审定、教育领域中的分科设置等，在整个科学知识分化的过程中融汇着一种社会文化合理化的设计企图。

1.科学翻译。科学知识在中国的发展，经过了一个移植、传播、吸收并使西方科学文化中国化的历史过程。对于科学知识分化的进程而言，翻译是其中重要的一环。自明末清初西方传教士来华开始，西方的科学文化与中国传统文化发生了碰撞与冲击，激发了国人对西方科学文化的兴趣。于是，国人开始主动学习西方科学文化，翻译科学书籍，积极引进西方的科学成果。明末，一些上层绅士，如徐光启、李之藻等与西方传教士合作翻译包括数学（如《几何原本》、《同文算指》），天文学（如《乾坤体义》、《天问略》），物理学（如《远镜说》、《泰西水法》、《远西奇器图说》）等，也有生物学、医学和人文科学等方面的多种书籍。可见，在翻译的过程中，科学知识是以分

化的姿态出现在国人的视野之中的。在遭遇到了一段时期的锁国政策之后，至清末时，鸦片战争再次打开了国门。此等背景下，睁眼看世界成为大势所趋。国人从"师夷制夷"的立场出发，组织专门的翻译班子翻译西书，编译资料，积极传播西方科学知识。彼时翻译的规模、数量和质量都史无前例，涉及自然科学、应用科学、哲学社会科学等各个方面的著作。值得强调的是，这个时期，国人已经开始关注到西方先进的技艺背后的文化因素，开启了对西方科学认知由技艺向文化的转变。比如《四洲志》、《海国图志》、《各国律例》等著述不仅研究了西方的先进技艺，而且还涉猎了政治、经济、文化、教育等方面，体现出了对科学知识的认识开始走向深化。到了戊戌和五四时期，一些政治家和有留洋经历的科学家成为翻译的主体，国人对自然科学的热情转到了人文社会科学方面，并体现出了明显的形上意蕴。"赛先生"不仅是自然科学（科学知识），而且也是变革社会的斯宾塞思想，即科学思想、科学方法。由此可见，在科学翻译的过程中，国人由关注科学知识的分化逐渐深入地体认到科学知识背后强大的形上引领，从而由对自然科学的关注转向人文社会科学。前述"科学"替代"格致"翻译"SCIENCE"便是一个非常有力的证明。这个过程也展现了蕴含着中国现代化方案的社会文化合理化的发展过程。

2. 名称审定。科学语言的流行同时也伴随着科学知识的分类，因此，科学名词审定统一对于科学知识分化的进展而言起到了有力的推动作用。如当时国人开展此项工作时的考虑一样："苟欲图存，非急起直追，谋理化学之发展不为功。发展之道，首在统一名词。否则分歧舛错，有志者多耗脑力，畏然者或且望望然去之。如是而欲冀其进步，殆无异南辕而北辙焉。"①科学名词的审定工作有利于科学研究和科学传播，而且科学名词的审定对科学发展体系的规范性发展和科学知识的分化与整合恰恰发挥了催化剂般的作用。科学名词审定统一与科学翻译一样在中国经历了一个较为长期的过程。首先是晚清的学人在面临明以来前人在科学书籍翻译过程中存在的各行

---

① 张剑：《中国近代科学与科学体制化》，四川人民出版社 2008 年版，第 147 页。

其是、自创译名带来的阅读困难的时候，开始注重译名统一的问题。如江南制造局翻译官、传教士组织的益智书会在译名统一方面做了大量的工作，规定了统一科学术语的译名原则。但是，由于当时翻译之风盛行导致翻译书籍数目繁多、翻译主体多元、缺乏专门的科学技术人才等因素，导致科学术语翻译过程中存在分歧和冲突，科学名词的统一工作未能取得明显实效。到了民国初年，科学名词的翻译日渐混乱，科学知识和科学思想宣传和交流遇到了更大的困难，国人统一科学名词的诉求更加强烈。鉴于统一科学名词是个艰巨和庞杂的工作，国人认识到，科学名词审定需要组织化保障。因此，科学名词审定工作主要是由学术团体和组织完成的。中国科学社一经成立，便把名词审定列为重要工作。《科学》杂志《例言》明确指出："译述之事，定名为难，而在科学，新名尤多。名词不定，则科学无所依附而立。本杂志所用各名词，已有旧译者，则由同人审择其至当，其未经翻译者，则由同人详议而新造。将竭鄙陋之思，借基正名之业。"① 中国科学社在此强调了科学名词统一的意义和原则。即便如此，科学名词审定工作还未能到达真正统一术语的目的。后来，科学名词审查会的工作取得了更为明显的效果。科学名词审查会历时十余年，聚集起中国科学社、中国工程学会、中华农学会、中华博物学会等多个学术社团，一些专门的科学人才和学术精英参与其中，反复召开专门的会议，涉及数学、物理、化学、动物、植物、医学、生理学等学科。虽仍有一些术语未能审定，而且审定过程中也不乏利益冲突和意气用事，但是大量的科学名词通过审定，为后来科学名词的统一奠定了坚实的基础。再后来，国立编译馆成立，开始了更大规模的组织化审定工作。这时，参与主体更具权威性，组织程度更加完善、更加专家化，按照专门的科学社团进行精细分工与合作，审定工作更加细致，取得了极大的成效。

必须强调，科学名词审定的过程是伴随着专门科学在中国发展的深入而展开的。也就是说，科学名词审定与科学的分化是一个相融的过程，两者相互促进。这样，科学名词审定统一逐渐确立了科学知识的体系框架。更重要

---

① 汪晖：《现代中国思想的兴起》，三联书店 2004 年版，第 1135 页。

的是，在这个过程中，体现出了学术发展与社会变迁的关系。科学名词的审定，涉及政治、社会、文化以及科学自身的发展等各种力量的影响。而左右这种影响的方向恰恰是中国现代化发展的企图，科学名词审定和科学分化实际上包含着并体现着中国现代化方案设计的方向。

3.学科设置。科学名词审定直接影响到科学教育中的教育改制和学科设置。晚清以来，科技和实业教育成为教育体制改革的核心，学校教育开始注重理、化、博物等学科。新文化运动中，在弘扬"德赛"的同时，以民主教育和科学教育为宗旨提出了一些改革措施，尤其注重科学教育，把公民教育落实到科学教育上。这些措施既包括高等教育中的改制，也包括基础教育的改制，渗透到了国民教育的所有领域。如蔡元培倡导的北京大学改制，旨在把大学办成研究学问的专门学府，推行专业教育。专业教育既是知识分化的结果，也是社会分工精密化的需要。经过几轮改革，变门为系，按研究对象设置了数学系、物理系、化学系、地质学系、哲学系、中文系、英文系、德文系、俄文系、法文系、政治系、历史系、经济系、法律系等。随后，基础教育也进行新的课程设置，小学课程分为国语、算术、公民、卫生、历史、地理、自然、园艺、工用艺术、形象艺术、音乐、体育等科目。初中课程分为社会科、语文科、算术科、自然科、艺术科、体育科等，努力与小学课程衔接。高中课程设置根据地方的具体情况分为普通科和职业科。其中，普通科作了文、理的划分，除了素质类的公共必修课外，文科和理科学习的内容和科目设置差别很大，文科强化人文社会科学，理科强化自然科学。与小学、中学必要的衔接外，增设了人生哲学、社会问题和文化史等科目。

毋庸置疑，导引这种教育改制的分科原则，在体系结构上与知识界的文化讨论，特别是"科玄论战"存在着内在相关，而"科玄论战"关乎现代化的方案设计。如此看来，新的学科设置体现了科学知识的分化与现代化方案创制之间的内在关联。

三、科学知识谱系与现代文明

科学知识经过分化形成了现代性原则支配下的知识谱系。吴稚晖指出:"什么叫做科学?就是有理想,有系统,有界说,能分类,重证据的便是……"① 任鸿隽认为:"科学者,智识而有统系者之大名。就广义言之,凡智识之分别部居,以类相从,井然独绎一事物者,皆得谓之科学。自狭义言之,则智识之关于某一现象,其推理重实验,其察物有条贯,而又能分别关联抽举其大例者谓之科学。"② 吴稚晖和任鸿隽的上述理解中,均涉及科学知识的实证因素和逻辑因素,就其逻辑性而言,科学知识就是"有系统"的知识谱系。这个知识谱系是社会、文化、政治、经济等综合作用的结果。这个结果主要是通过科学体制化发展达成的。所谓"科学体制化就是科学社会体制的形成过程。……也就是说在科学体制化过程中,科学活动在社会生活中已赢得一定的声望和地位,并有自己独特的活动空间,其价值越来越为社会所承认;科学家们在科学活动中逐步形成了一套独特的交往、奖励乃至惩罚的行为规范,诸如普遍主义、共有主义、无私利性、有条理的怀疑主义等;社会其他活动(如政府政策、教育等)为了适应和促进科学的发展,必须有相应的变化,如政府加大科技投入等。"③ 科学体制化不仅包含前述科学翻译、科学名词审定、学制改革,还包括科研机构、科学团体、科学评价与奖励制度,以及科学家角色的转换等诸多要素。可见,科学体制化过程实际上是一个科学与社会互动的过程。

科学知识谱系是科学体制化发展的必然结果。科学知识谱系必然成为现代文明的表征。"知识、社会组织和一般生活的进化在这里被作为并列的文明进步标准,从而表明文明的进步是可以按照自然规律加以解释的现象"。④ 在这个知识谱系中,无论是知识主体,还是知识成果都呈现出了科学文化与人文文化的明显差异。"'两种文化'的形成是现代社会的一个极为重要的成果,它以专业知识和专业化的知识体制的方式对社会文化进行重新分类"。⑤

① 汪晖:《现代中国思想的兴起》,三联书店 2004 年版,第 1253 页。
② 任鸿隽:《科学救国之梦——任鸿隽文存》,上海科技教育出版社 2002 年版,第 19 页。
③ 张剑:《中国近代科学与科学体制化》,四川人民出版社 2008 年版,第 11—12 页。
④ 汪晖:《现代中国思想的兴起》,三联书店 2004 年版,第 1127 页。
⑤ 汪晖:《现代中国思想的兴起》,三联书店 2004 年版,第 1109 页。

如此，科学知识体系便直接与现代文明关联起来了。在此基础上，衍生出了国人对科学的价值判断。

尽管对科学的知识化理解在追求民族独立和国家富强的过程中，不是国人的最终目标和意图（在民族危亡的背景下，他们更多地期冀于科学的功用价值），但是，由于文化和社会条件的限制，他们对科学价值的论证还必须借助于科学实证性的基础特征。而且要想促进科学的普及和大众化，实证化也是更行之有效的途径。因此，对科学的知识化理解是科学观念在中国演进的不可回避的必经之路。

第三节　科学价值：价值诉求的视角

虽然"科学"作为一种观念在中国传播的过程中经历了实证化理解的阶段，也表现了与西方人对科学的实证化理解相似的思维路径，但是总的来说，无论国人把科学视为知识还是方法，抑或是某种认识的原则，由于中国救亡图存的特殊社会背景，实际上近代国人在对科学进行实证化理解一开始就仅仅是其对科学的价值化理解的前提而已。"科学"对于中国人来说，更多地是在意识形态的意义上被视为救国、兴国、强国的灵丹妙药。它更多地承载了立国、兴国、强国的使命，自始至终都表现出强烈的价值诉求。

一、"科学救国"中科学的价值诉求

前文已经提到，当"科学"取代"格致"的时候，就已经包含国人寻求以现代性为指向的救国方案的企图，对科学的价值诉求就初露端倪了。国人对科学的实证化论证方式的宗旨和指向始终都是围绕着科学的价值诉求。维新思想家便是在形上层面接受科学的典型。科学经验原则和逻辑原则被泛化，自然科学的价值和方法进入其他社会领域。在新文化运动，尤其是"科玄论战"中，科学的观念作为中国现代化的范型已逐步深入人心，国人对科学的价值诉求倾向已经展现得非常明显了。随后，科学观念在"救亡压倒启蒙"的背景下发生了实践转向，并成为新民主主义革命取得胜利的文化纲领中的重要元素，在立国使命完成的过程中扮演了不可或缺的角色。

在维新思想家那里，科学就是他们孜孜以求的价值体系和理性精神，是救亡图存的重要突破口。洋务运动和甲午战争的失败使中国人逐渐认识到，"师夷长技以制夷"不应该仅仅借鉴西方科学技术的器物层面，还应该从科学技术的文化深处寻求原因。因此，一批先进的知识分子开始结合民族需要，从形而上的层面理解西方科学，维新思想家严复和康有为就是最初把科学作为一个价值体系加以接受的典型代表。在严复看来，"自然公例。即道家所谓道。儒先所谓理。"[①] 公例（规律）已经被视为"道"、"理"，具有了一般性的普遍意义了。在严复的视野中，"科学"就是通过归纳法实现"修齐治平"的价值体系。其价值指归恰恰是通过归纳法与形而上学的沟通实现的。康有为在"科学实为救国之第一事，宁百事不办，此必不可缺者也。"[②] 在如此"物质救国"的基础上把对科学的认识不断引向深化，遵循着以"以几何著《人类公理》"的宗旨，把几何学的演绎方法运用到了个体行为和人际关系方面的社会科学研究上，并依此构筑了大同社会的美妙蓝图。在维新思想家梁启超和谭嗣同那里也表现出了对科学浓重的价值诉求。对此，笔者在拙文《维新思潮中科学的形上意蕴》中强调指出："梁启超把科学方法作为道德实践和民族精神来看待。而谭嗣同的仁学体系力图将西方近代的科学理性精神与中国传统的实学精神统一起来，实际上是把科学作为一种信仰加以接受的"。[③] 并在该文的结尾总结指出："尽管不同的思想家由于各自的经历和思维展开方式的差异，致使他们对科学形上理解的具体情形和展开构建现代性方案的角度、方式等有不同程度的差异，但是他们诉诸于西方科学方法和科学理性精神来寻求现代中国发展方略的路数却是一致的"。[④] 在这里，笔者一再坚持认为，维新思想家恰恰是在形上之维接受"科学"的，展示了对科学超越了实证层面的价值诉求。

---

① 《穆勒名学》，严复译，北京时代华文书局2014年版，第271页。
② 谢遐龄：《变法以致升平：康有为文选》，上海远东出版社1998年版，第466页。
③ 李丽：《维新思潮中科学的形上意蕴》，《自然辩证法通讯》2011年第6期。
④ 李丽：《维新思潮中科学的形上意蕴》，《自然辩证法通讯》2011年第6期。

新文化运动中，科学（德先生）与民主（赛先生）一起被视为新的价值权威和新社会的理想，获得了普遍的价值认同。"只有这两位先生，可以救治中国政治上道德上学术上思想上一切的黑暗，若因为拥护这两位先生，一切政府的压迫，社会的攻击笑骂，就是断头流血，都不推辞"。① 尤其是在"科玄论战"中，以丁文江、胡适、吴稚晖为代表的科学派与以张君劢、梁启超等为代表的玄学派就"科学能否解决人生观问题"展开了针锋相对的论战。论战后期，由于陈独秀、瞿秋白等马克思主义者的参与，唯物史观派与科学派结盟，致使科学派最终战胜了玄学派，确立科学的价值权威。正如胡适当初所断定的："近三十年来，有一个名词在国内几乎做到了无上尊严的地位，无论懂与不懂的人，无论守旧和维新的人，都不敢公然地对他表示轻视或戏侮的态度。那个名词就是'科学'。这样几乎全国一致的崇信，究竟有无价值，那是另一问题。我们至少可以说，自从中国讲变法维新以来，没有一个自命为新人物的人敢公开毁谤'科学'的"。② 这个价值权威在其后很长一段时期内都保持着它的尊尚地位，不仅在五四时期如此，后来也是长期延续。比如中国科学社孜孜以求的科学救国神圣使命，凭借的也是科学的价值（精神功用）。任鸿隽在中国科学社第一次年会的开幕词中开宗明义："科学社宗旨，自在发达科学于吾国。科学之功用，非仅在富国强兵及其他物质上幸福之增进而已，而于知识界精神界尤有重要之关系。"③ 这样的界定突破了康有为"物质救国"的局限，把科学的精神放在了亟待培育的地位上，完善了"科学救国"内涵。可以说，在整个新文化运动时期，虽然也出现了包括中国科学社在内一些组织化的团体，显示了体制化发展的苗头，但实际上科学观念的发展与当时实际的科学研究活动几乎没有多少交集。它近乎完全架构在社会政治的意识形态之上，它扮演的是最高意义上的救亡之神，并由此发展成为一种独断和价值权威。

到了 20 世纪 30 年代，科学观念的发展发生了实践性的转向，逐渐地从

---

① 《陈独秀文集》第 1 卷，人民出版社 2013 年版，第 362 页。

② 张君劢、丁文江等：《科学与人生观》，山东人民出版社 1997 年版，第 10 页。

③ 任鸿隽：《科学救国之梦——任鸿隽文存》，上海科技教育出版社 2002 年版，第 88 页。

观念之域转入了生活实践之域，在实践中得到了强化。这种强化是通过中国科学化运动和新启蒙运动实现的。在 20 世纪 30 年代救亡图存的背景下，一些科学家、人文学者和教育家企图通过科学化运动和新启蒙运动实现科学掌握大众，依靠科学整合全社会的力量，实现民族复兴。虽然中国科学化运动取得了一些实际的效果，但是由于其支持者国民党政府在弘扬"赛先生"的同时忽略了"德先生"，因此很快走向颓势。与此不同，多数左翼知识分子却能够高扬科学与民主两面旗帜，接受并传播马克思主义，并依靠中国共产党的领导开展武装斗争，投身于左翼文化的实际生活之中，倡导新民主主义，坚持新民主主义文化"民族的、科学的、大众的"特质，继而组织联合政府，以德赛两先生为前导，赢得了包括知识分子在内的各阶层人民，尤其是广大青年的支持和拥护，开启了民族复兴的新篇章，完成了其立国的使命。

二、"科学兴国"中科学的价值诉求

科学权威的确立导致马克思主义的影响不断扩大，得到更广泛的传播，逐步确立了它的指导地位。科学的价值诉求成了马克思主义被确立为指导思想的依据和前提。事实上，马克思主义与"科学"存在着千丝万缕的联系。一方面，马克思主义作为"科学"被国人理解和接受。纵观 20 世纪上半叶，马克思主义学说能迅速传播，在纷繁复杂的思想领域中占有一席之地，并引发轰轰烈烈的社会主义革命运动，其学说的内在科学性是关键原因。马克思主义传入中国初期，不可能如当前一样理解得深刻和系统。当时人们理解马克思主义正是看中其对资本主义的深刻科学剖析、对未来社会的科学阐释和解读。这种科学性特质，迎合当时科学主义盛行的思想氛围，是马克思主义得以传播的关键性要素，对于急于寻求科学理论的中国知识分子而言，其吸引力是显而易见的。例如李大钊在《马克思的历史哲学与理恺尔特的历史哲学》一文中指出："依马氏的学说，则以社会基础的经济关系为中心，研究其上层建筑的观念的形态而察其变迁，因为经济关系能如自然科学发现其法则。""此由学问的性质上讲，是说历史学与自然科学无所差异。此种见解，结局是以自然科学为唯一的科学。自有马氏的唯物史观，才把历史学提到与自然科学同等的地位。此等功绩，实为史学界开一新纪元。"① 在中国马克思主义者眼中，唯物史观是一种与自然科学方法一样精确可靠的方法。运用此方法考察人类社会、人类历史，探究中国发展之命运，中华民族救亡图存的目标指日可待。马克思主义就是"科学"的理念，有力地推进了马克思主义在中国的传播和发展。在随后的马克思主义中国化进程中，马克思主义与"科学"在实践中互动，在理论中相通，形成互促互进的发展局面和态势。另一方面，马克思主义与"科学"是互生互动的。科学精神、科学理念在中国传播，与马克思主义在中国大地的生根发展之间密切关联。在这一进程中必然形成马克思主义和"科学"观念的纠缠和互动。"作为马克思主义在中国传播的思想基础和前提的科学主义的盛行是与马克思主义在中国的发展同步进行的。由于两者同时迎合了中国人救亡图存的现实价值需求而在五四年前后充当了文化权威，并在'唯物史观'那里实现了结盟。两者的内在关联显示了科学主义对马克思主义中国化所起到的重要的推动作用"。② 也就是说，"科学"作为一种观念在中国的传播与发展，与马克思主义在中国的传播与发展是相伴而行的。在此过程中，科学主义营造的"科学万能"理念，是马克思主义传播的重要条件。马克思主义者一直把马克思主义，特别是唯物史观赋予"科学"形象，将唯物史观"科学化"。并借此探究中国的历史、现状，审视和寻求中国现代化之路。可以说，马克思主义与"科学"的互动，使得科学的价值、科学精神与马克思主义指导下的民族独立、国家富强运动直接联系起来。

后来，在社会主义建设的过程中，科学曾经一度被视为实效化和真理化的标签，并被赋予了政治化的意涵。毛泽东时代用马克思主义指导科学实验和技术革命便是一个明证。此后，"科教兴国"被作为基本国策，科学技术在新的形势下逐渐获得了第一生产力的地位。虽然，其间一直不乏对科学的

---

① 李大钊：《史学要论》，上海古籍出版社 2013 年版，第 115 页。

② 李丽：《科学主义与马克思主义在中国的出场境遇》，《科学技术与辩证法》2006 年第 6 期。

实证理解并以此为基础，但在科学被上升为真理的过程中，始终肩负着兴国的使命。科学的价值诉求获得了极端化的表达。

新中国成立后，救亡图存的历史使命转变成谋求社会经济的发展。虽然国内鲜见对"科学"的理论宣传，但实际上，"科学兴国"的信念一直体现在社会主义建设的实践之中。新中国成立之初，百废待兴，大力发展科学技术成为了社会经济发展的急迫任务。于是，国家提出了"向科学大进军"的口号，这里仍然寄托着国人对科学的价值期求。而随后的科技"大跃进"又展示了一种对科学技术的近似宗教的狂热。可以说，这是"科学救国"观念下人们对科学价值的真诚体认在新环境下的延续。"大跃进"的危害又迫使人们积极纠偏，但结果却又陷入了另一个极端。在"文革"时期，科学的价值追求淹没在以文化革命为动因的政治革命的旋涡之中。在狂热的政治浪潮中，自然科学家遭到批判和迫害，基础理论研究弱化，科学研究的热情遭到压制。可喜的是，周恩来、聂荣臻等人一直清醒地保有对科技的价值追求，极力地创造有利的条件，维系着科研工作的正常进行，"两弹一星"的卓越功绩就是在"文革"期间艰苦卓绝的恶劣环境中获得的。"文革"过后，由关于真理标准的大讨论引发了一场前所未有的思想解放运动，带来了科学的春天。"科教兴国"作为基本国策，"科学是第一生产力"成了确定无疑的信念。在经济中心的标杆下，大力发展科学技术、尊重人才达成了普遍的共识，科学被视为实效性和真理性的标签，因此自然少有人对科学技术加以反思了。在这里，科学的价值诉求又一次凸显了出来。这一时期出现了科学与人文的某种疏离，人们在追求科学价值的同时不经意间失落了人文精神。令人欣慰的是，随后不久，这种疏离就引起了国人的重视，开始了审慎的思考和反思，并结出了新的硕果，那就是科学发展观的提出。它在新的社会条件和时代背景下，以"以人为本"为核心，以"促进经济社会和人的全面发展"为价值旨归，在马克思主义的指导下，谋求全面、协调、可持续发展的有效途径，在新的价值论视阈中推进中国科学理念的深化和发展。在新时代，以习近平同志为核心的党中央进一步提出"创新、协调、绿色、开放、共享"的新发展理念，是对科学发展观的进一步完善，也是中国特色社会主义的新境界。

如此看来，以振国兴邦为使命的新中国社会主义现代化建设虽然历经了风雨沉浮，但对科学的价值诉求却一直是条贯穿始终的主线。

三、"科学发展"中科学的价值诉求

进入21世纪，我国的社会建设呈现出一系列新的特点和新的问题，与改革开放以来取得的重大发展成就相伴随的，是基于社会主义初级阶段的客观实际而存在的严峻挑战。结构性矛盾、体制机制障碍、城乡、区域发展差距和人、自然、社会相互协调等问题愈加成为瓶颈。21世纪，无论从理念上、战略上，乃至策略上，中国都在进行着艰辛的探索，走上了科学发展的征程。

所谓科学发展，首先要求观念转型。针对社会发展实际、结合改革开放和国外经验总结出的科学发展观就是这种观念转型的成果。它坚持以人为本，树立全面、协调、可持续的发展观，旨在促进经济社会和人的全面发展。这是一种全新的方法论和战略思想并写入十七大党章，成为中国共产党的指导思想之一。科学发展观重新审视了我国的科学发展问题，摒弃了传统的科学发展观念，提倡科学与社会、自然的和谐发展，实质上就是倡导人与人、人与社会以及人与自然的全面协调发展。科学发展观指导下的新的科学发展范式，要求把"以人为本"作为核心理念，实现各个层面、各个领域的全面协调发展。科学发展观认为，科学发展不是片面的、单个人的发展，而是全面协调的发展；科学发展，不是只顾当代人的发展，还要顾及下一代人的发展，不是以牺牲一部分人、一部分地区的利益来满足另一部分人、另一部分地区的发展，而是坚持代际间、代际内的可持续发展等。

在这里，"科学"包含了中国近百年发展的科学观念的反思，体现出了更深刻的人文性和系统性，标明了我们对"发展"的理性认识和成熟体认。在这样的理念引领下，我们的发展走向了一个新的里程碑。在"科学"这个具有人文性和系统性的全局性战略思想中，承载着强国使命的价值诉求，体现着科学理念与价值诉求的统一，凸显了发展的价值性，完善了发展的思

想。以尊重人的价值为核心，以全面发展、协调发展、可持续发展为标志的科学发展，作为一种新的世界观、方法论，同时也是实现社会和谐发展的强国之梦的必要手段。在这里，"科学"发展观念的价值指向恰恰是社会和谐、国家富强、人民幸福。

习近平总书记进一步将科学发展观提升为新发展理念。党的十九大报告指出：发展是解决我国一切问题的基础和关键，发展必须是科学发展，必须坚定不移贯彻创新、协调、绿色、开放、共享的发展理念。必须坚持和完善我国社会主义基本经济制度和分配制度，毫不动摇巩固和发展公有制经济，毫不动摇鼓励、支持、引导非公有制经济发展，使市场在资源配置中起决定性作用，更好发挥政府作用，推动新型工业化、信息化、城镇化、农业现代化同步发展，主动参与和推动经济全球化进程，发展更高层次的开放型经济，不断壮大我国经济实力和综合国力。

由此可见，对科学的价值诉求是对科学观念的理解从知识论走向文化论，从片面走向全面的必经的逻辑环节。在中国不断由独立走向富强的历史进程中，随着时代背景转换和文化变迁，国人对"科学"的认识一步步深入和拓展，逐步趋向理解"科学"的"小哲学"向"大哲学"的视阈转换。

第四节　科学文化："统一科学"的视角

20世纪末，西方"科学大战"在国内引发了科学主义反思、科学与人文之争，加之全球环境不断恶化，人类面临前所未有的生存危机，促使国人对科学观念理性化的全面而深刻的理解，科学与人文融合的愿望越来越强烈，在新的发展环境下构建"统一科学"已经成为共识。在"统一科学"的视野中，"科学"是指以人文为基础的自然科学和人文社会科学的统一。作为"发展观"的限定词，"科学"表征的是以人为核心的自然、人、社会和谐统一的发展状态。"以人为本，全面协调可持续"的科学发展观是中国人对科学理解视角的全新转换。科学发展观中的"科学"展现了更适合的人的发展的信念和目标、全面统筹的运筹方法。新发展理念为科学发展中"科学"

的理解提供了更全面的和更深刻的视角。"科学"的独断被打破，它已经被视为是自然、人、社会和谐发展的"均衡器"。科学技术的价值仍然被肯定，但是发展科技的准则和方式均发生了质的转变。在发展科技的同时，必须把它放在自然环境的大背景中，考虑整个人类的生存质量和延续性，高度关注人文关怀，深刻认识到科学的人文本性，把民生幸福看作是比科技发展、经济增长更为重要的事情。这在某种程度上体现了马克思"一门科学"所蕴含的"统一科学"的新高度。

一、科学与人文的统一

"统一科学"首先指征的是科学与人文的统一。科学与人文作为不同特征的两种文化，尽管两者在文化特质和精神意蕴上有诸多的共通之处，但是在人类理性发展的过程中，尤其是现代科学理性发展的过程中却产生了冲突和分离，而且一度冲突激烈，处在对峙的局面中。为了人类未来，为了早日实现人的全面发展，非常有必要在科学与人文之间架构融通的桥梁。自斯诺提出"两种文化"的问题至今，人类对科学与人文两种文化的冲突和分离状况作了深刻的反思，越来越深刻地认识到融通和超越之路至关重要。

科学与人文作为人类的两种文化，它们的冲突早在古代哲学中就已经存在着分立的萌芽了。"人是万物的尺度"、"认识你自己"等口号的提出带来自然哲学的人学转向，也同时带来了科学与人文的分野，并给后世带来了深远的影响。在现代，首先明确提出"两种文化"问题的是英国的 C.P. 斯诺。他在 1959 年的演讲《两种文化与科学革命》中指出，科学文化与人文文化存在分歧，"两种文化"少有共性，并且它们的冲突具有普遍性的趋势。后来，后现代主义向科学领域渗透，对科学的确定性提出了挑战，也加剧了这种冲突，继而引发了科学卫士与后现代思想家之间的全球性的、几乎涉及人类文化各个领域的"科学大战"。科学与人文的分离得到了前所未有的高度重视。人们认识到，科学与人文分离的局面最终必然会与人类生存的终极价值相背离，导致对人性的压抑，使人变得不自由。只有在科学的基础上切实地体现人文关怀，才能使科学在推进人类文明建设的过程中通过人的价值的充分体现而显现出更大的社会价值。

但是，值得强调的是，不管人文主义的声音多么微弱，它还是作为人类文化结构的一个必要组成部分（甚至在某种意义上，人文相对于科学发挥着更为基础的作用）存在着并通过其与科学主义的争论而起作用。20 世纪 80 年代的科学主义与人道主义的争论就是一个例证。争论各方围绕着"提倡科学主义"抑或"反对科学主义"问题展开多次交锋，从不同的方面和不同的角度展开讨论，有时甚至出现了"动气、动怒、动真情"的局面。但是，由于科学主义经历了一个不断演化的过程，表现出了不同的历史形态，导致不同学者对它进行了不同的界说。在这样的情况下，关于科学主义与反科学主义的争论缺乏统一的思想基础，这场人称"中国新世纪的科学大战"实际上没有所谓赢家输家，没有得出一个界限分明的结果。尽管如此，这样的争论仍可谓意义重大。它至少使人们在争论中看到了科学和人文各自的合法性，认识到了科学和人文对于人类而言各自的不可或缺性，增强了人们对科学与人文融合的信心。当科学发展观的理念提出并响彻中国大地的时候，中国人对科学的理解就进入了一个理性化的"统一科学"的时代。

在这里，科学文化与人文文化有了融合的可能，也有了融合的现实途径的轮廓。马克思在《1844 年经济学哲学手稿》一书中就指出了"统一科学"的发展趋势："自然科学往后将包括关于人的科学，正像关于人的科学包括自然科学一样：这将是一门科学。"[1] 当前的发展现实正在印证着马克思当初的预言。自然科学奔向人文、社会科学的潮流与人文、社会科学奔向自然科学的潮流同时并存。科学与人文具有内在的一致性，科学精神拥有深刻的人文意义。"科学精神有着极为丰富的精神内涵。它是由包括自由探索的精神、勇于批判的精神、大胆创新的精神和严谨求实的精神等等在内的许多精神汇合而成的，而这些精神都具有深刻的人文意义"。[2] 在这里，科学不是生硬的和冰冷的实证表达，而是内蕴了人之为人的综合素质的精神集合。而且更

---

[1]　《马克思恩格斯全集》第 3 卷，人民出版社 2002 年版，第 308 页。

[2]　孟建伟：《论科学精神的人文意义》，《新视野》1999 年第 6 期。

重要的是，"人文意义和人文价值对于人的生存、发展、自由和解放具有终极的导向意义和价值，是以人自身的全面发展为终极目的一种文化精神"，[①]在这种意义上，科学的人文价值具有根本性和引领性的作用。这样看来，科学与人文两者的共性和关联便不言而喻了，那么两者的沟通和融合也就有了合法性的根基。并且这种融合在"科学知识分子"和"人文知识分子"之间的对话和沟通、"文理融通"的文化教育、社会科学的繁荣、科学文化哲学的发展、生态文化的培育，甚至在坚持和发展马克思主义等平台上都有可能找到实现的途径，把"统一科学"从理论变为现实。关于科学与人文融合的可能性与现实性问题，我们在第四章中还要加以详细的论述。

二、人、自然、社会的统一

在大力强调人文关怀、强调人与自然、社会和谐统一的科学发展观的视野中，"科学"实际上是作为一个限定词存在的，也就是说，它被作为一个形容词来表征人、自然、社会之间的圆融和统一，表征人与自然、社会之间的互动模式，也表征着人与自然、社会之间合理关系的存在状态。在这个意义上，"科学"的意涵实际上就是"统一科学"。这种"统一科学"的认识经历一个长期的发展过程，它基于对传统发展观的批判，随着理论和实践的发展不断完善起来。当前，"创新、协调、绿色、开放、共享"新发展理念体现了人、自然、社会圆融统一的最高水平。

1. 对传统发展观的扬弃

基于对自然的认识不断变化，对人与自然的关系认识不断深化，人类先后选择和经历多种发展理念，比如：经济增长论、增长极限论、综合或整体发展观、可持续发展观、以人为中心的发展观等。随着工业化的深入，人的异化和生态的异化成为发展的代价。随着人们的反思和批判，人与自然渐渐成为一个整体系统被关注，传统发展观的种种弊病和发展观的诸多局限被一一扬弃。

---

① 李丽：《科学主义在中国》，人民出版社 2012 年版，第 199 页。

第一，从增长到发展。在西方现代化的进程中，起初人们是将社会发展等同于经济发展，发展理念的范围十分狭隘。随后，这种意识反映在发展观理论上，就是增长成为社会发展的核心，是社会发展和人类行为的唯一价值诉求和目的归宿。例如，学者刘易斯在其《经济增长理论》一书中就将增长等同于发展。并且发展不仅是唯一目的，也是评判社会发展的重要尺度。由此，GNP 或 GDP 成为人们共识的衡量发展的唯一尺度。这种发展观的弊端十分明显：它将发展过程等同于经济增长，又将经济与财富联系来，助长了人们不择手段追求财富的思想和行为。从某种意义上说，是将发展作为经济行为和经济现象，通过发展生产更多的物质财富，为人类提供更多的生产资料和消费资料。正是增长至上的原则，使得发展过程无所顾忌。人与自然的关系被破坏，自然被肆意掠夺，环境污染，生态危机接踵而来。人与自然关系的失衡达到人类社会发展以来最危急的时刻。同时，人与人的关系也处于危急时刻，社会不公，贫富差距现象明显，社会矛盾日益激化。经济增长第一的理念后来也为第三世界国家采用，同样不可避免地出现自然破坏、分配不公等现象。后来，人们渐渐认识到增长和发展的区别：增长指的是量的增加、速度提升，但却忽略质的提升以及产品的分配等问题；发展是一个综合性理念，包含生产和消费的双重含义，除了产出的量和速度外，还应关注生产中出现的就业问题，消费结构的变化，消费体系的革新，分配制度的变革，避免社会不公、实现社会公平。由此，人们逐渐领会到 GNP 或 GDP 成为衡量尺度不能反映社会真正的经济结构性质，不能反映生产产品符合人类需要的程度和满意度，不能显示产品的分配，不能反映生产成本中自然资源的付出、生态成本的代价，无法将自然的破坏和生态的损耗计算其中，没有正视这种粗放型生产方式的弊端和后果。其直接后果就是将全部精力投入到经济增长的行为及结果，不计代价、不计成本，在现实中形成了"有增长而无发展"或"无发展的增长"的局面。同时，单纯的经济增长也激发人口问题、资源耗竭、能源短缺等问题。正是在这个背景下，马尔萨斯、罗马俱乐部等学者或团体认识到增长的极限，提出人口增长与资源生产的问题，给人类以资源短缺的现实警告。进而要求人们从无机增长——有机增长——发展的转变,"发展就是指一般用来使所有这些人的要求得到合理满足而使用的术语,而且发展的概念正在迅速地取代增长的概念"①。简言之,增长的概念关注的是生产,包括生产的数量、生产的速度,而发展的概念关注的是生产的数量和质量的统一、速度和效益的统一,发展由此成为现代文明发展的新的理念和追踪求目标。

第二,从单向到整体、全面。在经济增长观横行的时候,单向度发展成为西方国家发展的主流价值观和发展观。正是对经济发展的单向度追求,人的异化和生态的异化随之开始。在这种单面发展观的支配下,整个社会也逐步发展成单面的社会,瓦解了社会作为一个有机体的本质。经济价值成为社会的唯一;人也成为"单面人",在资本的驱使下,物质利益的追求占据人类实践的全部,人与自然的关系被漠视,人与人的关系也日渐疏远、对立、异化和物质化,人类的生存和发展陷入危险的困境。因此,人类渐渐对发展的全面性给予了高度的关注:"我们必须把发展看成是涉及社会结构、人的态度和国家制度以及加速经济增长、减少不平等和根除绝对贫困等主要变化的多方面过程。……通过这个变化,整个社会制度(在这个制度内变成了个人和社会集团的多样化基本需求和欲望)把人们普遍不满意的生活条件变成被认为物质上和精神上都'更好'的生活状况或条件"。② 随着发展观认识的不断深入,人类也渐渐认识到,发展是一个整体、综合的概念,单向度的经济发展不可能给人类带来真正的进步,而只有注重人与自然、人与人、人与社会关系的协调和谐,强调包括经济、政治、社会、文化、生态的全方位、多向度的综合、整体发展,才会给人类带来真正的福祉。

第三,从破坏到保护。在经济发展的价值观支配下,在关于人与自然关系领域,人类实践活动的宗旨仍然是征服自然和改造自然,作为对象性的自然,与人的关系日渐对立。人们为了眼前的短期利益利用和改造自然,导致自然的破坏和资源的耗竭,忽略了自然对人的重要基础性作用,忽视了人与

---

① [意] 奥雷利奥·佩西:《人的素质》,邵晓光译,辽宁大学出版社 1998 年版,第 176 页。
② [美] 迈克尔·P. 托达罗:《经济发展与第三世界》,印金强、赵美荣等译,中国经济出版社 1992 年版,第 79 页。

自然的互动关系，征服自然、改造自然的实践成为破坏自然、破坏生态的实践，使得人类面临严重的生态问题。面对这样一个全球性的难题，人类开始深刻的反思。人类已经开始重视环境与人的关系、人与自然的关系，认识到人类对自然的伦理责任，对自然规律的尊重，对自然万物价值和生命的尊重。只有保护自然，人类的生存和繁衍才可能继续下去。可持续发展强调经济、社会、政治、文化的全面发展，关注人、自然、社会的和谐、可持续发展。这不仅是发展观的重大突破和创新，也是人类价值观的重大变革，即从物质利益的极端化追求、人与自然的对立到人与自然关系的和谐、人类注重自然和人生存、发展的可持续性。这是践行人类对自然的伦理责任和义务，是发展观进程的重要里程碑。

第四，从物本到人本。在经济利益至上的时期，资本逻辑的驱使下，作为主体的人却无法获得真正的主体地位，唯物质主义成为最显著的特征。为了获取财富和利益，人与人的关系对立和矛盾很普遍，人的价值和主体性被严重忽视。这种局面的结果就是造成人的全面异化，进而造成整个社会的异化。例如出现的贫富严重分化、分配不公，穷人被严重忽视，社会公平荡然无存等现象。面对这种严重的人的危机，以及生态危机，人类对于人的主体性地位，开始了新的审视，人本主义也是在这一过程中开始的。在人本主义中，人是任何发展形式的最终检验。这种以人为中心的发展观，基本观点主要集中于突破原有经济至上的发展观和发展模式，将人的主体性地位和价值的实现为核心，强调人是社会历史发展的手段和目的，人类的一切经济、政治、文化活动都是为了推进社会整体的进步，是为了人的全面自由发展。

总体而言，这些发展观对于人与自然的关系处理上，核心是在"人"与"自然"之间的选择，对于如何实现人与自然的真正的和谐发展和如何处理经济、社会、人的和谐发展等问题，缺乏更为严谨的理论思考和实践范式选择。

2.科学发展观：人、自然、社会和谐共存理念的回归与超越

科学发展观强调人、自然、社会的有机统一、不可分割，关注人、社会、自然的整体性和系统性。因此，科学发展观立足于人、自然、社会的和

谐视域，着力体现发展观的时代性和实践性特点，实现对传统发展观的超越。科学发展观正是继承马克思主义生态哲学思想中关于人、自然、社会统一的大自然观理念，强调从人类的社会历史角度理解自然，理解人与自然的关系，解读和构建人与自然的和谐，进而确立人与社会、社会与自然的和谐关系。

马克思在《德意志意识形态》中批判了把历史与自然割裂开来的错误观点，指出："历史可以从两方面来考察，可以把它划分为自然史和人类史。但这两方面是不可分割的；只要有人存在，自然史和人类史就彼此相互制约"，① 自然史和人类史是在实践中交互影响的，不存在脱离完全剔除人类史的自然发展进程，也不存在悬浮于自然之外的社会发展史，正如马克思恩格斯所说："人们对自然界的狭隘的关系制约着他们之间的狭隘的关系，而他们之间的狭隘的关系又制约着他们对自然界的狭隘的关系"②。若想真正协调人与自然的关系"需要对我们的直到目前为止的生产方式，以及同这种生产方式一起对我们的现今的整个社会制度实行完全的变革。"③ 将自然理解成荒野的、单纯的自在的自然，忽视自然生成的社会历史维度，将对自然生态的危机定位于自然本身，忽视对自然发展的社会历史考察和批判，把自然"悬搁"于社会历史之外单向度地探讨生态危机的根源，这"仅仅是把我们自己变成自己世界里的陌生人"。④

因此，在这种生态观解读下的自然，只能是抽象、非现实的自然。正是这种将自然的虚化，造成自然和人的对立、自然史和人类史的对立。正如恩格斯所批判的近代形而上学的物化自然观，带有明显的机械论色彩，将人、自然、社会有机体分离并僵化理解，看不到自然史和人类史的统一。在这种自然观指导下的传统发展观，单纯追求经济增长，在经济至上理念指导

---

① 《马克思恩格斯选集》第 3 卷，人民出版社 1995 年版，第 66 页。

② 《马克思恩格斯文集》第 1 卷，人民出版社 2009 年版，第 534 页。

③ 《马克思恩格斯选集》第 4 卷，人民出版社 1995 年版，第 385 页。

④　Elizabeth Skakoon，"Natureand Human Identity"，*Environmental Ethics*，Vol.30，No.1，2008，pp.47-48.

下，人类的实践行为达到高度的统一——追求经济利益，而且追求利益是不择手段的，其他任何事物都为经济服务。在这一理念指导下，人类开始肆无忌惮对自然进行破坏和掠夺，造成人与自然的对立，造成自然的异化。唯经济论、唯利益论，也恶化人与人的对立，造成人的异化，这样就不可避免导致自然危机和社会危机。这种经济至上的抽象发展观，导致主客体（人与自然）和主体际（人与人）的冲突，在实践中必然形成人、自然、社会分离和对立的恶性循环，最终发展停滞，并伴随着严重的生态危机。正是在这层意义上，科学发展观立足于人——自然——社会的整体和谐视域，充分把握自然的社会历史意蕴，实现对传统发展观的矫正和扬弃。科学发展观放弃经济至上的核心理念，强调整体意义上的人、自然、社会的动态和谐。

在科学发展观的视域下，"在促进发展的进程中，我们不仅要关注经济指标，而且要关注人文指标、资源指标和环境指标"，强调"经济增长不能以浪费资源、破坏环境和牺牲子孙后代利益为代价"。① 科学发展观本质上是一种"大发展观"，旨在经济、政治、文化、社会、生态"五位一体"的整体和谐。科学发展观继承和发展人类与自然的和解、人与人的和解的"两个和解"思想，创建环境友好型和资源节约型的两型社会，建设人、自然、社会多重和谐的和谐社会，以图最终实现对以自然和人分离为特征的传统实践范式的扬弃和超越。科学发展观坚持"统筹个人利益和集体利益、局部利益和整体利益、当前利益和长远利益"，② 再次肯定了"人与人之间的和解"是"人与自然的和解"的前提。另外，科学发展观坚持马克思主义生态哲学关于人与自然统一的思想，正如马克思指出的，人类史和自然史是统一的，在实践中努力实现人与人的和谐、人与自然的和谐、人与社会的和谐，进而凸显科学发展观的实践价值和意义。在具体实践中，科学发展观强调对生产方式、产业结构、消费方式的变革和创新，以维护自然、尊重自然规律为出发点，构建人、社会和自然和谐发展的立体综合系统，实现"共生、共存、

---

① 《科学发展观重要论述摘编》，中央文献出版社、党建读物出版社 2008 年版，第 32—33 页。

② 《科学发展观重要论述摘编》，中央文献出版社、党建读物出版社 2008 年版，第 54 页。

共赢"、"互惠、互补"。

为此，科学发展观的第一要义是发展，指明了我国新时期的主要任务仍然是发展，唯有发展才能解决我国面临的诸多问题，才能逐步提高人民的生活水平与质量。而科学的发展应具有全面、协调、可持续特征，关注社会整体的发展，"科学发展观要求社会经济的发展和人民物质生活水平的提高，它表现为物质文明的进步；要求人民民主权利的增加和民主程度的提高，它表现为政治文明的进步；要求社会文化艺术的发展和人民精神生活的丰富，它表现为精神文明的进步；也要求良好的生态环境和人与自然的和谐相处，它表现为生态文明的进步。"① 科学发展观倡导人与自然的和谐发展，坚持人与自然平等，将人类从一个号令自然的主人转变为一个善待自然的朋友，这是人类意识的深刻觉醒，也是人类角色的深刻转换，标志着生态自然、生态文明的哲学基础已完全融入国家的发展理念中。构建以和谐为核心的生态文明核心价值理念，"既是人类反思自身行为、满足生存需求的本能觉醒，也是人与人、人与自然和谐发展的文化回归。"② 科学发展观是我国针对生态危机及对发展存在的片面理解而提出的新指导思想，是关于发展的世界观和方法论的集中体现，它将统筹人与自然和谐发展、贯彻和落实可持续发展战略和建设生态文明作为一个整体。"生态文明是目标，可持续发展是手段，人与自然和谐是灵魂。"③

"当代中国在发展实践中逐渐形成的和谐理念，以科学发展、和谐社会与共赢世界为基本诉求，秉承中国传统文化的道统，以西方国家传统现代化模式为镜鉴，为解决当代世界的生态危机提供了新的思想理论资源和实践路径参考。"④ 科学发展观是对中国传统和谐、天人合一等理念的回归与超越，

① 俞可平：《科学发展观与生态文明》，《马克思主义与现实》2005 年第 4 期。
② 佘远富：《科学发展观视野下的人与自然关系》，《扬州大学学报（人文社会科学版）》2007 年第 5 期。
③ 张云飞：《马克思主义生态文明理论的学科建构》，《理论学刊》2009 年第 12 期。
④ 刘志礼：《生态文明的理论体系构建与实践路径选择》，《武汉理工大学学报（社会科学版）》2011 年第 5 期。

是人类在利用自然能力不断提升，从被动适应到主动改造自然基础上的和谐共生。这种具有统一性特征的发展观是人类社会发展观的新的能动选择。

3."创新、协调、绿色、开放、共享"新发展理念：新时代人、自然、社会圆融发展理念的新提升

当前，"新时代中国特色社会主义思想，是对马克思列宁主义、毛泽东思想、邓小平理论、'三个代表'重要思想、科学发展观的继承和发展，是马克思主义中国化最新成果"。[1] 在这个总的指导思想引领下，我们必须坚持新的发展理念，"必须坚定不移贯彻创新、协调、绿色、开放、共享的发展理念"。[2] 新发展理念作为"四个全面"战略布局和"五位一体"总体布局的体现，具有整体性、协调性、包容性和可持续性等明显特征，是一个具有内在联系的集合体。这既在质上对传统发展观进行革新升级、全面提升现代发展内涵，又在量上进行外延的全方位拓展，统一贯彻，整体推进，每一个理念都不可或缺，不能游离。可以说，新发展理念在新的平台上体现了人、自然、社会的圆融统一，展示了当前科学发展理念的最高水平。它是科学理论的凝练和升华，具有管全局、管根本、管方向、管长远的效能。因此，这种科学理念必然能够焕发勃勃生机，化为巨大能量，形成强大硬实力。

在这个集合体中，创新是引领发展的第一动力，协调是持续健康发展的内在要求，绿色是永续发展的必要条件，开放是国家繁荣发展的必由之路，共享是中国特色社会主义的本质要求。

创新发展。创新作为新发展理念之首，表明了我国谋求发展之路上的质的要求。创新必然要求我国在新的世界形势下，深刻把握发展规律，开展指向全局的一场深刻的、根本性的变革。因此，它必然成为历史进步的动力、时代发展的关键，从而居于国家发展全局的核心位置。"创新是一个民族进

---

① 习近平：《决胜全面建成小康社会　夺取新时代中国特色社会主义伟大胜利——在中国共产党第十九次全国代表大会上的报告》，人民出版社 2017 年版，第 20 页。

② 习近平：《决胜全面建成小康社会　夺取新时代中国特色社会主义伟大胜利——在中国共产党第十九次全国代表大会上的报告》，人民出版社 2017 年版，第 21 页。

步的灵魂，是一个国家兴旺发达的不竭动力，也是中华民族最深沉的民族禀赋。在激烈的国际竞争中，惟创新者进，惟创新者强，惟创新者胜。"① 创新必然要求创新主体人充分发挥主观能动性，立足传统又突破传统，在社会发展历程中，立足现实又推动变革。因此，要真正实现创新的质的突破，必须在新的认识高度上，积极开动脑筋，全面协调主体人（包括人与人之间的社会关系）与自然之间的关系，实现圆融发展。

协调发展。当今中国，治国理政面临的最大现实便是处理复杂经济社会关系。如同弹钢琴一样，需要统筹兼顾，理顺发展关系，增强大局意识、协同意识、补短意识。"坚持创新发展、协调发展、绿色发展、开放发展、共享发展，是关系我国发展全局的一场深刻变革。新发展理念的五个方面相互贯通、相互促进，是具有内在联系的集合体，要统一贯彻，不能顾此失彼，也不能相互替代。哪一个发展理念贯彻不到位，发展进程都会受到影响。"② 因此，协调便成了一种内在的要求。它既是一种逻辑的要求，也是一种现实的要求。协调发展理念继承和发展了马克思主义关于协调发展的理论，是对当前经济社会发展规律的深化认识和思想升华。协调与整体存在密切的相关性。整体规定了协调的范围，协调的途径是发挥整体效能，协调的目的和宗旨则是增强发展的整体性。因此，协调发展理念必然要求人、自然、社会的和谐动态统一。这是毋庸置疑的前提。因此，协调发展便顺理成章地引入到全面发展的布局之中。

绿色发展。绿色发展是标志着人（包括人与人之间的社会关系）与自然和谐发展的一种理想状态，是人民富裕、国家富强的基调性质的发展模式。"绿色发展注重的是解决人与自然和谐问题"。③ 因此，绿色发展的根本任务是建设美丽中国、促进人与自然的和谐，实现中华民族永续发展。因此，绿色发展同样是关乎我国发展全局的科学发展理念。理念作为思想理论的具有

---

① 《习近平关于科技创新论述摘编》，中央文献出版社 2016 年版，第 3 页。

② 中共中央文献研究室：《十八大以来重要文献选编（中）》，中央文献出版社 2016 年版，第 827 页。

③ 《习近平谈治国理政》第二卷，外文出版社 2017 年版，第 198 页。

统领性作用的"头",是规律性认识的凝练与升华。绿色发展理念是建基在马克思主义生态文明理论之上的、有效引领我国经济社会发展的创新理念。依据历史唯物主义的基本视阈,绿色发展应该人人有责、人人共享,是全体人民在发展问题上的"最大公约数"之一。因此,新时代下必然要求价值理念、思维方式、生活方式等方面的深刻变革,在生态文明建设的过程中逐步实现人、自然、社会的动态统一。

开放发展。开放既是一种视野,也是一种态度。尤其是在当今全球化浪潮中,开放发展理应成为一种基本的和科学的理念,是国家繁荣的必由之路。"党的十九大强调,要以'一带一路'建设为重点,坚持引进来和走出去并重,遵循共商共建共享原则,加强创新能力开放合作,形成陆海内外联动、东西双向互济的开放格局。"[①] 并指明了主动开放、双向开放、全面开放、公平开放、共赢开放和包容开放等具体途径,为开放发展提供了有力的指导。开放发展理念必然提升我国新时期对外开放的质量,促进发展的内外联动,拓展发展空间。因此,放眼全球,开放发展理念必将在更广阔的视野中更有效地协调人与自然、人与社会的之间的关系,引领人的全面发展。

共享发展。在历史唯物主义的视野中,人的全面发展是最高的宗旨。因此,当前的社会主义现代化建设的目标必然是指向人的。只有实现了的人的发展,才算实现了真正意义上的发展。在这个意义上,人人共建、人人共享,应该是中国特色社会主义的本质要求。"要完成全体人民共同富裕的宏伟目标,必须坚持以人民为中心,在全民共享、全面共享、共建共享、渐进共享中,不断实现好、维护好、发展好最广大人民的根本利益。"[②] 新发展理念把共享作为发展的出发点和落脚点,作为终端的价值取向,充分体现社会主义的本质和马克思主义的宗旨。可以说,共享发展是全体社会成员福祉的科学发展理念。因此,必须把"以人民为中心"作为根本原则

---

① 中共中央宣传部:《习近平新时代中国特色社会主义思想三十讲》,学习出版社 2018 年版,第 152 页。

② 中共中央宣传部:《习近平新时代中国特色社会主义思想三十讲》,学习出版社 2018 年版,第 91 页。

和核心要求，切实运用共建与共享的辩证法，以共享引领共建、以共建推动共享。在人与人、人与社会、人与自然的和谐发展中实现的人的自由全面发展。

如此，我们便在新的平台上读到了包容在新发展理念之中的表征着人、自然、社会动态和谐的"统一科学"的发展理念。这也为科学发展中"科学"的理解提供了更全面的和更深刻的视角。

第三章　科学观念在中国历史演进的社会语境

作为中西文化碰撞、交流的结果，科学在中国的落地、生根、开花、结果，必然有其具体的社会语境和内生的发展路径。科学作为一种积累的知识系统、一种发展的社会建制，不仅成为中华民族维持和发展生产的主要因素，还与"民主"、"社会主义"、"市场经济"、"经济全球化"等范畴融合在一起，浸入到了我国的文化血液。然而，"科学"这个词汇具有多方位的意涵，在不同的语境下，人们对它有不同的解读，并衍生出了多样的实践行为。

近代中国面临着亡国灭种的危机，救亡保种和矫治社会弊病成了人们普遍的心理期望。国人在西方列强的坚船利炮下见证了西方科学技术的威力。与中国传统的学问相比，近代西方科学文化显然更容易迎合人们制夷、自强的社会期望，更符合当时中国社会变革的需要。从"西学格致"到"中体西用"再到"科玄论战"，科学在政治领域与精神世界展示了更加普遍的意义，科学主义在中国广为流行，成为这一时期思想界占统治地位的主题。正如杨国荣教授所描述的："随着向各个社会领域的这种扩展，科学的内涵也不断被提升和泛化：它在相当程度上已超越了实证研究之域而被规定为一种普遍的价值信仰体系"。[①] 这对于封建保守的旧中国来说，无疑是一种巨大的进步。然而值得注意的是，在"科玄论战"后，科学越过理论整合而一跃成为整个社会普遍一致的信仰，科学变得理想化、绝对化，缺少必要的张力和严密的

---

① 杨国荣：《科学的形上之维——中国近代科学主义的形成与衍化》，上海人民出版社 1999年版，第 16 页。

逻辑理论体系，这必然会造成人们对科学精髓的曲解，导致人文精神的失落以及对科学的盲目崇拜。

新中国成立后，我国的科学发展主要为社会主义事业服务，被当作民族振兴的主要工具和手段。当时人们的科学观念，很多时候泛指"科学技术"，更多强调的是科学的工具理性，忽视了科学本身的人文精神与道德意蕴。这是因为，当时我国的科技活动简单地理解"实践出真知"，片面强调科学技术成果的"经世致用"，往往用经验和试验取代专门的科学实验，对纯粹的理论研究持排斥的态度，因而逐渐形成一种"实用至上"的科学观。这种科学观重实证、重效验，"为求知而求知"而排斥纯粹的逻辑理论研究，和科学的本质特征相差甚远。这种科学不仅会限制基础科学研究的深入，也严重干扰了科研人才的培养。直到改革开放之后，我国创造性地提出"科教兴国"战略，尊重科学的风气日渐兴盛，基础科学与应用科学的关系得到了适当调整，人们能够理性地来谈论和对待中国科学发展的问题，实现了理性化科学观的初步形成。

21 世纪以来，在经济与社会、自然同步发展的新诉求下，科学与人文、理性与非理性、真理与价值、知识与信仰等问题成为人们关注的焦点。多年来人们习惯于从"工具"的角度来理解科学，甚至将科学的物化形态等同于真正的科学，忽视了科学追求真理的本质，忽视了科学的批判意识及其重构人的人生观、价值观的作用。在科学发展观的视野下，人们开始对科学进行多元化理解，在重视科学工具理性的同时，开始关注科学的规律和本质，关注科学自身蕴含的人文精神和道德意蕴。人们逐渐认识到科学应当是科学知识、科学方法、科学精神紧密联系、全面发展的科学，应当是真理原则与价值原则、人的尺度和物的尺度、自然科学与社会科学以及人的科学辩证统一的科学。科学发展观坚持"以人为本"的价值诉求和"全面、协调、可持续"的价值标准，有利于新时期人们对于科学的认识朝着更加理性、更加多元的方向发展。

党的十八大以来，中国特色社会主义进入新时代。新发展理念是新时代对什么样的发展是"科学"的发展的最新概括和总结。

综上可见，自鸦片战争以来，我国国人对科学的理解视角经历了几次大的转型。"科玄论战"确立了科学无上尊荣的地位，科学成为国人解放思想、追求新知的精神武器；新中国成立之后"实用至上"的科学观限制了纯理论研究的独立发展，束缚了科学的人文意蕴和真理价值；改革开放后，特别是"科教兴国"战略对科学意义的重新弘扬，人们开始以科学、理性的态度对待我国的科学发展，促进了理性化科学观的初步形成；21世纪以来，科学发展观视野下科学发展范式的变革则开启了国人对科学文化的多元化理解。"创新、协调、绿色、开放、共享"的新发展理念则以更广阔的视域诠释了"科学"发展的最新内涵。总而言之，"救国"、"兴国"到"强国"的时代主题决定人们对"科学"的理解视角从实证科学向统一科学的转换，这是一个理性成熟度不断增强的过程。

第一节　救亡保种的革命性语境：科学救国

一、遭遇科学：救亡保种背景下异文化的本土需求

近代科学能够引入并融入中华民族的社会语境与精神世界必然有其深刻的现实依据。任何一种外来思想，如果不能获得本土文化资源的有效支持，便不能落地生根，在这种文化中取得合法性地位。

中国的传统哲学讲究"天人合一"、"天人感应"，人性的根源即在于天。"天"作为最高的道德原则而存在，人生存的最终目的就是不断趋向于"天"这一最高的道德标准。人的实践活动必须顺应天意，才能利用万物、掌握天时，因此"容忍"和"逆来顺受"是最高的社会道德。这种封建主义和保守主义维系了中华民族千百年来的价值信仰。在这样的理念下，人们的思维方式封闭，认知取向与价值取向具有很大的惰性，根深蒂固的致用传统导致人们缺乏相对冷静的、独立的、逻辑的探索求真精神。此外，中国古代一直处于相对封闭的地理、社会环境之中，偏居一方、自给自足。统治阶级盲目自信，断绝与西方世界的来往，沉醉在所谓"天朝上国"的迷梦之中。尤其在

雍正、乾隆年间推行的闭关锁国政策和禁教政策，更是强化了中国文化的封闭性和排外心理。陈旭麓先生就曾说过："乾隆的基本精神就是通过限扼中西往来以守夷夏之界，与之相伴的是愈多天朝尊严的虚骄意识。"① 可见，中国古代文化大体上是独自酝酿、独自成长，尽管偶有外来文化成分由海上或西域传入，却从未形成主流。这种文化传统在它的缓慢发展中，逐渐演变为新生事物发展的巨大桎梏，导致近代中国无论在思想上还是经济上都难以追上世界的潮流。

　　鸦片战争以后，在西方武力侵略、文化刺激以及社会结构巨变的冲击和影响下，中国传统的道德价值遭到了质疑。中国的文化传统在与西方的工业文明几次碰撞与较量后，一败再败，近代中国被迫融入以西方为主导的世界历史体系之后，完全颠覆了千百年来唯我独尊的文化自信和自尊。在民族危亡的社会背景下，救亡图存、抵御外侮等问题一下子置于国人面前。西方的坚船利炮和先进文化对中国社会和传统的冲击，彰显了科学的实践力量，使理性务实的中国人再也无法回避对科学的正视和选择。创巨痛深唤醒了人们改革旧物的最初意识，中国传统的文化观念与经世思想遭到了怀疑与批判。为了寻求御敌保国之道，挽救民族危亡，先觉的知识分子进行了痛苦的思考，他们希望引入西方的科学技术来改变当时中国积弱积贫的局面。"救亡保种"的社会语境下，理性的、科学的人生观显然更容易得到急于摆脱落后局面的中国人的认同，更符合当时中国社会变革的需要。

二、社会张力：学理与实践的不懈努力

　　在近代中国的历史语境中，探寻中西文化之间的会接点，是由先进的国人自己承担和努力的。从林则徐到陈独秀，从洋务派到民主派，许多中国士人都在通过学理与实践的不懈努力，竭力提倡和学习西方先进的科学文化。在"救亡保种"的社会期待中，国人开始有意识地学习西学，他们设计了多

---

① 《陈旭麓文集》第 1 卷，华东师范大学出版社 1996 年版，第 172—173 页。

种引入西学的方案，从"夷务"到"洋务"再到"时务"，经历了中西方文化的碰撞与取舍，逐渐完成了一个对西学逐步认同与推崇的过程。近代史上，无论是"西学格致"，抑或是"中体西用"、"科玄论战"，都是先进的国人对于学习和引入西方科学文化的伟大尝试，在当时的中国，的确起到了一定的积极作用。

1.从"格致学"到"科学"的社会背景

"格致"最初是在华传教士用于传达全新的来源于西方的知识，至少包括科学与技术、物理学、哲学三个方面的含义。在特定的历史时期，"格致"在近代中国充当的是"科学"的角色。徐光启的"格物穷理之学"将利玛窦传入的西方科学做了儒学的包装；洋务派将"格致"作为中国自强的理论依据，"格致"发展成为以物理学、科学技术等纯技艺方式存在的格致之学；康有为、严复等维新人士则摒弃了"格致学"单纯的技艺追求，使"格致"具有了自然科学和社会科学的双重意蕴。经历这三次变革，"格致"终于演变为"科学"，这不仅是词语的用法变化，更体现了中西方文化的整合与国人对科学认知的深化。正如学者樊洪业所言："一切概念都是在历史中流动的，其流向和'流域'皆受制于不同历史时期的文化——社会条件。就中国传统文化本身而言，'格致'不是科学，而它终于演变为'科学'，是在开放的条件下不断接受外来文化冲击的结果"。① 厘清"格致"过渡为"科学"的历史脉络，有助于我们探索"科学"的词义与内涵，并深入了解在危亡之下的近代中国国人的学术诉求与思想演变。

第一，徐光启与"格物穷理之学"。明末徐光启作为封建制度下的大官僚，却对利玛窦传入的西方科学大力推崇。他认为泰西之学，从格物穷理到修身事天，皆有可以师法之处。他以中国传统的"格物致知"为桥梁，借助于"补儒"、"合儒"思想的指导，将域外西学嫁接进来，逐渐形成了一门儒学包装下的"格物穷理之学"。他说："（西方科学）其教必可以补儒易佛，而其绪余更有一种格物穷理之学，凡世间世外、万事万物之理，叩之无不河

---

① 樊洪业：《从"格致"到"科学"》，《自然辩证法通讯》1988 年第 3 期。

悬响答、丝分理解，退而思之穷年累月，愈见其说之必然而不可易也"。①
1612 年，他又在《泰西水法序》中将西方科学明确地划分为"修身事天之学"、
"格物穷理之学"以及"象数之学"，"这个分类是很粗糙的，却可从中看到
西方学科分类的影子，又没有远离中国传统的儒家经典，可以说，徐光启是
在用这种经典语言对外来文化进行'格义'式的剪裁。"② 经徐光启的努力，
"格致"逐渐发展成为一门会通西学并附属于中国传统经学的本土学问。他
运用中国经典语言来解读并剪裁西方科学文化，找到了中西方文化实现会通
的衔接点。然而由于传统中国"华夏中心观"的思想桎梏，以及"闭关锁国"
的政策影响，徐光启的"格物穷理之学"并未得到长久地发展，到康熙晚期
中西文化交流被迫中断。这种局面直到洋务运动前后才出现变化，而且是巨
大的变化。

　　第二，办洋务与大兴"格致之学"。鸦片战争以来，当西方科学在中国
以更大规模传播时，人们对其称呼仍然承袭着明末清初的传统，"格致"一
词备受国人青睐，普遍流行开来。尤其是洋务运动更是开启了"西学格致"
的第一次高潮，从对西方坚船利炮的引入到西方书籍的译介，"格致"一词
成为洋务派求富求强的理论根据。他们认为"欲求富强，必先格致"，认为
西方强大的根本原因就在于其制造工艺的先进，而制造工艺必须依赖于格
致之学。在此背景下，洋务派开始大兴格致之学：洋务运动初期的京师同文
馆，专门聘请了一批外国人担任"格物"课的教习。1874 年徐寿等人创办
了"格致书院"，意图研究西方的工艺之法与制造之理。新设的 20 多所洋务
学堂都开设了自然科学的教程，编辑出版了《格致汇编》等杂志。可以说，
洋务运动打开了"格致"扎根中国的通道，格致一词已经成为有识之士乃至
群众日常生活中的重要概念。这种"格致之学"已然具备了西方近代科学的
特性，具备了明显的实验特点和实用主义倾向。当然，其对科学本质的理解
还停留在较为肤浅的层面上，科学研究主要落实在实用技术，比如军事制造

---

① 《徐光启集》第 2 卷，上海古籍出版社 1984 年版，第 66 页。
② 樊洪业：《从"格致"到"科学"》，《自然辩证法通讯》1988 年第 3 期。

等"艺"的发展上。

第三，从"西学格致"到"科学"。甲午战争的失败是"格致学"向"科学"过渡的一个重要转折点。从某种层面上说，这场战争实质是日本的明治维新战胜了中国的洋务运动。从中日两国的比较中，部分学人认识到，日本效法西方而迅速崛起的关键点在于"学"而非"术"，因此洋务派单纯的技艺追求并非救国之良方。在这种背景下，国人纷纷转向日本，开始寻求"格致"以外的救国良药。戊戌变法中的梁启超就曾发出了"国家欲自强，以多译西书为本；学者欲自立，以多读西书为功"①的呐喊；严复翻译《天演论》，强调"物竞天择，适者生存"，明确把"西学格致"作为救亡图存的手段。这时"格致"主要指自然科学，包括自然的知识皆纳于其中。此后，由于"格致"与"科学"部分内容存在着重合，以及中日文化交流的浪潮，严复在其译著《原富》中开始借用日本词汇中的"科学"来表达之前的"西学格致"思想。与《天演论》相比，"科学"的含义发生了很大的变化，它突破了单纯"艺"的狭隘，开始具备自然科学与社会科学的双重意义，展示出了某种形上意蕴。

经过上述三次变革，"格致"在近代中国的内涵逐渐趋于西方科学，"格致"的意义日渐狭窄，逐渐被"科学"所取代。"格致"与"科学"之间的碰撞、会通乃至此消彼长，体现了那一时期人们对科学认识的深化，也反映了人们的科学观念在近代中国的演变趋势。

2."中体西用"到"科玄论战"的文化动因

虽然"中体西用"不同时期在学习内容上存在着质的差别，但总的趋势是，在先进的中国人的不懈努力下，近代中国按照器物——制度——观念的次序逐渐接受了西方先进的科学文化，从学习西方文化的表层结构逐渐深入到文化的内核。科学在中国以文化启蒙的力量登场，导致了科玄论战的爆发。仔细梳理"中体西用"到"科玄论战"转换的文化动因，主要包括功利主义视角下西学东渐合法性的论证、启蒙意义上的中西会通、科学基础上的

---

① 《梁启超全集》第1册，北京出版社1999年版，第82页。

文化整合三个方面，这三个方面表达了救亡图存背景下国人寻求有效治国方略的文化企图。

第一，功利主义视角下西学东渐合法性的论证。"体用之辨"是中国传统哲学中的一个重要命题。《易传·系辞》曰："形而上者谓之道，形而下者谓之器。"朱熹也说："体、用也定，见在底便是体，后来生底便是用。此身是体，动作处便是用。天是体，'万物资如'处便是用。地是体，'万物资生'处便是用。"① "体"是形上的存在；"用"是形下的概括。"中体西用"固然承袭了"体本用末"的哲学传统，它是中国近代知识分子在"保中学"的前提下应对中西学关系的尝试与探索。唯物史观认为，一定的文化是一定的社会历史之经济和政治在观念形态上的反映。"中体西用"作为一种社会文化思想，它在近代中国的产生和发展有着深刻的历史和文化根源。自鸦片战争以来，中华民族频遭外辱，民族危机空前加剧。残酷的社会现实迫使清醒的中国人重新考量中西学关系。为了寻求自强御侮之道，维护封建专制制度及其意识形态，一批持有开放态度的知识分子借用传统哲学中的"体用"范式，以"'西学为用'的名义，为西学东渐，尤其在救亡图存的背景下，找到了一个更为强有力的理由。"② 至此，科学作为"中体西用"之"用"，逐渐在中国生根发芽。

科学初入中国，首先是被当作抵御外敌、强民富国的最有效的方法来看待的，被视为可以解决中国一直以来都未能解决的社会问题的良药。鸦片战争后严重的社会和民族危机，引起了举国上下的悲愤与反思。如何从亡国灭种的险恶前景中解脱出来，成为一切有识之士共虑的迫切课题。为了摆脱压迫，实现自强，一批富有开拓精神的中国人突破了"夷夏之防"、闭关自守的束缚，掀起了"睁眼看世界"的思潮，这是近代中国要求向西方学习的开端。魏源受此影响，明确地提出"师夷长技以制夷"的主张，他认为中国要实现"制夷"的社会目标可以借鉴西方先进的战舰、火器及养兵练兵之法。

① 朱熹：《圣算格物——〈近思录〉新解》，安平编译，宗教文化出版社1997年版，第202—203页。

② 孟建伟：《科学文化哲学的中国路径》，《自然辩证法通讯》2012年第6期。

这是"西学为用"的最初表达形式。朦胧的"中体西用"意念已经发荣滋长于魏源的思想深处，处于呼之欲出的临界状态。冯桂芬在《校邠庐抗议》中则把林则徐、魏源的"师夷技"提升到"采西学"的高度，提倡"以中国之伦常名教为原本，辅以诸国富强之术"①，用主辅关系首次阐述了中体西用思想。冯桂芬的"中本西辅"说，成为后来"中道西器"、"中本西末"、"中体西用"诸说之滥觞。此后许多人都提出了学习西洋器物之学，以振兴中学的相似观点。19世纪60年代后，随着洋务运动的全面展开，以及对西方机器、舰炮的引入和西方书籍的译介，国人对"西学"的认识也不断深化。薛福成对"中体西用"论也颇多领悟，他说："今诚取西人器数之学，以卫吾尧、舜、禹、汤、文、武、周、孔之道，俾西人不敢蔑视中华。"② 可见，当时的中国，无论是留心时务、与洋人打交道的洋务官员，还是思想开明的早期维新思想家们，都在极力地阐扬"中体西用"观点。正是由于他们的努力尝试与探索，科学作为"器物"的力量逐渐在近代中国发挥作用。

在这一阶段，对西学的引入只能绝对按照"中学为体，西学为用"的模式进行，中学是主体，万万不可动摇；西学是填补中学、修缮中学的工具，是纯而又纯的"用"。此时科学作为富国强民之术，无疑具有方法论上的功利主义性质。这种功利主义的体用范式除了在"用"的意义上理解科学外，还表达国人以"用"的名义为西学东渐的合法性做论证的企图。

"中体西用"论借用"体用"这样一对既相互联系又具有明显本末关系的范式，把中西学纳入同一体系之中，显然是以突出中学的主导地位为条件，确认西学的辅助作用之价值，无疑具有浓厚的封建主义色彩。但是"尽管'中体西用'也有诸多问题，尤其是它同封建意识形态和文化保守主义紧密地联系在一起，在今天看来显然是不可取的，但是，它对'西学东渐'，特别是对于西方科学传入中国来说，起到十分重要的作用。至少，它以'用'的名义使包括科学在内的西学传入中国合理化和合法化。"③

---

① 冯桂芬：《校邠庐抗议》，上海书店出版社2002年版，第57页。
② 丁凤麟、王欣之编：《薛福成选集》，上海人民出版社1987年版，第556页。
③ 孟建伟：《科学文化哲学的中国路径》，《自然辩证法通讯》2012年第6期。

　　"中体西用"观念的提出，是当时先进士人应对外来文化合乎历史发展逻辑的唯一选择。鸦片战争后，面对西方文化的长驱直入，亲身感受着西方文化的无穷威力，部分国人根深蒂固的文化优越感逐渐发生动摇，他们认识到只有"师夷"才能实现"制夷"、"自强"的民族目标。但是碍于来自顽固势力的现实压力，以及为了消除国人对接受西学的顾虑，他们必须找到一条合理的路径来论证中西学可以实现互通。正如陈旭麓所言："须知那个时候的中国，要在充斥封建主义旧文化的天地里容纳若干资本主义的新文化，除了'中体西用'还不可能提出更好的宗旨来。如果没有'中体'作为前提，'西用'无所依托，它在中国是进不了门、落不了户的。"① 在这种"两害相权取其轻"的背景下，"中体西用"的观点应运而生。"中体西用"论者以"体用"范式来讨论中西文化的关系，尽管本质上是为了维护中学的绝对权威，但它却以"西学为用"的名义拆除了横亘在中西学之间森严的壁垒，消除了中西学之间旧有的严重对立，从而为西方文化的引入扫除了障碍。"中体西用"论的提出和论证，打开了对西方文化深闭固拒的大门，中华学人逐渐放下民族自大狂妄的架子，突破了旧有的"华夏中心观"的思想桎梏，承认西学、正视西学，并设法引入西学，这无疑为牢不可破的僵化的封建文化体系打开了一个缺口，为西学在中国的引入与传播起到了破除坚冰、疏通航道的作用。可见，作为传统封建思想与西方资本主义思想碰撞的产物，"中体西用"论既规定了中学与西学的区别，又表述了西学与中学的结合。一方面致力于维护封建专制制度和封建意识形态，有明显的盲目性和偏执性；一方面又以"西学为用"的名义论证了中西文化交流的可行性、合理性。此后，西方文化日渐为国人所接受，中西文化交流融合的规模愈来愈大。

　　第二，启蒙意义上的中西会通。作为兼收并容的文化体系，"中体西用"一经提出后，一直处于渐变的发展演进之中，并且呈现出较明显的阶段性特征。伴随着先进国人对中西学认识的渐次深化，"西学为用"经历了由功利到启蒙的嬗变过程，在这个过程中，"西用"的范围日益扩大，"中体"的内

① 《陈旭麓文集》第 1 卷，华东师范大学出版社 1996 年版，第 261 页。

涵不断紧缩。科学不仅作为"器物",而且作为"启蒙"的力量发挥作用,完成了由"器"、"用"到"体"、"道"的逐渐深化。由此可见,"中体西用"自身的发展经历了一个不断调整和调和的过程,体现出逐渐系统和完善的趋势。

前文提到,洋务时期是中国近代学史上西学东渐的一个重要的历史阶段。在这一阶段,国人主要是以能否富强救国的功利尺度来考虑问题,科学仅具有工具性功能。如果说当初林则徐、魏源是从"技"这一层面来看待西学,并将西方科学首先赋予一种技术品格的话,那么,李鸿章、左宗棠、张之洞等洋务领袖则将这种"技"的内容作了进一步的延伸与扩充,他们先是把重点放在战舰武器的制造上,后来又在注重制器的同时开始强调制器之器与制器之人的发展。洋务政治家与思想家们把"师夷长技"的思想,同朝廷"自强"的政策要求结合在一起,企图以此实现"制夷"与"自强"的社会目标。西学在他们眼中尚停留在"技"、"器"的层面,仍未超出军事技术、自然科学知识等物质范围。洋务派"师夷"的宗旨与目的决定了其"中体西用"论的保守性和盲目性。在他们眼里,中学与西学的地位有明显的高低贵贱之分,中学为体、为本,是立国之纲常;西学只能与中学相辅而行,为用、为末,是弥补中学不足的手段。可见,作为封建制度的忠实拥护者,洋务派的"中体西用"是在不改变封建皇权制度的前提下所进行的枝节改革,科学作为器物之用只能起到补救中学的作用。在这种保守主义框架中,中学传统居于整个文化体系的核心层,而西学处于物质、军事等外层,西学与中学的关系是相互割裂的,若西学与中学发生矛盾,必然会罢停西学以维护中学。

以康有为、梁启超为代表的维新派人士在应对中西学的关系上尽管也坚持"中体西用",但与洋务派的"中体西用"论在学理基础、内涵与着眼点上已大相径庭。洋务派侧重于以西学"补救"中学之缺失,维新派则着眼于中学与西学的"会通"。洋务派认同的只是西方科学的物质力量,对于西学的价值心理和意识形态层面基本上持一种排斥的态度;而维新变法时期,学习西方科学除了认同其物质力量之外,还把对西学的传播拓展到了政制层面和文化层面。维新思想家"突破了对西方科学形而下的器与技的认知层面,开始了对科学进行思想、观念、制度等层面的深思，对科学的理解也逐渐融入了世界观、思维方式、价值观等领域"①。"正是在这个'新学'与'新政'的基本支点上，维新派与洋务派之间划出了文化观念的分界线。一个对西方文化具有了新认识，从而建立起新的文化观念的新学派，应运而生了"。②

伴随着西学东渐步伐的加快，作为新阶级代表的维新派人士认识到，一个国家如果不变革社会政治制度，纵使船坚炮利，兵器精良，也挽救不了行将腐朽的社会机体，于是他们提出变革社会、改革政治的主张。维新派认为西学是体用兼备，系统自成的统一体系，其本在于朝廷政教，其末在于制器之术。他们抨击洋务派学习西方只是学其枝节，而对包括经济、政治制度在内的西方立国之本不予注意，所以"只知变事，不知变法"，是地道的"弃本而趋末、遗体而求用"。他们明确指出，西方富强的根本原因，不在器物技艺之"末"，而在政法学理之"本"，"泰西之强不在军兵炮械之末，而在其士人之学"。为了推进变法改制，倡导学习西方国家治国建邦的西学，维新派认为必须"泯中西之界限，化新旧之门户"，③ 以推进中西学的会通。他们试图把西方资本主义的政治学说同传统的儒家思想相结合，宣传维新变法的道理。郑观应最先提出了中学与西学"会通"的初步设想，提出要"融会中西之学，贯通中西之理"。康有为更是采用托古改制的方式，把中学的经世之学同西学相会通，从而创建一种"不中不西，即中即西"的"新学"。梁启超也主张中学与西学"贯通"和"能合"。严复更是破除了"中体西用"论设置的樊篱，倡导以全方位的姿态吸取中西文化中共有的一切因素。显然，维新派所倡导的"新学体系是参合中西哲理，穷究天人之变的产物，是在不同深度和广度上'会通中西'，并在近代中国特定的历史条件下作出的再创造。"④ 因此我们可以这样说，维新派是以"中体西用"的会通论为推行

---

① 李丽：《维新思潮中科学的形上意蕴》，《自然辩证法通讯》2011 年第 6 期。

② 丁伟志、陈崧：《中西体用之间——晚清文化思潮述论》，社会科学文献出版社 2011 年版，第 161 页。

③ 《康有为政论集》上册，汤志钧编，中华书局 1981 年版，第 294—295 页。

④ 马洪林：《康有为大传》，辽宁人民出版社 1988 年版，第 156 页。

变法提供了学理上的论证说明。至此，维新派将"西学"的外延逐渐扩大到了西方国家的新政、新法、新学，"西用"的范围大为扩展，不再拘泥于洋务运动时期"不师其法，惟仿其器"的狭小空间了。"随着西学之'用'对中学之'体'的一点一滴的侵蚀，西学之'用'本身也经历了一个由'形下'往'形上'走的自身发育的过程，它的位置的不断'上移'，恰与中学之'体'位置的'下移'形成鲜明的对照。到了甲午战败以后，西学本身已经走过了一条由器物到学校教育到政治制度的逐渐'上升'的路程，它现在正在向着思想观念形态的领域内渗透，西学的'形上学'到了这时已经初具形样了。"① 可见，经维新派人士的不懈努力，科学的内涵和地位在中国人心目中不断提升，开始具有一般观念的意义。

第三，科学基础上的文化整合。科学内涵的深化与社会功能的扩张在历史与逻辑的双重意义上构成了五四文化运动的先声。伴随着科学地位与功能的不断上移，先进的国人逐渐认识到了科学的文化启蒙价值，一大批先锋知识分子走在了"伦理觉悟"的道路上。传统中学唱衰之声，逐渐弥漫了整个思想界和学术界，"全盘西化"的思潮甚至占据了绝对的优势地位。比如陈独秀就认为西方科学精神可以救治中国政治上道德上学术上思想上一切的黑暗，呼吁"以科学与人权并重"。胡适、丁文江等人更是激进地指出西方的科学与理性可以替代传统的人生观，他们认为要达到彻底改造中国社会之目的，必须以科学为代表的西方理性主义文化代替中国的传统文化。由于这些民主人士对科学与理性的高扬，科学主义逐渐以其简单而强有力的心理作用获得了国人的广泛认同。科学以"新文化"的面孔出现，在与中学的抗争中占据了绝对的优势地位，俨然取得了作为文化之"体"的历史合理性。在这一阶段，科学一方面逐渐成为一种新的意识形态，被扩大为是解释世界观和人生观的基本原则，从物质领域渐次泛化到社会科学、人生观念、文化价值等各个领域；一方面科学又以启蒙的力量进入传统的批判之中，大有取代中

---

① 路新生：《论"体""用"概念在中国近代的"错位"——"中体西用"观的一种解析》，《华东师范大学学报（哲学社会科学版）》1999 年第 5 期。

国传统文化的权威地位的趋势，以缓和渐进的方式逐渐打破了中国封建文化的一统天下。西学逐渐暴露出一种逾越本分的科学万能的形势，导致了科学文化思潮的迅速蔓延。西学之"体"与"中学"传统伦理纲常之"体"在价值领域中的遭遇，必然会引发一场科学与传统人生观的论战。正如孟建伟教授所言："正是由于后来科学不仅作为'器物'，而且作为'启蒙'的力量介入，从而不仅大大超越了'西用'，而且大大冲击'中体'的情势下，才有可能爆发'科玄之战'。"① 因此我们可以说，"科玄论战"是中西文化碰撞这一历史际遇所孕育的结果，是科学启蒙思潮在中国的产物。

作为晚清以来规模最大的一场思想论争，"科玄论战"伴随着国人对二者的支持与否定。科学派的大胜，既反映了他们的追随者规模的庞大，也说明了科学启蒙思潮在中国出现的状况。正如前文提到的："这三十年来，有一个名词在国内几乎做到了无上尊严的地位；无论懂与不懂的人，无论守旧和维新的人，都不敢公认对它表示轻视或戏侮的态度，那个名词就是科学。"②"科玄论战"造成的科学主义的蔚然成风，深深地触及了"中体西用"的合法性与合理性问题，在很大程度上结束了"中体西用"的历史，完成了科学基础上的文化整合。

"中体西用"与"科玄论战"这两个节点有着深刻的关联。如果说"中体西用"仍然代表着以"中学为体"、"中学"为主导的"西学东渐"过程的话，那么"科玄之战"后的"西学东渐"则在很大程度上破除了"中体西用"的樊篱。前文提到，"中体西用"这一路径虽然以"用"的名义为西学在中国的传播提供了合法性与合理性，但其宗旨毕竟是为了巩固封建统治之"体"，所以从其语境生成之始就蕴含着消极与落后的一面。"中体西用"论以"体用"范式来探讨东西文化，人为地割裂中西学的"体"、"用"，并强行把"中体"与"西用"扭结在一起，"西用"被束缚在"中体"的框架之中，其结果必然是"中学为体"处处压抑着"西学为用"，"西学为用"又极大地冲击着"中

---

① 孟建伟：《科学文化哲学的中国路径》，《自然辩证法通讯》2012 年第 6 期。

② 张君劢、丁文江等：《科学与人生观》，山东人民出版社 1997 年版，第 10 页。

学为体"。从大时段的历史空间上看,"中体西用"范式只是一种渐进的改革策略,缺乏彻底性。

而在"科玄论战"中,"科学与哲学虽然是以对立的姿态出现,论战双方都企图战胜对方,但是实际上,科学与哲学是紧紧结合在一起的,对抗和融合并存"。① 例如玄学派王平陵在辨明同异的基础上,阐明了科学与哲学的关系是全体和部分的关系,科学是哲学的基础,哲学是科学的综合。可见,"科玄之战"不仅仅是带有意识形态性质的"中学"与"西学"之战,更是一个极富有象征意义的文化哲学事件,其对科学哲学关系的探索与思考实际上开辟了一个关于科学文化哲学新的主题。因此我们说,虽然"科玄论战"的结果表面上是以科学派的胜利告终,但实际上则是建立在科学基础上的更高层次上的文化整合。科学哲学化的过程中渗透着哲学科学化的过程,"科玄论战"展示了科学主义哲学的发展路向,而科学哲学化成为主要的发展趋势。在这一过程中,"中学"呈现着外延不断缩小的趋势,从几乎无所不包到最后只剩下儒教内核;而西学的内涵与外延则不断延展,不仅作为器术之学与政法学理,还以文化启蒙的力量发挥作用。一种文化以"启蒙"的力量登场,必然会对传统旧文化进行批判与重建。康德就曾在《纯粹理性批判》中把启蒙理性提升为一种批判理性,他说:"现代尤为批判之时代,一切事物皆须接受批判。"②"科玄论战"时期,科学完成了对哲学的僭越,并且以文化启蒙之"体"的面孔登场,必然会冲击封建旧文化的绝对权威,从而动摇乃至破除过去以"中体西用"范式来会通中西的渐进式的改革策略。科学不断发酵与膨胀,直到"体用"框架再也无法框住它的时候,不管保守论者主观上还在怎样维护"中体西用",都挽救不了"用"被冲破、"中体西用"必然被分解的命运。西学外延与内涵的无限扩展迫使"中体西用"模式无法继续存在,逐渐从时人的视界淡出,从历史的前台退隐至幕后。因此我们可以肯定,"科玄论战"作为科学基础上的文化整合模式是对"中体西用"文

---

① 李丽、李晓乐:《"科玄论战"的客观结果:科学与哲学的互融》,《江苏大学学报(社会科学版)》2011 年第 3 期。

② [德] 康德:《纯粹理性批判》,蓝公武译,商务印书馆 2009 年版,第 5 页。

化模式的深化和发展。从历史背景、文化影响等方面来看，"科玄论战"结束了"中体西用"的历史。

简言之，"中体西用"范式下科学从"功利"到"启蒙"的过渡，是导致"科玄论战"爆发的重要的文化动因。而"科玄论战"作为更高的文化整合模式在很大程度上结束了"中体西用"的历史。"科玄论战"文化整合的结晶——科学的人生观"不仅对科学有着特别重要的意义，而且对其他文化也有着十分重要的意义"①。正是在这个意义上我们说，"中体西用"到"科玄论战"的文化动因值得我们特别关注。

三、"科学救国"语境下科学观念的特质

从西学格致到中体西用再到"科玄论战"，科学以启蒙的姿态获得了无上尊荣，科学在近代中国的发展，经历了一个充满曲折的选择性过程。在这一过程中，人们首先是把科学当作反对封建旧文化旧思想的锐利武器，当作救亡保种、自强求富的最有效的方法来看待的，科学在这里被视为救国的良方，承担着救亡图存的使命，无疑具有方法论上的功利主义性质；然而伴随着一系列的文化碰撞和思想交锋，科学逐渐具备了功利主义和实用主义以外的价值。科学以"新文化"的面孔出现，浸入到了精神层次和心理领域，成为国人解放思想、追求新知的精神武器。科学的方法、精神点点滴滴地渗透到中国的土壤上，与传统文化冲突与交融，在救亡保种的社会背景下，一步步地强化成为国人的价值权威。可见，近代科学在中国的本土化恰恰是在中国文化与西方科学文化的融合过程中，创造性地吸收、转化出的一种新的理论形态。尽管这个过程，走得十分艰难且充满曲折，但最终的结果是朝着符合文化规律的、有着旺盛生命力前景的方向发展。

然而，需要强调的是，近代科学在中国的本土化进程一直是在内忧外患并存、中华民族面临生死存亡抉择的背景下展开的。在救亡保种的迫切希望中，我们在没有真正理解科学本质的情况下就匆匆引进了"科学"的理念；

---

① 孟建伟：《科学与人生观新论》，《社会科学战线》2014 年第 4 期。

在谈不上有什么实际科学的时候，我们就直接基于自身的社会危机和文化心态，试图获得科学的社会功能和文化意义。在这种背景下艰难孕育起来的近代科学，表现出了明显的引进性和被动性。正如著名学者张汝伦所说："从表面上看，从洋务派提倡器物引进到维新派和革命党主张制度革新，再到'五四'激进的反传统的文化观，似乎人们对近代中国的危机和问题所在的认识是一步进一步，但却有不为人注意的实质相似处：这就是都认为问题可以通过机械照搬和模仿来解决，不同的只是照搬和模仿的对象；因而都认为有必要学西方，但都抱着急功近利的态度，只求其然，不求其所以然。"① 所以，尽管我们一再指出，近代科学在中国的发展包含一个消化吸收、积极创造的过程，但究竟也有"不得不为"的意味。这就决定了近代科学在中国的生长发育不会完全是一个自然而然、循序渐进的理性过程；相反，它常常是激进的、偏颇的、工具主义倾向的，充满着现实与理想、问题与主义、理智与情感的交困和取舍。"在功利和理想之间，国人在来不及整合西方科学复杂体系的情况下就匆匆地接纳了简易明了的科学主义教条，使得科学主义迅速地充当了中国人的价值权威……但也正是对这样的价值权威的高度尊重导致一度失落了科学精神，也同时失落了人文精神"。② 在民族危亡的大背景下，科学作为救亡图存的工具，迎合了国人根深蒂固的实用理性传统，科学本质与科学精神被掩藏了，导致近代科学缺乏严密的逻辑理论体系而更多地作用于实践层面。

梁启超就曾对此进行了深刻地批判："其一，把科学看得太低了，太粗了。……多数人以为：科学无论如何高深，总不过属于艺和器那部分，……顶多拿来当一种补助学问就够了"；"其二，把科学看得太呆了，太窄了。……只知道科学研究所产结果的价值，而不知道科学本身的价值"。③ 这不仅令许多如王国维那样的知识分子，一再发出"可爱者不可信，可信

① 张汝伦：《中国现代思想史上的张君劢》，见许纪霖：《二十世纪中国思想史论》下卷，东方出版中心 2000 年版，第 134—135 页。
② 李丽：《科学主义的本土化特质》，《自然辩证法通讯》2010 年第 5 期。
③ 《梁启超全集》第 7 册，北京出版社 1999 年版，第 4004—4005 页。

者不可爱"的痛苦感叹,而且也造成中国近现代科学的某些"先天不足"。例如"科玄论战"后在中国盛行一时的科学主义思潮,人们把科学提升为涵盖一切的普遍之道,科学逐渐演变成了一种新的宗教。科学变得理想化、绝对化,必然会造成人们对科学精髓的曲解,从而导致对人文精神的压制以及对科学的盲目应用。国人对科学的坚定信心乃至极度崇拜,表现出了强烈的功利主义期望,科学在国人的殷切期盼中成为价值权威,失去了科学本来的意蕴。科学更多地被导向实践,缺乏冷静的分析和严密的逻辑推演,这种"重"术不重"学",导致近代中国理论科学的不发达,缺乏西方科学基本的理论基础和逻辑体系。基础科学与应用科学的地位出现了严重的不平衡,人们甚至对要什么科学、走怎样的科学发展道路都存在着严重分歧。这类问题在近代中国一再被提起,近代科学难以真正形成一种必要的自主性和独特的精神气质。这些历史痕迹虽几经反思,却经久难改,影响至今。

第二节　民族崛起的政治性语境:科学兴国

中国近代科学发展在旧社会的历史条件下面临着重重困境,其根本原因就在于缺乏统一的中央政府领导以及稳定的社会环境。从晚清政府、中华民国到国民党政府,近代中国动荡不安、战乱频繁,无法为科学发展提供一个良好的政治氛围与社会环境。由于缺乏一个正确而统一的中央领导,近代科学始终无法找到正确的发展方向。近代科学的自下而上、盲目、分散,导致它不可能代表人民的利益,更不可能与国家的实际建设相结合。直到新中国成立,中国科学才在新的历史环境中踏入了新的发展阶段。吴玉章曾表达了国家统一对于科学研究的意义,他说:"从前科学工作者是很不团结的,客观的原因是国民党反动政府贪污腐化,贿赂公行,排除异己,把一切利权送与美帝国主义,使民族资本受到致命的打击,主张正义的人几不能生存。……现在客观的障碍已经去掉,政权已经是我们人民自己的民主政权,我们就可能在这个新环境下把我们的科学工作者团结在共同目标之下，共同奋斗"。[①] 可见，政治统一问题是科学发展的基础，政治腐败、社会动荡的背景下，政治问题不解决，科学事业的发展无从谈起。

新中国成立后，党和国家开始了科学发展的新征程。第一代领导集体围绕着经济复苏和生产重建这一中心任务，确立了发展科技的主导思想，并制定了具体而翔实的规划；进入20世纪五六十年代，"大跃进"与"文革"使我们的科学事业遭遇了严重的挫折，科学发展在这一阶段进入了历史迷途；"文革"以后，从邓小平的"科技是第一生产力"到江泽民的"科教兴国"，中国的科学事业迎来了蓬勃发展的春天。经过这三次重大的科学发展实践，科学的强大力量已经成为全社会的共识、深入人心；相应的，人们对科学的认识，也经历了一个理性成熟度不断增强的过程。

一、"科学兴国"的出场语境

古代中国曾是世界科技最为先进的国家之一，孕育过许多震惊世界的科技成果。然而随着19世纪帝国主义的侵略，我国陷入了长达百年的屈辱历史，社会混战、经济萧条、政治腐败，阻碍了科学发展。虽然在这百年时间里，中国进行了许多科学研究，也涌现了许多优秀的科学家，但是这种科学研究仅仅是模仿与引入，它并没有真正地在中国的土地上生根。科学研究缺乏统一的中央领导与安稳的社会环境，决定了它的个人主义、民间性、分散性。新中国成立初期，我国千疮百孔、百废待兴，生产力基础薄弱，科学发展更是困境重重。当时，科学研究机构力量薄弱、名存实亡，科学研究散漫无组织，脱离现实、脱离群众，缺乏资金支持和充足的动力。然而此时，西方的科学技术建设正进行得如火如荼，资本主义国家迅速崛起，在世界范围内占据了绝对的主导地位。40年代末的第三次科技革命以迅雷之势扩大到了每个国家，各国的生产、生活方式都发生了巨大的改变，中国与西方的差距越来越大，科技成为推动社会进步的首要

---

① 吴玉章：《"科代"筹备会全体会议开幕词》，《科学通讯》1949年第2期。

力量。

在这种亟需民族崛起的政治性语境下，以毛泽东、邓小平、江泽民为代表的三代党中央领导集体始终清醒地认识到：作为新兴的社会主义国家，民族振兴是我国社会主义建设的首要目标。我们要和平崛起，要增强实力，要缩小与发达国家的差距，就必须积极发展科技，借助科技的力量奋起直追，如若不然，只能消极等待，被动挨打。从新中国成立后几十年到改革开放后的二十几年，不管是挫折的坎坷抑或是磅礴的高潮，各代领导人始终坚持"科学技术是生产力"的马克思主义观点，坚持用科技的力量来促进经济发展和社会主义建设。他们历经苦苦探索与不懈努力，提出了各有特色又相互联系的"科学兴国"思想，推动了我国经济社会各方面的发展与进步。在这一过程中，国家对科技的重视度越来越高，社会经济发展对科技的倚赖度越来越高，科技的功能愈加突出，逐渐成为社会主义经济、政治、文化建设等方面最主要的推动力量。

科技革命与社会主义运动是 20 世纪最为重大的两次事件。历史上，科学发展和社会主义的互动关系，极大地推进了社会主义事业的发展。从几次科技革命可以看出，科技革命引发了资本主义矛盾的尖锐化和无产阶级队伍的壮大，从而引发了科学社会主义的诞生。在这个意义上，社会主义从空想到科学的发展过程交织着科学与社会主义的碰撞与合流。

作为社会主义的指导理论，马克思主义是工人运动实践和人类科学知识的总结。马克思主义的哲学、政治经济学和科学社会主义无一不立足于严密的科学知识基础之上。在马克思主义的理论体系中，科学是最高意义上的革命力量，愚昧迷信的扫除、生产力的发展、人类精神文明的练达，无一不依赖于科学的力量。马克思认为科技发展与先进的社会制度之间具有密不可分的联系。因此，探索社会主义的发展道路，构筑中国特色的社会主义，离不开科技这架有力的杠杆。

马克思恩格斯生活的时代正是科技快速发展和工业革命深度推进的时期。18 世纪的产业革命极大地推动了世界范围内生产力的大幅发展，这场科技引发的革命引起了马克思恩格斯的高度重视和深入研究，他们对科学技术事业进行了深情表白和炙热追求。在《政治经济学批判》中马克思明确提出"生产力中也包括科学",他说:"最后,在固定资本中,劳动的社会生产力表现为资本固有的属性,它既包括科学的力量,又包括生产过程中社会力量的结合"①;在《反杜林论》中,恩格斯说:"自从蒸汽和新的工具机把旧的工场手工业变成大工业以后,在资产阶级领导下造成的生产力,就以前所未闻的速度和前所未闻的规模发展起来了"②,明确表达了科技发展对于生产力的巨大提升作用。在《自然辩证法》中,恩格斯考察了科学技术对人类社会发展的推动作用。在马克思恩格斯看来,在社会化大生产的过程中,无论是生产工具的革新,劳动者素质的提高,抑或是劳动对象的扩展,都离不开科学技术的推动力量。

20世纪40年代的第三次科技革命使全世界进入了一个生产力狂飙的质变时代,新中国正是处于这样一种革命巨变的新形势下。以毛泽东为首的党中央领导集体清醒地认识到:一个真正的社会主义者必须具备科学的意识。作为新兴的社会主义国家,新中国要和平崛起,要振兴示人,必须始终坚持马克思主义理论的指导,坚持科学兴国的战略思想。针对新中国的具体国情,毛泽东等人对现代科学技术与社会主义的关系进行了初步探索,从宏观上制定了发展科技的主导思想和理论框架。毛泽东曾说:"我们不能走世界各国技术发展的老路,跟在别人后面一步一步地爬行。我们必须打破常规,尽量采用先进技术,在一个不太长的历史时期内,把我国建设成为一个社会主义的现代化的强国。"③这类见解符合马克思主义的理论要求。可以说,新中国成立以后的一段时间,以毛泽东为代表的第一代领导集体曾经深刻地领会到了科技发展对社会主义建设的重要意义,把握住了社会主义发展和时代发展的历史脉搏。总而言之,在科技革命引起巨变的新形势下,走科学兴国之路成为我们坚定不移的选择。

---

① 《马克思恩格斯文集》第8卷,人民出版社2009年版,第206页。
② 《马克思恩格斯文集》第3卷,人民出版社2009年版,第548页。
③ 《毛泽东文集》第八卷,人民出版社1999年版,第341页。

二、新中国科学发展的探索与转型

1. 新中国成立初期科学发展的最初探索

新中国科学技术走怎样的发展道路？以毛泽东为核心的党中央领导进行了披荆斩棘的探索。面对科技薄弱的现状，他们从宏观上确立了发展科技的主导思想，制定了一系列的科技政策。毛泽东说过："我们进入了这样一个时期，就是我们现在所从事的、所思考的、所钻研的，是钻社会主义工业化，钻社会主义改造，钻现代化的国防，并且开始要钻原子能这样的历史的新时期。"① 社会主义新中国比任何时代都更加需要工业化和科技化。毛泽东深刻地体会到加快发展科学技术对于社会主义建设的必要性，在很多场合都表露出了这种紧迫感。他曾多次提出"技术革命"的概念，试图通过大力发展科技来实现中国工业化的百年梦想。1956 年党中央制定了一份科学技术发展规划纲要，该纲要制定了"技术革命"的主攻方向并将之形成为具体的课题。1950 年 5 月，党中央正式做出发展原子能事业的战略决策，发展以原子弹、导弹为标志的尖端技术，从而带动全国科技的革新。此外，党中央还实施了"科技人才建设"的计划，针对科技人才匮乏和急需之间的矛盾，采取了"改造旧知识分子"以及"培养新科技力量"两条腿走路的方针。他们清醒地认识到：科技的发展需要人才，而人才的培养需要教育。为此，他们在全国范围内开展"扫盲"运动，创办了一批中等技术学校，并进行了高等院校的调整和重建工作，全面提高了当时国人的科学文化素质。在毛泽东等第一代领导集体的不懈努力下，我国的科技事业得到了初步的恢复和发展。

新中国成立初期，苏联一度被视作我国社会主义建设的指路人。向苏联学习，加强中苏合作，曾是社会主义道路探索的重要方面。毛泽东曾强调："资本主义各国、苏联，都是靠采用最先进的技术，来赶上最先进的国家，我国也要这样"。② 苏联是社会主义阵营的先进者，拥有丰富的发展经验，

---

① 《毛泽东文集》第六卷，人民出版社 1999 年版，第 395 页。

② 《毛泽东文集》第八卷，人民出版社 1999 年版，第 126 页。

学习苏联先进的科学技术，是新中国科技探索最为便捷、平直的一条路径。为了向苏联学习，新中国开始向苏联派遣留学生，到1953年，留学苏联的中国学生就达到1700多名；中国科学界甚至掀起了研究苏联文献和俄文的热潮，苏联的许多科研成果都成了中国科技人员学习和研究的重点。1954年，中苏政府还签订了"中苏科学技术合作协定"，倡导两国科技研究的进一步合作。可以说，毛泽东等人制定的"向苏联学习、与苏联合作"的发展战略，改善了新中国成立初期我国科技研究的状况，完善了新中国的科技布局。此外，毛泽东等人还确立了科学研究立足实践、联系群众的观点，力图修正过去自由散漫、脱离现实的作风。党中央明确要求："科学应建立在人民大众的基础上，与人民大众结合，纯以服务为目的；务求普及科学知识及提高生活水准之成效，且由人民大众实践取作经验，藉以改善增补理论上的内容而收理论与实践互相帮助的优点。"① 科学为国家建设服务，为人民群众服务，这一决策不仅确立我国科技发展正确的前进方向，还推动了民众科学文化素养的提升，在新中国成立初期正确的政治导向下取得了很大成功。

综上可见，以毛泽东为首的第一代党中央领导集体始终高度重视科学技术对于生产力发展和社会主义建设的重要作用。他们的探索与努力极大地推动了新中国的科技工作，中华民族的科技事业随之进入了新的发展阶段。然而进入50年代后期，随着政治运动的展开，"左"倾思潮的盛行，加上后来的十年"文革"，我国的科技发展进程遭受到了严重的挫折与干扰。

2. 20世纪50年代后期至"文革"中国科学发展的历史迷途

中国的社会主义事业在20世纪50年代后期进入了一个猛烈的转折期，这一转折蓬勃而曲折，伴随着沉重而痛苦的艰难坎坷。至此，中国的科学技术事业脱离了原有的发展方向，陷入了历史的迷途。科学精神内在缺失，科学规律背离轨道，科技事业遭到了严重的冲击。而这一切，无不与50年代后期的政治运动密切相关。

1957年的全党整风运动本意是针对解决我国人民的内部矛盾，但随着

---

① 《关于中华全国第一次科学会议的基本任务的意见》，《科学通讯》1949年第1期。

整风运动的不断深入,出现了不少批判共产党的尖锐意见。大规模的反右斗争拉开了序幕,阶级斗争氛围弥漫了整个社会。在科学技术领域,科技事业必须坚持绝对的政治挂帅,阶级斗争和政治斗争成为科学实践的首要目的。人们的政治意识开始畸形发展,科学工作者们丧失了独立思考,不再能够真正地进行科研与探索。科学界弥漫着浓厚的政治氛围,全党全社会的一切工作都被纳入了政治轨道。

紧接着的"大跃进"更是立足于严重的主观主义路线,实现盲目的冒进和赶超是它的核心主题。这一运动充斥着强烈的意识形态色彩和政治化倾向,为毛主席争气、为社会主义争光、证明社会主义的优越性成为当时中国最大的政治。科学界必须"左"、必须红,要为祖国建立一支红透专深的科研大军,因此科研人员必须要鼓足干劲、力争上游,要拿出吃奶的劲,促进中国科学的"大跃进"。在这场盲目冒进的运动中,虽然强调科学实践的重要性,却着上了主观主义色彩。尤其强调通过政治性的精神鼓励,来开展轰轰烈烈的科学研究活动,从而实现社会主义建设的"大跃进",背离了科技发展的规律。

到了"文革"时期,政治运动囊括包括科技实践在内的一切活动,所有活动都必须在政治的旗帜下才能进行。科技人员被当作资产阶级知识分子而遭到迫害甚至侮辱,许多科学家甚至被当做"反动学术权威",其地位也降到社会最底层。至此,中国的科学发展走到了群众性的政治运动上来,走到了"左"倾激进的政治化道路上来。科学实践的政治性依附严重地束缚了我国科学事业的发展,"理论与实践相结合仅仅被简单地理解为是'科学研究(理论)必须为生产(实践)服务';科技知识分子也被教条地理解为是:政治干部(马克思主义理论的代表者)对科技专家(具体业务执行者)的领导,以及用马列主义、毛泽东思想对知识分子的思想改造"。[①] 由此,我国的科技事业陷入了长达十多年的历史迷途,丧失了宝贵的发展时间,不仅没

---

① 董雪林、陈凡:《试论我国传统政治文化及其对建国初期科技政策的影响》,《自然辩证法通讯》1998 年第 3 期。

能有效地缩小与世界发达国家的差距，反而又一次错过了追赶其他国家的良好契机。

三、改革开放以来科学观的新发展

"文革"后，科技事业的"拨乱反正"成了当时社会发展的重要课题。随着全国科技大会的召开，"四个现代化，关键是科学技术的现代化"①理念逐步深化，科学技术的战略地位在我国社会主义现代化进程中开始逐步显现。

随着我国改革开放事业的进一步深入，我国根据世界科技发展的新姿态，立足于我国科技发展的现状和实践，创造性地提出了"科学技术是第一生产力"的论断。邓小平在"科学技术是第一生产力"的指导下，把科技战略思想进一步具体化。第一，他认为科技要进步，创新是关键。知识经济时代，一个国家的知识创新和科技创新能力，是强大自身、提高国际地位的关键。他强调，科技发展要坚持引进吸收与自主创新相结合的战略方针，我们既要引进学习世界前沿科技，也要发展中国特色的科技实力。第二，科技问题本质上是知识问题和人才问题。社会主义现代化，必须尊重人才、重视教育。邓小平认为，"文革"十年中我国最大的失误就是耽误了一代人的教育和发展，所以现在我们必须发展教育、培养人才。一个国家的经济实力和国力强盛，有赖于劳动者的数量和素质。人才是科技创新、社会进步的必要条件，我国现代化步伐的加快有赖于教育和人才的突破。第三，发展自己的高新科技，在世界高科技领域占据一席之地。邓小平认为，如果没有原子弹，没有火箭卫星，没有取得国际水平的重大科技成果，中国就不会有现在的国际地位，更不可能赶上世界的发展。因此，高新科技的研究与发展是证明一个民族能力的重要标志。邓小平等人的不断探索和努力，进一步加深了对科学技术本质、内容和社会功能的认识，我国的科技事业得到了较快的恢复与发展，初步形成了"科技兴国"的战略布局。

---

① 《邓小平文选》第二卷，人民出版社1994年版，第86页。

世纪之交，国际形势发生了重大变化，经济全球化、世界多极化快速发展，科学技术与生产力在新的世纪必将发生新的突破，而且随着世界科技浪潮的来袭，科技发展逐渐成为现代社会进步最主要的推动力量。在这样的背景下，我国根据"科学技术是第一生产力"的理论内涵，对于科技问题提出了一系列新论述和新思想。强调科学技术不仅是生产力发展的重要动力，而且是深刻改变世界的重要力量，进而强调，"科教兴国，是指全面落实科学技术是第一生产力的思想，坚持教育为本，把科技和教育摆在经济、社会发展的重要位置，增强国家的科技实力及向现实生产力转化的能力，提高全民族的科技文化素质，把经济建设转移到依靠科技进步和提高劳动者素质的轨道上来，加速实现国家的繁荣强盛"。① 为了实现科教兴国，我们必须优先发展与经济建设挂钩的科学技术，把生产力建设作为科技发展的主战场。强调科技与经济的融合，深化科技体制改革，是增强科技实力的关键环节。同时必须明确，科学技术发展和科学精神的关系密不可分，大力提高国民的科学文化素养和科学文化精神，做好文化普及工作，实现科技发展的大众化、通俗化。科学技术应当服务于各国人民的共同利益、服务于人类发展与进步的崇高事业。

总之，"科学兴国"的酝酿与发展，为我国的科学建设事业提供了宝贵的发展机遇，为中国特色社会主义的发展提供了前所未有的强大动力。如今我们经济和社会发展取得的伟大成就充分证明了"科学兴国"战略是符合我国当时国情的马克思主义社会发展理论。

四、"科学兴国"语境下科学观念转型的特质

从新中国成立初期毛泽东对于科技发展的最初部署、到 20 世纪 50 年代后我国科技发展遭遇的历史迷途，再到"文革"后邓小平与江泽民等人对于科技的恢复与发展，经过这三次重大的科学发展实践，我国的科技事业取得了前所未有的进步。在此种背景转换的过程中，国人对科学的理解也经历了

---

① 江泽民：《论科学技术》，中央文献出版社 2001 年版，第 51 页。

不断地转变过程，从"实用至上"科学观演变为"理性化"科学观，展示了独有的特质。

在"民族崛起"政治性语境下，我国的科学发展主要为社会主义生产建设的实际服务。中国传统文化中根深蒂固的实用理性务实传统，经过"意识形态化"一步步地强化成为国家的思想意志，特别是新中国成立后这一倾向尤为明显。前文提到，毛泽东始终强调上层建筑对于国家发展的主导地位，在对科学事业的初步探索中，他把巩固政权看作国家建设的首要任务，强调一切科学活动都要为政治斗争服务、为社会主义争光。正如郭沫若所说的："国家的各个方面各个部门都已经鼓动起来了，我们科学界的原子核也不能不被冲破，发生连锁反应。所以在今天来讲，科学发展的'大跃进'，不是应不应该跃进，也不是能不能够跃进的问题，而是应该采取什么方法来实现'大跃进'的问题"。① 这种政治化、阶级化的科技发展策略，无疑弥漫着一种强烈的实用主义和功利主义倾向。科学被当做民族崛起、政权巩固的手段，人们只看到了科学的工具价值而忽略了它自身的内在价值。对于科学的认识仅仅停留在了"科学技术"的层面，更多强调的是技术的应用和实践。比如说当时的政治活动片面地强调"实践出真知"，群众往往用经验取代专门的科学实验，排斥纯粹的基础理论研究。可以说，当时人们对科学的理解视角偏离了正确的发展轨道。此后，毛泽东发动了"向科学进军"，科学的地位更是被提到了前所未有的高度。所谓的"亩产万斤"、"小高炉"遍地开花更是打着科学的旗号推广宣传，其本质就是为了满足宣传"实用"的需要。当我们不了解科学精神与实质，不以科学的态度去对待科学的时候，对于科学的过度倡扬最终只会发展成为"唯科学"。之后的"文革"更是成为我国科学发展的一段曲折经历：现代科学知识被视作"唯心论"，书本知识无用、生产革命才是青年的主课，有用的才学、没用的一概不学，科学完全被反科学所替代。只重实证、只重效验，这种"实用至上"科学观无疑与科学的本质相去甚远。

---

① 郭沫若：《努力实现科学发展的大跃进》，《科学普及工作》1958 年第 4 期。

　　实用主义与功利主义在当代中国科学界长期占据主导地位，导致了人们对待科学态度的畸形演变。美国科学家丹尼尔·贝尔曾指出："科学的首要事实则是：科学界在决定进行什么研究、辩论什么知识正确有效、承认科学成就以及赋予地位和尊重方面具有自我定向的独立性。这个独立性就是科学的精神气质（和组织）的核心"。① 为了快速崛起和快速发展，中国的科技发展直接与社会主义建设挂钩，忽视了科学内在的本性和精神，也忽视了科学的人文本质，这种"实用至上"的科学观不可能使人保持相对独立的、理智的科学探索精神。可以说，新中国成立后几十年来，我们虽然促进了科学技术在中国的快速发展，打破了以往"穷过渡"的盲目理想；但是片面地将科学与技术等同，却进一步推动了实用主义和功利主义的繁衍，成为国人生成科学求真思想的严重障碍。可以说，实用性功利主义文化是导致自然科学与人文科学片面分离的重要根源之一，同时又反过来制约着我国科学技术的发展。

　　可喜的是，改革开放以后，尤其是"科教兴国"战略思想的确立与发展，人们不仅能够重新认识科技建设对于中国发展的重要性，而且能够科学理性地对待和认识中国科学发展的问题，这无疑标志着"理性化"科学观在中国的初步形成。在"科教兴国"战略思想的影响下，人们对待科学的态度，主要反映在认识视野的转变上。人们不再像以往一样仅仅从政治角度，甚至也不再仅仅从物质角度，而是立足于整个国民素质角度，从整个中华民族的共同利益角度来考虑科学的内涵，这无疑是一种前所未有的进步。比如江泽民等第三代领导集体将科教兴国与可持续发展战略相结合就是一个很好的例子，1995 年江泽民明确指出，我国的现代化建设要使科技发展与资源、环境协调发展，实现良性循环。可见，科技发展不再是单纯的经济口号，不再单纯地服务于经济利益。此外，科学界、思想界、理论界提得更多的是要求尊重科学、理解科学，这是前所未有的。时代在进步，理念在转换，人们能

---

① ［美］丹尼尔·贝尔：《后工业社会的来临——对社会预测的一项探索》，高铦等译，商务印书馆 1984 年版，第 417 页。

够以科学理性的态度来对待中国科学发展的问题，这就是我国理性化科学观初步确立的重要表现。回顾历史，远自清朝末期，近至"文革"动乱，各种压制人才、鄙视知识、扼杀新事物的史实跃然纸上，惨痛的经验教训令人难以忘怀。近代中国，发展科学只是少数先觉国人心中的梦想，而缺乏达到这一目的的环境；"文革"时期，我国科技发展更是经历了不可避免的历史阵痛，终于在改革开放以后，逐步在全社会形成了尊重科学、尊重人才的社会氛围和政策保证。特别是"科教兴国"战略目标，是一种实实在在的事业，成为我们长远发展的目标，也成为整个社会的共同事业。全社会形成了"要发展、求发展"的共识，"科技是第一生产力"的论断深入人心。科学技术因素在我国社会和经济的发展中的比重不断提高，这是以往任何时期所无法比拟的。这是今天中国科学发展的希望，更是理性化科学观开始形成的标志。应当说，良好的理性化的科学发展时代终于到来。

第三节　富国强民的经济性语境：科学发展

马克思曾说："一切划时代的体系的真正的内容都是由于产生这些体系的那个时期的需要而形成起来的。所有这些体系都是以本国过去的整个发展为基础的，是以阶级关系的历史形式及其政治的、道德的、哲学的以及其他的后果为基础的"。[①] 当我们站在新世纪的新起点上，面对国内外各领域的新形势新特点，我国科技事业的出场语境和价值诉求必然会发生巨大的转变。党的十六大提出了全面建设小康社会的奋斗目标，即"经济更加发展、民主更加健全、科教更加进步、文化更加繁荣、社会更加和谐、人民生活更加殷实。……把我国建成富强民主文明的社会主义现代化国家"。[②] 可见，单纯的经济指标已经无法满足新世纪我国社会主义建设的新需要，我们所要达成的是一个国民全面发展、社会全面进步的理想型社会。它不仅需要

---

① 《马克思恩格斯全集》第 3 卷，人民出版社 1960 年版，第 544 页。
② 《江泽民文选》第三卷，人民出版社 2006 年版，第 543 页。

高度发达的科学技术作为支撑和动力，而且需要铸造一种新型的具有科学素养的"人"作为它的终极体现。为了实现这一美好愿景，在科学发展问题上，我们唯有坚持科学发展的本质意义，把握科学发展的价值、特征、目标和原则，才能更加科学、更加理性地把握新世纪我国社会主义建设的新形势和新诉求，走出一条以人的发展为核心的真理性和价值性相统一的新路。

可以说，从"科学救国"经"科学兴国"到"科学发展"的过程中，虽然自始至终都以科学的价值追求为主线，但实际上，"科学"的内涵和外延是不断在发生着变化的。到了"科学发展"阶段，人们对"科学"的理解视阈已经发生了重大变化，经由科学发展观到新发展理念的确立，它的内涵更深刻，视野更宽广，格局更宏大。尤其是党的十八大以来，以习近平同志为核心的党中央，深刻总结国内外发展经验和教训、分析国内外发展大势，针对我国发展中的突出矛盾和问题，完成了对科学发展观的超越，提出了"创新、协调、绿色、开放、共享"的新发展理念。"新发展理念深刻揭示了实现更高质量、更有效率、更加公平、更可持续发展的必由之路，是引领我国发展全局深刻变革的科学指引，对于进一步转变发展方式、优化经济结构、转换增长动力，推动我国经济实现高质量发展具有重大意义。"① 这是在这条科学发展的道路上，我们收获的新的硕果。

一、"科学发展"的出场语境

谋求"科学发展"一直是我国进入 21 世纪的一个根本任务。"科学"在我国发展到了 21 世纪已经不是一个单维度的概念，而是一个集真理性追求和价值性追求于一身的概念。当前的"科学发展"概念集中体现在经由并超越了"科学发展观"的"新发展理念"之中。这个发展过程与其特定时代背景分不开，有其特定出场语境。

首先，"科学发展"对国内发展新阶段的积极回应。

---

① 中共中央宣传部：《习近平新时代中国特色社会主义思想三十讲》，学习出版社 2018 年版，第 105 页。

　　21世纪初，经过改革开放几十年的发展，我国的经济实力显著增强，人民生活总体上达到小康水平，我国进入了一个新的发展阶段。在这个新时期新阶段，随着社会结构变动、思想观念变化、利益格局调整，我国社会主义建设呈现出一系列重要的阶段性特征。比如，我国初步达到的小康是低水平的、不平衡的、不全面的小康，精神生活和环境水平都还没有跟上，统筹兼顾各方面利益的难度加大；经济发展取得巨大成就，但增长方式以粗放为主，经济效益不高，带来了社会资源的大量浪费，社会秩序和社会稳定指数也出现负增长；科技实力与先进国家相比差距很大，科技创新能力不足，核心技术受制于人。2003年我国人均GDP超过1000美元，而党的十六大确立了2010年我国人均国内GDP达3000美元的目标。发展趋势表明，人均GDP在1000—3000美元的发展阶段，既是"黄金机遇期"，也是"矛盾凸显期"，这一时期是现代化进程中的一个极为关键的阶段，潜力、动力与困难、风险并存。能否成功渡过这个阶段，有赖于各种关系和要素的统筹兼顾、协调发展。因此，科学发展观的提出，与我们党认识和把握这些阶段性特征息息相关，是妥善应对新时期新阶段各种风险和挑战的正确选择。

　　事实上，我国在发展过程中仍然面临着一系列的问题和矛盾，如粗放型经济增长方式还没有完全转变、经济结构不合理，城乡发展不平衡等，距离全面建设小康的目标还有很长的距离。"为什么要发展、什么是发展、怎样发展"成为新时期我国面临的重大课题，而发展观念的变革无疑是重中之重。可以说，发展观是关于发展的内涵、本质、目的的根本观点和总体看法，发展观念对于发展实践起着整体性、根本性的重要作用，一个国家的发展观念决定着它发展战略、发展模式和发展道路的选择。面对新形势新任务，我们党进行深入的思考与探索，如何实践社会主义又好又快的发展，树立什么样的发展观成为党中央关注的重要问题。在这一背景下，我国坚持解放思想、实事求是、与时俱进的核心精神，创造性地提出了"科学发展观"，并于十六届三中全会上完整地阐述了它的基本内涵，即"坚持以人为本，树立全面、协调、可持续的发展观，促进经济社会和人的全面发展"①。

党的十八大以来，经过改革开放 40 多年的发展，中国的经济社会发生了历史性变革，社会主要矛盾发生了转化，中国特色社会主义进入了新时代。为实现中华民族伟大复兴的中国梦，我们必须从理论和实践结合上系统回答新时代坚持什么样的中国特色社会主义，怎样坚持和发展中国特色社会主义这一重大的时代课题。这个课题要求我们必须回答，什么样的发展道路和发展理念才是符合中国特色社会主义发展实际的"科学发展"的道路和理念。党的十九大的理论成果——习近平新时代中国特色社会主义思想对此作出了科学的回答。根据新时代的新形势和新要求提出了"新发展理念"对什么样的发展是"科学"的发展作出了最新的概括和总结。

2.对当今世界发展形势的积极应变

21 世纪以来，随着世界性生产力的飞速发展和世界交往的普遍化，经济全球化成为席卷全世界的一股浪潮，各国人民的生产、生活方式都发生了巨大的变革。这场经济全球化大潮推动和加速了全球科学技术的流动，科技实力成为全球公认的衡量一国综合国力和国际竞争力的重要指标，发展科技更成为应对"可持续发展"这一当代世界性难题的最有效的办法，以上种种都把科学技术推上了全球化的风口浪尖。许多国家都紧抓时代特征，依靠科学技术来调整发展策略。比如日本在 2001 年确立了第二个"科学技术基本计划"，强调科学知识的战略性和综合性，将生命工程、环境、信息通信作为国家科技发展的重点，以实现自身的安心、安全、可持续发展；20 世纪 90 年代末，美国就把自己的科技发展战略从"星球大战计划"调整为"信息高速公路"的科技创新战略，加大科技投资，完善研发管理体制，不断创新的科技发展体制使美国成为世界头号科技强国，在世界市场中占据了"唯我独尊"的霸权地位。这些国家的成果经验告诉我们：一个国家能否在全球化竞争中赢得优势，在顺应国际趋势的前提下选择一条与本国发展相契合的

---

① 中共中央文献研究室：《十六大以来重要文献选编》（上），中央文献出版社 2005 年版，第 465 页。

科技发展模式是必然的选择。因此，顺应世界科技大潮、制定相应的科技发展战略，提升自己的科技竞争力，是我们这些较为弱势的发展中国家应对国际竞争的必经之途。

中国的发展离不开世界。作为一个开放型的理论体系，科学发展观辩证性地总结了各国发展的经验和教训。从毛泽东、邓小平到江泽民、胡锦涛，再到习近平，都十分重视对西方先进科学文化的引进和吸收，但是他们并没有完全地被资本主义先进文化"洗脑"，而是主张运用马克思主义的立场、观点和方法进行鉴别、批判和汲取，既反对一味照抄，也反对唯我独尊。我们要想实现社会主义中国又好又快地发展，认真学习和研究资本主义国家成功的发展经验十分必要。但是这种学习和研究不是一味地照搬和模仿，而是在结合自身实际和制度框架的基础上，吸收各种有益的经验教训，不断创新变革，拓展中国特色社会主义的发展道路。在这个意义上，科学发展观积极地回应了时代对于发展范式变革的新要求，是对人类社会发展经验的辩证总结和高度概括。

党的十八大以来，世界处于大发展大变革大调整时期，但和平与发展的时代主题仍未改变。世界多极化、经济全球化、社会信息化、文化多样化深入发展，全球治理体系和国际秩序变革加速推进，各国相互联系和依存日益加深，国际力量对比更趋平衡，和平发展是必然的时代潮流。同时，世界发展的不稳定性不确定性愈加突出，世界经济增长动能不足，贫富分化日益严重，恐怖主义、网络安全、重大传染性疾病、气候变化等非传统安全威胁持续蔓延，人类面临许多共同挑战。这些都为新发展理念的提出提供了必要的视阈，是无法忽视的时代背景。

二、不断开创"科学发展"新局面：从科学发展观到新发展理念

我国在发展过程中仍然面临着一系列的问题和矛盾，如粗放型经济增长方式还没有完全转变、经济结构不合理，城乡发展不平衡等，距离全面建设小康的目标还有很长的距离。"为什么要发展、什么是发展、怎样发展"成为新时期我国面临的重大课题，而发展观念的变革无疑是重中之重。可以

说，发展观是关于发展的内涵、本质、目的的根本观点和总体看法，发展观念对于发展实践起着整体性、根本性的重要作用，一个国家的发展观念决定着它发展战略、发展模式和发展道路的选择。面对新形势新任务，我们党进行了深入的思考与探索，如何实现社会主义又好又快的发展，树立什么样的发展观成为党中央关注的重要问题。进入 21 世纪以来，我们的发展观经历了从科学发展观到新发展理念的演进过程，为建设社会主义现代化强国提供了强有力的思想指导和精神指引。

1. 科学发展观：统一发展的理念

进入 21 世纪，随着我们对人、自然、社会的和谐统一性的深刻认知，对科学与人文统一关系的深刻把握，党和国家坚持解放思想、实事求是、与时俱进的核心精神，胡锦涛同志提出了"科学发展观"，并于十六届三中全会上完整地阐述了它的基本内涵，即"坚持以人为本，树立全面、协调、可持续的发展观，促进经济社会和人的全面发展"①。

科学发展观坚持贯彻全面、协调、可持续发展的观点，将社会看作一个有机的整体，将生产力与生产关系的矛盾运动看作社会前进的动力，注重全面生产和发展过程中的整体性和全面性。科学发展观的"科学"观点是对改革开放以来我国生产过程中造成的科技异化的扬弃，并进行积极地消化吸收和转化，将科技异化的消极作用尽量消解，发挥了积极的作用。但在取得辉煌成就的同时也存在一系列的社会问题，例如环境污染、资源短缺、高科技犯罪、人的价值失落等。科学发展带来的社会与环境问题对我国不仅是潜在的威胁，也是现实中我们迫切需要解决的问题。因此，科学发展的系统性、健全性就成了我国必须慎重审视的问题，对科学发展也需要作出新的认识和评价。然而，科学发展的终极目标并不取决于其本身，同样，科学发展所带来的各种异化和恶果，也不能仅仅依赖科学本身来根治。正如爱因斯坦所说："科学是一种强有力的工具。怎样用它，究竟是给人带来幸福还是带来

---

① 中共中央文献研究室：《十六大以来重要文献选编》（上），中央文献出版社 2005 年版，第 465 页。

灾难，全取决于人自己，而不取决于工具。刀子在人类生活上是有用的，但它也能用来杀人。"① 一个国家科学发展的价值和目标从根本上应该取决于这个国家社会发展观的确定和规范。科学发展观作为新世纪新时期我们党提出的新思路新方法，实现了生产力与人文价值、自然科学与人的科学的辩证统一，为科学技术的持续发展提供了价值向导。

综观科学发展观，其"科学"主要包含以下几个方面的意蕴：

第一，科学发展观的价值诉求：以人为本。科学发展观坚持以人为本，就是要以实现人的全面发展为目标，从人民群众的根本利益出发谋发展、促发展，不断满足人民群众日益增长的物质文化需要，切实保障人民群众的经济、政治、文化权益，让发展成果惠及全体人民。科学发展观的核心价值观就是"以人为本"，人的发展问题既是科学发展观的出发点也是它的最终目标。人是发展的主体，人与经济、社会、自然等方面的全面协调发展是"科学发展观"的价值诉求。科学发展观所提出的"以人为本"是唯物史观关于人的发展理论的坚持和新发展，也是对传统发展范式的"以物为本"原则的根本变革与颠覆。"科学发展观"倡导以人的价值取代物的价值，使社会发展重心从对物的疯狂追求转到对人的终极关怀上，无疑符合马克思主义关于人的发展理念。

"以人为本"作为科学发展观的核心，可以有效地促使发展始终遵循着人的尺度，避免背离人和非人化。科学发展观的"人"是类的人，是唯物史观人类主体的体现。人的任何活动究其本意而言，都是带着明确目的性的活动，都是为了实现人自身的利益。马克思曾用形象的比喻说明了这个道理："蜘蛛的活动与织工的活动相似，蜜蜂建筑蜂房的本领使人间的许多建筑师感到惭愧。但是，最蹩脚的建筑师从一开始就比最灵巧的蜜蜂高明的地方，是他在用蜂蜡建筑蜂房以前，已经在自己的头脑中把它建成了。劳动过程结束时得到的结果，在这个过程开始时就已经在劳动者的表象中存在着，即已

---

① 《爱因斯坦文集》第 3 卷，许良英、赵中立、张宣三编译，商务印书馆 2010 年版，第 69 页。

经观念地存在着。他不仅使自然物发生形式变化，同时他还在自然物中实现自己的目的。"①然而在具体实践中，人常常会被一些非人的东西所蒙蔽、所淡化，甚至完全被排斥与否定。究其原因，主要在于实现人的利益的方式和途径偏离了其初衷。科学发展观从社会发展模式和社会发展理念上规定着这些途径和方式。它所坚持的核心理念"以人为本"突出了人的中心和主体地位，以人的利益、目的和价值作为各种实践（包括科学实践）的宗旨，对诸种发展行为具有重要的价值导向作用。

值得注意的是，科学发展观所提倡的"以人为本"，与西方国家中的把人作抽象化理解的"人本思想"存在一定的不同。西方国家早在文艺复兴时期就扛起了人文主义的旗帜，强调人的中心地位。文艺复兴之后，人为主宰的思想不断得到强化，直到康德提出"人为自然立法"，更是极度地张扬了人的价值。而科学发展观中的"以人为本"既主张人是发展的前提，也是发展的手段，更是发展的最终目标，这在很大程度上克服了西方科技异化造成的所谓"单向度"的人。科学发展观中"以人为本"意味着我们必须始终把人作为力量依靠，尊重人，尊重劳动，尊重知识和创造，社会的政治、经济、文化等各大领域的重大决策和活动都必须遵循和贯彻人文精神。当今社会，科学发展已经渗透到了社会各个领域，并发挥着越来越重要的作用。科学发展观要求用"以人为本"的发展理念指导科技发展，必然要求在科学技术活动的产生、发展及应用等各个阶段都能体现人是主体和目的的精神。同时，也要求科学技术的参与者包括相关人员都坚持"以人为本"的核心理念，正确处理人与物的关系。由此我们可以充满信心地期待着科学技术异化的减少和消除。

第二，科学发展观的价值标准：全面、协调、可持续。全面、协调、可持续发展是科学发展观的价值标准，也是社会各个行业和领域的发展标准。这就为科学发展创造了较好的社会环境，规定了科学技术发展的目标和方向，从而有利于消除导致我国科技异化产生的社会条件。

---

① 《马克思恩格斯文集》第 5 卷，人民出版社 2009 年版，第 208 页。

全面、协调、可持续发展从不同维度、不同层面体现了科学发展观丰富而深刻的内涵。"全面发展"要求经济、政治、文化、社会、生态等各方面的全面发展和平衡发展，从马克思全面发展的理论来看，体现了生产力的生产、人的生产、社会关系的生产以及意识形态生产的统一。可见，科学发展观的"全面发展"注重的是发展的全面性以及发展领域中各方面的平衡。在这种背景下，科学的发展也应当是全面的，科学发展不能仅仅局限于生产力和物质方面，同时，也必须成为社会政治文明、精神文明的推动力量，成为社会各领域协调发展的有效手段。这就要求人们不能仅仅从物质层面理解科学发展，也应当重视科学精神和科学方法。因此，科学发展在增强经济实力、丰富社会物质财富的同时，也应当充分展现其政治、文化和精神各方面的功能，从而获得全面发展。

当然，全面发展并不是凌乱无序的，而是协调的。科学发展观将社会看成是一个动态的有机整体，强调社会整体与社会发展各个方面之间的互动与和谐。作为新时期新形势下我国科学发展的指导理念与模式，科学发展观要求必须注重人与人以及人与自然的和谐发展，这是因为"人与自然是否协调和谐的生态文明状况是影响社会文明进步的一个重大因素和重要变量。"[1]传统的科学发展范式造成了人与人、人与自然之间一系列的矛盾和冲突，已经严重地影响了人类的生活质量和生命安全，甚至直接威胁到了社会的稳定与发展，必须被变革和摒弃。科学技术作为人与自然关联的手段，不仅是人类获取生存条件和物质财富的工具，而且应成为人类保护自然的武器，作为调节各种不和谐的有力武器。当然这并不是像西方绿色生态主义提出的，人应当将主体地位让位于自然，以自然统治领导人。科学发展观要求我们在科学发展中应该以人为中心，以人性的方式对待自然，谋求人与自然的和谐。正如马克思所说："我们对自然界的整个支配作用，就在于我们比其他一切生物强，能够认识和正确运用自然规律。"[2]这就要求我们在科技发展中应

---

① 方世南：《社会主义生态文明是对马克思主义文明系统理论的丰富和发展》，《马克思主义研究》2008年第4期。

② 《马克思恩格斯文集》第9卷，人民出版社2009年版，第560页。

当始终坚持人的尺度，重视自然的价值，使科技成果由人类共享，造福于人，最终实现人与人、人与自然的和谐共生。

可持续发展是全面、协调发展的必然结果，它主张发展既要满足当代人的需求，又不损害后代人的根本利益。科学发展观恰恰是以可持续发展理念作为向导的，从而及时地摒弃科技异化造成的负面效应，避免科学技术成为战争、生态危机的帮凶，促使科学技术更加有效地为中国社会主义的现代化建设服务，成为维系人类社会可持续发展的有力武器。

第三，科学发展观的精神实质。马克思主义认为社会历史的持续发展必然是客体尺度和主体尺度的辩证统一。客体尺度即物的尺度，是对客观事物本质和规律的认识和把握，要求主体活动符合客观规律；主体尺度即人的尺度，是对人的自由全面发展的价值追求。可见，主体尺度与客体尺度的统一体现了真理原则与价值原则的统一。

科学史学家贝尔纳曾说："科学既是我们时代的物质和经济生活的不可分割的一部分，又是指引和推动这种生活前进的思想的不可分割的一部分；科学为我们提供了满足我们的物质需要的手段。它也向我们提供了种种思想，使我们能够在社会领域里理解、协调并且满足我们的需要。"① 他认为科学具有不可推卸的社会功能，科学发展应当是真理原则和价值原则的统一。前文提到，新中国成立后乃至改革开放以来，我国把科学技术始终作为大规模经济建设的工具，科学发展弥漫着一种强烈的实用主义和功利主义倾向，忽视了科学的人文精神和真理原则。科学发展观深刻地认识到了我国科学发展中存在的问题，指明科学发展应当是自然科学与人文、社会科学紧密联系、全面发展的科学。可以说，科学发展观视野中的科学发展范式认识到了改革开放以来我国科学发展的异化倾向，重视科学发展在客体尺度与主体尺度、真理原则与价值原则方面的辩证统一。

这种科学发展的视野中，一方面，坚持物质建设的中心地位，强调在物质财富积累的前提下，人与社会、人与自然的全面协调持续发展。马克思主

---

① ［英］贝尔纳：《科学的社会功能》，陈体芳译，商务印书馆 1982 年版，第 542 页。

义把生产力视作社会发展进程中最革命、最活跃的因素。因此，科学发展观视野中的科学发展范式继续深化改革开放以来我国科学发展的现实状况，大力促进高新科技产业的发展，促进科学技术成果向现实生产力的转化，这一发展路径体现了唯物史观中关于生产力是社会发展的最终决定力量原理，彰显出科学发展观理论的高度科学性。另一方面，科学发展的视野中的科学发展范式把人的全面发展作为社会发展的前提和最终目标，价值立场鲜明。人是科学发展的主体，因此，科学发展只有依赖于人文精神的指导，才能朝着最有利于人类发展的方向迈进。萨顿曾说："科学如同艺术一样具有人性。它的人性是内含的，需要受过科学教育的人文主义者来挖掘它，正如音乐的人性需要受过音乐教育的人文主义者来挖掘一样。"[①] 科学作为人的创造活动绝不是与人无涉的纯粹的自然学科，它必然与"人"这一主体的形态紧密关联。正如孟建伟教授所言："科学不仅具有重要的认识价值和技术价值，而且也具有重要的文化价值和精神价值；反之，人文不仅具有重要的文化价值和精神价值，而且也具有重要的认识价值和技术价值，因而在科学的价值与人文的价值之间并不存在明确的界线。"[②] 科学发展观把科学价值与人文价值有机统一起来，将"以人为本"建立在经济社会发展的坚实基础上，既着眼于人的现实物质需求，又着眼于人的素养的提高和人的全面发展，体现了服务于人的深切人文关怀。

可以说，"科学发展观"是一个系统的科学体系，它包容了客体尺度与主体尺度、真理原则与价值原则。此种合规律性和合目的性的特征，决定了新时期新形势下人们对科学的理解视角由实证科学向统一科学的转变，这是一个理性成熟度不断增强的过程。随着社会的发展和进步，统一发展的视阈逐步从协调性发展走向共享发展和开放发展，展示了更具人文底蕴的情怀和更加宽广的胸襟。新的发展理念呼之欲出。

---

① George Sarton, "Sarton on the History of Science", *Cambridge: Harvard University Press*, 1962, p.16.

② 孟建伟：《科学与人文的价值关联》，《北京行政学院学报》2003 年第 4 期。

2. 新发展理念：科学发展观的新突破和新发展

我国立足于中国特色社会主义初级阶段的基本国情，结合当代中国特色社会主义建设中的新问题、新形势，在党的十八届五中全会上提出了"创新、协调、绿色、开放、共享"新发展理念。新发展理念具体回答了中国特色社会主义发展的本质内涵、价值诉求、基本原则、基本目标等。党的十九大以来，我们对新发展理念做了更加深入的理解和阐发，在针对性、人民性、系统性、实效性、世界性等方面实现了对科学发展观的突破和发展，彰显了更强的共享性和开放性。

第一，新发展理念更具针对性。新发展理念的针对性并不是简单地、机械地聚焦于某一具体存在，而是一种全面的、历史的、发展性的针对，具有高屋建瓴的指导价值。

首先是全面的针对性。全面性与针对性从字面上进行比较存在一定的矛盾，但对于新发展理念而言，其针对性正是通过全面性表现出来，二者相辅相成，紧密相连。新发展理念是针对我国当下发展现状，所提出的面向未来的发展理念。因此，新发展理念的科学性必须建立在对当下发展现状的全面剖析基础之上。只有进行全面的剖析，实现全方位的了解，才能提出科学、全面的发展理念。我国疆域辽阔、人口密集、民族众多、关系复杂，任何一个发展环节出现问题都将导致严重的后果。因此，对于我国发展而言，只有这种科学、全面的发展理念才是具有真正的针对性价值的发展理念。新发展理念以创新为根本动力，协调人与人之间的内部关系，实现人与自然之间的内部发展，以开放包容的姿态展开发展，实现成果共享的全面发展。

其次是历史的针对性。新发展理念不是虚无缥缈的抽象理想，而是依据现实的历史发展所提出的科学理念。新发展理念的"新"是在历史性对比中形成的，历史是新发展理念的真实背景和支撑，历史的针对性让新发展理念成为一种现实的指导性思想，而非一种大而无当的空谈。将创新动力放置于发展首位，是对过去我国发展路径的深刻反思。诚然我国科学发展始终强调创新的重要性，但由于发展初期自身能力的不足，主要依靠人口红利，发展低端产业。早期的低端产业奠定了我国发展的物质基础，但并不能解决长期的发展问题。一方面低端产业经济引发了经济疲软、生态破坏等问题，另一方面已有的经济发展让人民产生了对更高生活品质的追求。只有创新发展才能从根本上解决历史遗留的发展问题，才能探索新的发展路径，实现"协调、绿色、开放、共享"的发展。

最后是发展的针对性。无论是全面的针对性，还是历史的针对性，最终指向的均是发展问题。新发展理念的针对性归根结底是发展的针对性。全面协调的统筹考虑是为了实现发展的可持续性，是为了兼顾全局，掌握全局形式，形成具有针对性的发展方案，实现更好的发展。历史的针对性是通过审视、探究国家发展的历史长河，发现当下乃至将来的发展问题。最终实现发展问题的科学解决，实现未来的超越性发展。新发展理念的针对性因其全局性、历史性从而更具针对性。新发展理念在历史的考证中、现实的实践中形成，是具有科学性、现实性的针对发展问题的理念，指明了我国未来的发展思路、发展方向和发展着力点。

第二，新发展理念更凸显人民性。新发展理念之所以具有鲜活的生命力，是由其人民性所赋予的。新发展理念紧紧围绕人民展开，更加凸显发展的人民性。

协调发展理念体现真正的人民性。协调发展所倡导的协调，是全民发展的均衡、平等。新发展理念意图尽可能避免发展过程中有可能造成的不平等，尽可能实现全民发展。对人民的真正关怀是要把人民视为一个普遍的存在，不能因性别、地位等因素忽视甚至歧视部分人民群体。任何不协调的发展理念都会导致部分人民利益的损害，新发展理念的协调发展体现了对人民的真正维护。正如习近平总书记指出：要采取有力措施促进区域协调发展、城乡协调发展，加快欠发达地区发展，积极推进城乡发展一体化和城乡基本公共服务均等化。① 这真实地展现了新发展理念无差别的真正的人民性。

"共享发展"是新发展理念的人民性的主要表现。习近平总书记指出：

---

① 《习近平在华东七省市党委主要负责同志座谈会上强调抓住机遇立足优势积极作为系统谋划"十三五"经济社会发展》，《解放军报》2015 年 5 月 29 日。

"共享理念实质就是坚持以人民为中心的发展思想，体现的是逐步实现共同富裕的要求。共同富裕，是马克思主义的一个基本目标，也是自古以来我国人民的一个基本理想。"① 从共享经济的进程来看，"一口吃不成胖子，共享发展必将有一个从低级到高级、从不均衡到均衡的过程，即使达到很高的水平也会有差别。我们要立足国情、立足经济社会发展水平来思考设计共享政策，既不裹足不前、铢施两较、该花的钱也不花，也不好高骛远、寅吃卯粮、口惠而实不至。"② 在具体落实上，习近平总书记指出："加快推进住房保障和供应体系建设，是满足群众基本住房需求、实现全体人民住有所居目标的重要任务，是促进社会公平正义、保证人民群众共享改革发展成果的必然要求。"③"共享发展"通过解决根本性的经济问题，改变人与人之间的经济关系，提高人民的物质生活水平，从根本上满足人民的需求、解决人民的问题。这种共享并不是单纯的物质满足，其根本目标是基于物质实现人民的梦想，丰富人民的精神文化生活。人民是历史的推动者，是发展着的、活跃着的现实力量。"生活在我们伟大祖国和伟大时代的中国人民，共同享有人生出彩的机会，共同享有梦想成真的机会，共同享有同祖国和时代一起成长与进步的机会。"④ 人民是新发展理念的发展目标也是新发展理念落实的动力，新发展理念将目标与动力融合在了一起，充分发挥人民的能动性价值，尽可能实现人民的自由，因此在某种程度上，新发展理念是人民心声的传达，是人民发展的自觉理念追求。

第三，新发展理念更具系统性。新发展理念发展问题进行了系统的解决，形成相互作用、相互依赖的发展格局。新发展理念是有机的因而也是发展着的整体，具有灵活的系统性。

---

① 习近平：《在省部级主要领导干部学习贯彻党的十八届五中全会精神专题研讨班上的讲话》，《人民日报》2016 年 5 月 10 日。

② 习近平：《在省部级主要领导干部学习贯彻党的十八届五中全会精神专题研讨班上的讲话》，《人民日报》2016 年 5 月 10 日。

③ 《习近平谈治国理政》，外文出版社 2014 年版，第 192 页。

④ 《习近平谈治国理政》，外文出版社 2014 年版，第 40 页。

新发展理念的系统性体现在全局性。全局性本身就是系统性的一种表现，是形成系统的必备特征，发展的全局性赋予了新发展理念以系统性。"创新"为当下发展提供具有实际效果的动力源泉，"协调"为发展解决在实践路径中可能出现的矛盾，"绿色"为发展奠定根本性的物质存在基础，"开放"实现全球化时局下发展效果的最大化，"共享"实现人类发展进程中发展成果的真正价值。从动力、矛盾、基础的解决到效果、成果的考虑，"创新、协调、绿色、开放、共享的发展理念，集中体现了'十三五'乃至更长时期我国的发展思路、发展方向、发展着力点，是管全局、管根本、管长远的导向。"[1]

新发展理念的系统性体现在辩证性。新发展理念将发展的各个环节辩证的进行联系，形成一个充满活力的发展系统。首先，新发展理念强调运用辩证的方法处理发展问题，协调发展，实现全面的、有组织的、有规划的真正发展。正如习近平总书记所指出的："我们要学会运用辩证法，善于'弹钢琴'，处理好局部和全局、当前和长远、重点和非重点的关系，在权衡利弊中趋利避害、作出最为有利的战略抉择。从当前我国发展中不平衡、不协调、不可持续的突出问题出发，我们要着力推动区域协调发展、城乡协调发展、物质文明和精神文明协调发展，推动经济建设和国防建设融合发展。"[2]其次，新发展理念强调各个发展环节的辩证统一性。发展是一个统一的过程，新发展理念秉持这一思想统筹各个要素，实现共同发展。在经济建设和国防建设方面，"要统筹经济建设和国防建设，努力实现富国和强军的统一。进一步做好军民融合式发展这篇大文章，坚持需求牵引、国家主导，努力形成基础设施和重要领域军民深度融合的发展格局。"[3]推动实现物质文明建设和精神文明建设的双重发展，"只有物质文明建设和精神文明建设都搞

① 习近平：《准确把握和抓好我国发展战略重点扎实把"十三五"发展蓝图变为现实》，《人民日报》2016年1月30日。
② 习近平：《在省部级主要领导干部学习贯彻党的十八届五中全会精神专题研讨班上的讲话》，《人民日报》2016年5月10日。
③ 《习近平强调：牢牢把握党在新形势下的强军目标》，新华社，2013年3月11日。

好，国家物质力量和精神力量都增强，全国各族人民物质生活和精神生活都改善，中国特色社会主义事业才能顺利向前推进"①，才能达到发展的真正目的。

第四，新发展理念凸显实效性。新发展理念的针对性实现发展的准确定位，为相关发展举措的落实树立科学的靶心。新发展理念的人民性把控发展的根本路线与根本方向，实现发展的真正意义。新发展理念的系统性为发展的展开打下坚实的实践基础。因此，从整体而言，新发展理念具有实施的可行性和实施效果的目的性，凸显了实效性。

新发展理念的可行性具体表现在物质支持、动力支持。可行性的物质支持主要通过"绿色"理念得以实现。"建设生态文明，关系人民福祉，关乎民族未来。"② 建设、维护绿色的生态环境是实现人类发展的根本保障。自然是人类生存发展的根本物质基础，一旦脱离自然，人类也将不复存在。新发展理念将绿色发展置于重要地位，其发展实现是建立在现实物质条件的根本维护之上的。习近平总书记在谈及新发展理念时指出，生态环境没有替代品，用之不觉，失之难存。我讲过，环境就是民生，青山就是美丽，蓝天也是幸福，绿水青山就是金山银山；保护环境就是保护生产力，改善环境就是发展生产力。我们要坚持节约资源和保护环境的基本国策，像保护眼睛一样保护生态环境，像对待生命一样对待生态环境，推动形成绿色发展方式和生活方式，协同推进人民富裕、国家强盛、中国美丽。③ 可行性的动力支持主要来源于创新。实现真正的发展要解决动力问题，在新发展理念中，创新是摆在首位的。"创新始终是推动一个国家、一个民族向前发展的重要力量。我国是一个发展中大国，必须把创新驱动发展战略实施好。"④ "把创新摆在

①　《习近平在全国宣传思想工作会议上强调胸怀大局把握大势着眼大事努力把宣传思想工作做得更好》，《人民日报》2013 年 8 月 21 日。

②　《习近平谈治国理政》，外文出版社 2014 年版，第 208 页。

③　习近平：《在省部级主要领导干部学习贯彻党的十八届五中全会精神专题研讨班上的讲话》，《人民日报》2016 年 5 月 10 日。

④　《习近平主持召开中央财经领导小组第七次会议强调加快实施创新驱动发展战略　加快推动经济发展方式转变》，新华社，2014 年 8 月 18 日。

第一位，是因为创新是引领发展的第一动力。发展动力决定发展速度、效能、可持续性。对我国这么大体量的经济体来讲，如果动力问题解决不好，要实现经济持续健康发展和'两个翻番'是难以做到的。抓住了创新，就抓住了牵动经济社会发展全局的'牛鼻子'。"[①] 新发展理念所提倡的创新是全面的、彻底的创新。不仅是创新技术的开发、创新产品的制造等实践性的创新，而且包括理论的创新。"我们党之所以能够历经考验磨难无往而不胜，关键就在于不断进行实践创新和理论创新。"[②] 新发展理念实施效果的目的性最终指向协调、共享。新发展理念的提出是为了实现人的发展。"协调"理念意图协调各方关系实现更好的发展，是发展的方法指导和必由之路。只有实现各个发展领域的协调才能实现发展的顺利进行。"共享"理念旨在实现发展成果向人民的回归，真正实现发展的价值。"共享"理念是新发展理念的行动指南，同时是新发展理念的最终导向。发展成果为人民享有是发展的最终目的，也是评价发展理念科学性、评价发展成果价值的根本标准。新发展理念正是在"协调"与"共享"中最终实现自身的实效性。

第五，新发展理念更具世界性。中国作为世界上人口最多、国土面积位居世界第三、经济体位居世界第二的发展中国家，中国的发展问题对世界发展有着重要影响。随着经济全球化的发展，世界各国紧密联系在一起，中国发展离不开世界，世界发展也离不开中国。因此，新发展理念不仅注重中国自身内部的发展，更强调中国在世界范围内扮演的发展角色、实施的发展策略。

"开放"发展是新发展理念世界性的突出表现。"开放"发展是国家基于历史经验所得出的科学发展理念，是对当今世界发展的科学研判。"要发展壮大，必须主动顺应经济全球化潮流，坚持对外开放，充分运用人类社会创造的先进科学技术成果和有益管理经验。改革开放初期，在我们力量不强、经验不足的时候，不少同志也曾满怀疑问，面对占据优势地位的西方国家，

---

① 习近平：《在省部级主要领导干部学习贯彻党的十八届五中全会精神专题研讨班上的讲话》，《人民日报》2016 年 5 月 10 日。

② 《习近平在七大会址论党的实践创新和理论创新：永无止境》，新华网，2015 年 2 月 15 日。

我们能不能做到既利用对外开放机遇而又不被腐蚀或吃掉？当年，我们推动复关谈判、入世谈判，都承受着很大压力。今天看来，我们大胆开放、走向世界，无疑是选择了正确方向。"①"我国 30 多年来的发展成就得益于对外开放。一个国家能不能富强，一个民族能不能振兴，最重要的就是看这个国家、这个民族能不能顺应时代潮流，掌握历史前进的主动权。"②"开放"发展是审时度势后的科学判断，对于任何民族、国家而言，一味地逃避历史潮流，一味地闭关自守是落后的表现。当今时代是命运共存、深度交融的时代，人类不仅面对前所未有的发展机遇，同时面对前所未有的发展挑战，只有将人类的智慧聚集在一起才能够实现真正的繁荣。新发展理念敏锐的感知到这一点，以世界性的眼光审视发展道路，习近平总书记指出：我们要坚持对外开放的基本国策不动摇，不封闭、不僵化，打开大门搞建设、办事业。③ 新发展理念的"开放"并不是毫无防备地全面展开，而是以一种自知、包容、自信的姿态勇敢地迎接挑战。中国在改革中摸爬滚打，以摸着石头过河的方式建立起日益科学的发展认知，以一种大胆而安全的方式进行一种长期性的开放，改革开放只有进行时、没有完成时。④ 中国开放的大门不会关上。中国将在更大范围、更宽领域、更深层次上提高开放型经济水平。⑤ 新发展理念的世界性是为了实现互利共赢，是以人民利益为中心的全面开放，它突破了单纯的经济领域的开放，强调经济、文化等诸多领域的开放交流，将新发展理念的世界性推进更深的层次。

---

① 习近平：《在省部级主要领导干部学习贯彻党的十八届五中全会精神专题研讨班上的讲话》，《人民日报》2016 年 5 月 10 日。

② 习近平：《在省部级主要领导干部学习贯彻党的十八届五中全会精神专题研讨班上的讲话》，《人民日报》2016 年 5 月 10 日。

③ 《习近平同外国专家代表座谈时强调：中国是合作共赢倡导者践行者》，《人民日报》2012 年 12 月 5 日。

④ 《习近平在欧洲学院发表重要演讲在亚欧大陆架起友谊和合作之桥》，《人民日报》2014 年 4 月 1 日。

⑤ 《习近平同出席博鳌亚洲论坛 2013 年年会的中外企业家代表座谈》，《人民日报》2013 年 4 月 8 日。

三、"科学发展"语境下科学观念转型的特质

我国传统发展模式的理论基础是实用主义和功利主义，其特征是：以物为本、以经济增长为主、人与自然是相互对立的关系。实用主义和功利主义在促进了科技进步和物质世界的极大发展之后，也将人变成了可利用的工具，人被物化了，人的价值也被物的价值所遮蔽；在肯定和张扬人的核心地位的同时，也将人放在了征服者的地位，割裂了人与人、人与自然的相互关系。作为思维严谨、理论开放、实用性强的科学理论系统，科学发展观指导下的科学发展坚持人的尺度和物的尺度、工具价值和人的价值、真理原则和价值原则的辩证统一，这就要求我们树立一种更加全面、更加系统的统一科学观，把自然科学、社会科学、人文科学等方方面面的手段、方法、知识协调起来，为当代我国的科学发展提供严谨而周密的科学解释。

何为科学？我国历史上曾过分拘泥于"眼见为实"，狭隘地认为只有被实践经验证实的命题才是科学，而偏执地把人文社会科学排除在"科学"的范畴之外。近代中国，科学被当做"救亡保种"、瓦解封建礼教、腐朽文化的武器。新中国成立后、科学被当做振兴民族、改良社会的基础，多年来国人习惯从"工具"的角度理解科学，科学发展充斥着浓厚的实用主义和功利主义氛围。而21世纪以来，尤其是科学发展观的提出，人们对科学的认识发生了重大的转变。"科学发展观"融汇了人们对于社会、自然和人本身的综合认识成果，在人本、全面、协调、可持续等维度的高度统一中，赋予了科学概念更为全面而深刻的规定。在科学发展观的视野下，人们认识到：科学是一种综合知识体系，是科学方法、科学知识和人的活动三者的辩证统一；科学是对社会、自然和人类思维的规律及其本质的正确的理性认识方法；科学是向往未知、追逐"绝对真理"、善于求实、勇于创新的科学探索精神。可以说，"科学发展观"视野下的"科学"既是一种完备的知识体系，也是一种理性的认识方法，更是一种求实创新的科学探索精神。这是一种更加全面、更加理性的科学理解视角，是与新世纪我国的社会主义发展需求相契合的正确的科学观。

在新时代的新发展理念中,"科学"被置于"创新、协调、绿色、开放、共享"发展的视阈之下,体现了更强的系统性和更大开放性、包容性。在这里,人们必须对科学进行更加多元、更加统一的理解。人们在重视科学力量的同时,将科学放在适当的位置,不再盲目地视科学为至高无上的绝对权威。在关注科学本质、规律和方法的同时,人们能够关注科学自身蕴含的人文精神和道德意蕴。人们不仅能够正确处理科学发展与人的相互关系,而且能够将应用科学和理论科学置于同等的价值地位。在这个意义上,"科学"不仅仅指向科学本身的发展,而且更多地作为发展的限定词,指向一种发展的方向和发展的模式。当前的新发展理念作为科学发展的指针坚定地回答了中国特色社会主义应该是"什么样的发展"和"怎样发展"的根本性问题。

至此,我们便从历史和逻辑的双重意义上,看到了科学在中国的本土化进程的动态发展的历史实践过程。到今天,人们逐渐深刻地认识到科学在"创新、协调、绿色、开放、共享"发展中的重要地位,更加重视科学自身蕴含的深厚的人文关怀和价值意蕴,重视科学发展中真理原则与价值原则的辩证统一,将"人"的终极关怀,人的经济、政治、文化利益放在一个前所未有的高度。科学应当是科学知识、科学方法和科学精神三者的辩证统一。所以,我们在谋求科学发展方略的过程中应当遵循"以人民为中心"的根本原则和"创新、协调、绿色、开放、共享"的基本要求。在这一过程中,人们对"科学"的理解视角由实证科学逐渐向统一科学转换,体现了一种更加人性、更加多元、更加全面、更加开放包容的倾向。

第四章　科学观念在中国历史演进
的文化语境：内逻辑路径

　　中国科学观念转型的文化语境研究主要从"内逻辑"与"外逻辑"两条路径展开。"内逻辑"路径主要从"科学主义→科学主义反思→科学人文主义"的科学与人文之间的文化转型出发来寻求中国科学观念演进的文化动因。"外逻辑"路径关注的是中国近现代的各种文化思潮与科学观念转型之间的激荡与约束，诸如文化保守主义、文化激进主义、自由主义与科学观念历史演进的冲击与互动。这两条路径为中国科学观念转型提供了重要的文化语境。本章主要讨论内逻辑路径的展开。关于外逻辑路径的展开我们在第五章中详细讨论。

　　科学与人文之间的文化转型在现代中国经历了一个由科学主义及其批判，到科学人文主义趋向确定的过程。在这个过程中，我们看到了一个科学主义的文化场域。其中包含了救亡图存背景下的文化抉择、实用理性的文化传统、张力空缺的文化境遇、价值诉求的文化自觉等不同角度和不同层次的几个方面。在西学东渐中西方文化的强力冲击下，在西方科学技术的强势压力下，中国的国门被打开，中华民族处于危亡之际。"自强保种"、"救亡图存"便顺理成章地成了中国科学主义逻辑展开的独特的历史背景。经过了洋务运动、维新运动、新文化运动，科学在文化领域中完成了由器物层面的认知到制度层面和观念层面的认知的转变。在"救亡图存"的社会期望和社会背景下，"科学"一词迅速与"救国"联系起来，逐步成为中国人的价值权威，完成了艰苦卓绝的文化选择。而这个文化选择是有文化依据的，它与中国实用理性的文化传统密不可分。这种文化传统成为科学"舶来品"表象下实际的决定力量，是中国人对科学的文化抉择背后的文化根基。由于国人是在特殊的文化根基和特殊的历史背景下对科学主义教条来不及整合而匆匆接纳，致使科学主义在中国近乎平步青云地获得了权威的地位。与此相适应，它在中国的发展几乎一路畅通无阻，缺少必要的张力，显示出不同于西方科学主义的特殊发展境遇。在新文化运动中获得了权威地位的科学观念通过以一种与"民族的"、"大众的"并驾齐驱的新民主主义文化的姿态在实践之域传播和渗透，获得了更彻底的影响力。而且，这一过程中几乎没有反对的声音，堪称真正意义上的"普遍认同"。更重要的是，在上述三个方面中实际上隐含着一条贯穿始终的主线索，那就是中国科学主义在理论旨趣和社会期望上一直期冀于科学价值的诉求。这是国人在救亡图存的特殊背景下，怀着富国强民的急切社会期望，对引入的科学主义思潮在中国的文化机制和框架内进行整合、内化的结果。在当时特殊功利目的下，基于中国实用理性的务实传统，中国人是在"技"、"器"的物化形态上西化的企图失败后直接在价值层面上接受并弘扬科学主义的。科学的价值诉求"有利于使科学赢得民众，让社会来关注、扶持和支持科学……有利于促使科学同社会需要特别是生产密切联系起来，从而在推动经济和社会发展的同时，也促进科学本身获得巨大的推动力"。[1] 只不过，科学价值的泛化，可能导致科学的片面发展。因此，我们应该在全面地理解和把握科学价值及其社会功能的同时关注科学的精神资源、思想资源，尽最大可能地发挥科学带给我们福祉的方面。

在这个文化场域中，虽然科学在中国一路凯歌行进，不乏合理性，但对科学主义局限性认识的某种批判声音一直存在。对科学主义的批判主要包括四个方面，即理论视角的批判、社会文化批判、道德文化批判和生态文化批判。通过批判与反思，中国人在观念领域实现了对科学主义的超越。从最根本的意义上讲，科学主义无论导致上述哪个方面的诟病，最终都会导致人文关怀的缺失。人的目的和价值迷失对于人的自由解放和全面发展的最终目标

---

[1]　孟建伟：《功利主义和理想主义的张力——关于科学的动力、目的和社会价值问题的思考》，《哲学研究》1998 年第 7 期。

无疑是巨大的障碍。目前，关于科学主义的超越途径，公认的理想模式是融通科学精神和人文精神的科学人文主义。在这里，科学与人文之间在精神气质和发展机制方面的互生互动为科学人文主义提供了可能性。在主体沟通、文化教育、社会科学的发展、科学文化哲学的未来导向、生态文化和马克思主义的保障等方面存在着科学人文主义的实现平台。

第一节　科学主义的文化场域

中国科学主义是中西文化交流和融合的结果，它与西方科学主义一样包含着对科学价值的极端追求。只不过，在中国现代化转型的特殊情境中，西方科学主义的价值观与中国传统文化在特定历史时空内迅速契合，正好迎合了中国人救亡图存的价值需求，导致科学主义被赋予了急切的功利目的和社会期求。在功利与理想之间，在急迫的救亡图存期求中，国人来不及细细整合西方科学的复杂体系，便匆匆接纳了科学主义的教条，导致科学主义迅速地上升为中国人的价值权威。并在这种急速上升的过程中失落了科学精神，也同时失落了人文精神。在这个过程中，中国科学主义一直缺少逻辑严密的理论体系，它更多地在实践层面上发挥作用。其中交织着有别于西方科学主义的特殊的社会背景、文化根基、存在形态、发展境遇和价值诉求，展现出独特的文化场域。

一、救亡图存的文化抉择

西学东渐中，在西方文化的强力冲击下，在西方科学技术的强势压力下，中国的国门被打开。在中华民族的危亡之际，"自强保种"、"救亡图存"自然而然地成了国人普遍的社会期求。这便是科学主义在中国的独特的社会历史背景。这与西方科学主义作为理性主义逻辑展开的历史背景颇存殊异。

西方科学主义的观念与科学技术的成熟和发展是同步行进的，与西方近代自然科学迅猛发展的背景分不开。它实质是西方近代自然科学的发展成就所带来的观念领域里对科技价值的崇拜。正是依赖科学的力量，人类的认识能力和实践能力获得了巨大的发展。人类 200 多年来物质财富的积累超过了此前整个人类社会物质财富的总和。科技发展的成就颠覆了人类的生活方式和思维方式。人类倚仗科技这把利器无比豪迈地充当自然的主宰，从而导致人们对科学理性的坚定信心乃至对科学的极度崇拜。从伽利略和牛顿开始的自然科学观到科学和理性狂飙突进，在这三四百年的时间里，正是科学和理性推动了西方现代化的迅猛发展。可见，科学主义在西方是内生的，是科学理性自身内部发展的逻辑结果。而在中国，人们出于对科学的巨大功能的体认、抱着救亡图存的拳拳之心学习西方，这是个由外向内学习的过程，是由外向内学习的结果。也可以说，中国人从科学的结果学起的，出于特殊的功利目的未能真正理解科学本质和科学精神，而简单地引进了科学的理念，并把它作为民族复兴的工具。考察一下从鸦片战争到新中国成立的实际情况，我们发现，这种状态一直持续。

鸦片战争中西方列强的"船坚炮利"惊醒了沉迷在"中央大国"迷梦中的中国国民，开启了奋发自救的洋务运动。通过鼓励留学、发展新式教育、引进西方制造技术、翻译出版西书、兴建新式工业企业等多种形式和渠道，中国人开始广泛地接触西方的科学技术，"师夷长技"，对"器"的层面有着深刻的体认。随后，甲午战争又一败涂地，打碎了洋务运动技术救国的美妙梦想，30 年"师夷长技"的所有成果在与日本一役中被击得粉碎。国人不再从技术层面上寻求中西方差异的局限，而是积极地寻求深层的原因，把目光锁定在技术背后的科学学理和科学方法上，并对科学的价值表现出了浓厚的兴趣，产生了仿效的企图。此时，国人对科学的理解体现出了形上的意蕴，开始越来越多地对科学的价值意义有了深刻的体认。比如，维新思想家通过对洋务运动的反思，把科学视为包括自然科学、社会科学在内的知识体系。严复翻译《天演论》（而非《物种起源》）就是更关心物竞天择、适者生存的规律，"赫胥黎氏此书之旨，……且于自强保种之事，反复三致意焉"。① 康有为"泰西之所以富强，不在炮械军兵，而在穷理劝

---

① 孙应祥：《严复年谱》，福建人民出版社 2014 年版，第 82 页。

学",① 强调了西方强盛的原因不在技术这种物化形态，而在于"穷理劝学"，即科学学理和科学方法，并把科学方法上升到价值意义的层面。五四时期，科学以救亡图存的价值需求为依托，以启蒙的姿态获得了无上的尊荣。后来，毛泽东"自然科学是人类争取自由的一种武装"等论断中也包含了把科学作为民族解放斗争工具的意涵，体现了科学价值层面的追求。在"救亡图存"的社会期望和社会背景下，"科学"一词迅速与"救国"联系起来，失去了西方科学理性的原始意义。"科学理性"中更关键更本质的东西——"求真"的实质被掩藏殆尽了。

二、实用理性的文化传统

科学主义虽然以"舶来品"的姿态引入中国，但是如果脱离了中国深厚的文化根基，它是不可能在中国扎根的。这个文化基础必定是扎根于中国的文化传统，又与西方科学主义的实质性内涵和特点有着某种相通之处。经过仔细地审视和考察，在此可以断定：这个特殊的文化根基就是具有悠久历史的中国实用理性的务实传统。也就是说，科学主义在中国的生成是以千百年来扎根于中国传统文化中的实用理性为现实根基的。正是实用理性这个根基成就了科学主义在中国得以传播、盛行的思想基础。这个思想基础是一种源头活水，它为外来文化和学说在中国形成思潮提供了活的源泉。因此，实用理性的务实传统作为文化心理和思维定式在对外来文化的理解和选择中发挥了重要的引导作用。只不过，中西文化的差异也为中西科学主义的差异提供了必然的前提，两者之间存在着必然联系。与西方文化强调逻辑、分析，追求精确的文化特征不同，中国文化是偏重于强调感性、实用和意会的。这是中国科学主义有别于西方科学主义的文化基础。

江苏大学钱兆华教授就从文化基因的角度阐述了中西科学的差异。他断言，由于中国传统科学强调思维的整体性、注重思维的直觉性和意会性、喜欢走中庸，偏爱辩证思维、自然哲学贫乏、崇尚古人、权威，缺乏怀疑批判

---

① 汤志钧:《康有为政论集》，中华书局 1981 年版，第 130—131 页。

精神、迷信思想严重等文化基因要素决定了中国传统科学偏重于对自然现象的描述、偏重于经验总结、偏重于实用、偏重于用直觉和意会的方式理解问题、不重视对知识的检验和论证等特点。① 这样的分析和总结是非常全面和中肯的。钱教授又在另一篇文章中颇透彻地分析了西方科学的文化基因，并概括出了十个方面：（1）为了求知和摆脱愚昧而不是为实用目的，热衷于探索自然界的奥秘；（2）热衷于探索寻找自然现象背后的原因；（3）喜欢、擅长运用理性思维观察、分析和解决问题；（4）追求思维的严谨性、明晰性和精确性，注重对概念的严格定义；（5）相信世界是简单的、有序的、统一的，因而可以凭理性思维找到其中的规律；（6）具有强烈的怀疑和批判精神，喜欢标新立异，自创理论；（7）十分重视运用逻辑和实验方法对知识进行检验和论证；（8）具有一贯的"主客二分"传统；（9）重视个人自由和人与人之间的平等；（10）具有适宜西方科学生长的基督教等。②

　　这种比较基本上提供了一个全面的视角。它说明了扎根于中国文化基因中的科学主义无论多么受外来文化的影响，也必定存在着自身的特色，而这种特色恰恰可以在中西文化的差异中找到根源上的注脚。从这样的比较中，我们可以大体上了解到，中国人在看待自然的时候所持的基本方式和态度是内省的，中国人的价值是实现于心性之中的。这样的一种文化态度虽然距离近代科学理性甚远，但自从 16 世纪末传教士为中国知识界打开了西方知识的大门以后，科学本身的内容并没有受到抵制。17 世纪初年的一些中国名士攻击利玛窦，其重点也完全放在神学上面，而与其所介绍的科学内容无关。曾在西方引起极大震撼的哥白尼的"日心说"，对于中国人来说，只是提供了一种新的描述和计算方法。而达尔文的"进化论"所引起的社会震动，其意义也完全在于超出科学以外的内容。这种情形也说明了包括科学主义在内的西方科学文化被中国人接纳必定有其某种现实的根基。这个根基仍然是前面所论述的"实事求是""经世致用"的实用理性传统。中国实用理性实

①　钱兆华：《中国传统科学的特点及其文化基因初探》，《江苏大学学报（社会科学版）》2005年第 1 期。

②　钱兆华：《西方科学的文化基因初探》，《自然辩证法研究》2003 年第 8 期。

际上成了中西科学主义融合的合法性文化根基。正是因为两者的内在契合，西方科学主义才会在纷如烟云的各种外来文化和学说中备受国人青睐，在中国获得广泛传播和盛行的机会。正是基于实用理性的文化根基，科学主义在中国的文化合法性超过了其他西方思想。他获得了更多的认可和支持，并且在随后的百年发展中内化为中国的精神。

三、张力空缺的文化境遇

在特殊的文化根基和特殊的历史背景下，科学主义在中国近乎平步青云地获得了权威的地位。出场的特殊性也导致了中国科学主义特殊的发展境遇。与其平步青云的获得权威地位相适应，它在中国的发展几乎一路畅通无阻，缺少必要的张力。

在西方，科学与民主并行并进，科学主义与反科学思潮和反科学主义观念之间始终存在着一种内在的张力。科学主义始终都与反科学思潮和反科学主义观念相伴而行。比如：科学哲学内部的历史主义转向和后现代科学哲学对科学主义消解；科学哲学外部，从卢梭到托尔斯泰，都对科学带来的纸醉金迷的生活及与此并行的道德堕落进行指责，再到马尔库塞断言："现代社会中的非人道是纯科学中固有的。"[①]乃至法兰克福学派把科学技术视为意识形态，对其社会功能进行激烈的批判，以及后现代主义对科学主义彻底颠覆的企图，等等。这些都提供了反科学思潮的例证，人文思潮与科学主义抗衡。科学主义恰恰是在被质疑中不断地修改、完善自身来维系其理论的威力。

然而，在科学与民主的引进过程中发生了偏向科学的价值倾斜，关于这一点，金观涛和刘青峰用思想史考察的数据库方法把"科学"和"民主"二词在其过程中的使用频度作为参数，以检验新文化运动中普遍观念变化的有关论述。他们得出结论："在新文化运动中科学和民主虽然是新知识分子极

---

① [美] 莫里斯·戈兰：《科学与反科学》，王德禄、王鲁平等译，中国国际广播出版社 1988 年版，第 25 页。

力要推广的两种新观念，但实际上这两种观念却并不对等。'科学'被不同思想流派的知识群体共同推崇，一直是新文化运动中反迷信、反传统的符号，也是后来提出的新人生观的基础，成为建构新政治文化的要素；而'民主'不但使用频度相对较少，其价值也越来越受质疑。从这一结论来看整个20世纪的中国政治文化，也可以解释为什么此后民主和科学在中国现代观念中的命运如此不同，民主观念及相应的制度建设一直步履维艰"。① 在中国随后的100年发展过程中也多少可以看出这种价值倾斜的影响。

其至在新文化运动至新中国成立期间，在"救亡压倒启蒙"② 的背景下，科学主义一路畅通无阻。新文化运动中科学观念已经得到了普遍认同，并在认同程度上有超过民主观念的倾向。在作为新文化运动历史后果的"科玄论战"中科学派的胜利奠定了科学成为一种为所欲为的霸道，以一种绝对尊尚的姿态赢得了广泛的认同，确立了它的权威地位。随后的中国科学化运动和新启蒙运动中，虽然关于科学主义的系统理论比较少见，但是，在实践之域，科学观念却获得了更广泛的影响。科学观念通过科普组织和科普刊物不断地走向社会，被包括工农群众和儿童在内的广大民众所熟知和接受而获得了普及。在新民主主义文化中，科学观念更是以一种与"民族的"并驾齐驱的姿态傲然挺立在民族文化的纲领性口号当中。这样，通过实践之域的传播和渗透，科学观念获得了比此前新文化运动中通过学术精英们之间的论争而获得的权威地位要更彻底的影响力。而且，这一过程中几乎没有反对的声音，堪称真正意义上的"普遍认同"。

另外，还有一点非常重要，它也可以被视为中国科学主义在实践之域缺乏必要张力的原因。那就是，在西方，科学主义的信念是以科学进步为前提的，科学的影响、功能及其文化的、意识形态的力量与科学自身的成长进步是线性相关的。科学需要对自身的包括知识在内的价值作足够充分的说明，为自身的存在作辩护，之后才能被广泛接受。科学只有作为某种社会问题

---

① 金观涛、刘青峰：《中国近现代观念起源研究和数据库方法》，《史学月刊》2005年第5期。

② 李泽厚：《中国现代思想史论》，天津社会科学院出版社2003年版，第19页。

时，科学与社会的相互影响才会引起人文领域的关注。而在中国，这一点恰恰是反向进行的。在科学的发展还不足够成熟的时候，国人就已经从自身的社会危机和文化心态出发，先入为主，直接获得了关于科学的社会价值及人文价值的意义。与此同时，关于科学本身的内容和价值却少有理解甚至还不屑于进行讨论。比如中国科学社的《科学》杂志创办伊始，便明确表示："一切兴作改革，无论工、商、兵、农，乃至政治之大，日用之细，非科学无以经纬之故。"① 这样的宗旨实际上就是一份科学主义宣言。此后，科学主义思潮虽常有起落，但大体上是循着这条路线演进变化的，它更多地被引向社会政治，而少有实际科学的导向。

当然，这离不开对中西科学的发展道路和成熟程度的思考。科学在中国获得传播的这种独特的社会过程是无法用西方的历史来简单类比，而是必须求证于中国社会的近代历史变迁。这种科学主义并没有如西方那样与自然界成功作战的历史经验和理性信念为基础，而直接架构于近代中国救亡图存的意识形态之上。科学主义在中国的这种特殊境遇是西方所未见的。

四、价值诉求的文化自觉

在前面三点论述中，我们隐约可以感觉到：在前述三点中实际上还是隐含着一条贯穿于其中的主线索，那就是中国科学主义在理论旨趣和社会期望上一直期冀于科学价值的诉求。

对于科学主义理论大厦的逻辑体系，笔者在《科学主义的价值之维》一文中已明确断言："认识论的基础主义是科学主义的信念基础，正是在如此追求和坚信确定性的根基上，实验、逻辑、数学等科学方法才有了外推的理由，科学方法的万能导致了人们对科学价值充满信心。由此，科学就变成了能够解决人类所面临的一切问题的（包括人生观问题）法宝"。② 在科学主义的价值诉求这一点上，中西科学主义是存在相通之处的。只不过，在

---

① 樊洪业、潘涛、王勇忠：《任鸿隽传》，中国人民大学出版社 2014 年版，第 25 页。

② 李丽：《科学主义的价值之维》，《北方论丛》2007 年第 2 期。

西方，科学主义确立这个理论体系的过程是循序渐进、逻辑严密的。"逻辑实证主义者不仅完全用逻辑的、实证的观点来审视科学，而且也完全用逻辑的、实证的观点来审视整个文化，企图构建'科学的科学'，拒斥形而上学"。① 以这种认识论基础主义的信念为基础，科学方法的功用价值上升到甚至能够解决一切社会问题和人生问题的地位上。人们坚信，社会生活必将会在科学理性的法则引领下一步步地走向美好和辉煌。

而在中国，科学主义是在救亡图存的特殊社会背景下，人们怀着富国强民的急切社会期望，对西方的科学主义思潮在中国文化机制内进行整合，实现内化的结果。基于特殊的功利目的，加之实用理性的惯性使然，国人在"技"、"器"的物化形态上西化的企图失败后几乎是直接在价值层面上接受并弘扬科学主义的。这点也与西方循序渐进的逻辑体系有着较大的不同，急切的功利目的使得中国人对科学主义的理论逻辑本身少有深思，越过了信念基础和方法外推这两个逻辑的铺垫阶段。这直接导致随后的理论弱显局面，出现了各种不同的问题。曾经，我们越是呼唤科学精神，科学精神就越是呼之不出，而同时人文精神也随之失落。但是，无论如何我们也不能否认中国人在接受科学主义之初是抱有非常美好的愿望的，他们关注的是科学的功用价值为西方国家带来的福祉，企图使这种福祉同样波及中国。

平心而论，科学的价值诉求对科学的崛起乃至社会经济的进步都起到了巨大的推动作用。它无疑有利于使科学赢得民众，与社会生产密切关联，从而在获得经济和社会发展的同时，也大大发展了科学本身。首先，不管中国这个泱泱大国曾经有多么辉煌的技术史，也不管对近代中国科学相对落后的原因有过多种不同的解释，近代中国的科学相对于西方的落后却是不争的事实。诚然，中国近代较西方整体落后有着深层次和多层面的原因，文化的、制度的、抑或历史的，但是直观上能给国人直接启发的可能首属科学技术方面的了。从科学技术入手展开振兴中华之路，即使是治标不治本，它的作用

---

① 孟建伟：《对科学的人文价值的忽视——逻辑实证主义的科学观及其缺陷》，《北京行政学院学报》2000 年第 4 期。

和能量也不能低估。因此，大力倡导科学主义信念，强调科学的价值诉求，至少会在尽可能短的时期内让科学这个外域文化进入广大中国民众的视野，唤起全社会的科学研究之风，尤其是决策机构对发展科技的高度重视。其次，在科学的价值获得广泛的认可之后必定会对科学技术的发展付诸实施。通过生产领域让科学技术充分实现物化，真正转换成国计民生的重要物质基础。最后，科学属于文化范畴，在大力发展科学的时候，文化问题的思考也必然会进入人们的视界。因此，科学技术的发展必然会带来价值观和发展观的转变。实际上，如果能够在文化和制度的层面上贯彻科学的价值和精神的话，通过科学达到发展"治本"的目的就不是一句空话。社会领域中的所谓"问题"就会减少，社会的和谐度也自然会相应提高。

只不过，科学价值的泛化，可能导致科学的片面发展。因此，我们不仅仅要全面地理解和把握科学价值及其社会功能，更重要的，我们应密切关注科学的精神资源、思想资源，尽最大可能地发挥科学带给我们福祉的方面。

不能否认，社会特殊历史条件的限制（而不是理论精英的素养造成）使得中国科学主义在理论之域被架空了，却在实践之域或隐或显地起着无法回避的作用。尽管没有西方科学主义那样完善的理论形态和逻辑体系甚至是组织派别，但中国科学主义实际上是默认了西方科学主义的信念基础和科学方法外推的原则，以一种更直接的方式体认和弘扬科学主义的价值指归的。对科学的价值诉求成了国人自始至终孜孜以求的理论旨趣和社会期望。这恰恰反映了国人的文化自觉。

第二节　科学主义的文化批判

在科学凯歌行进的过程中，对科学主义局限性认识的某种批判声音一直存在。而且当前这种批判的声音喊得异常响亮。要批判科学主义，就首先要对科学主义进行分析、进行合理的评价，有的放矢。对该批判什么，该超越什么做到心中有数。陈其荣教授在《科学主义：基本特征、合理性和局限性及其超越》一文中对科学主义做了全面的讨论，为笔者在思考科学主义评价问题时提供了借鉴。在此，笔者认为，科学主义对工具理性的极端推崇导致对自然缺少人文关怀，从而引发了一系列全球性问题。诸如，人与自然领域中的环境污染、资源枯竭、气候变异、生态失衡；人与社会关系领域中的贫富分化悬殊、社会结构失调等；人的精神生活领域中的拜金主义和道德滑坡、人性扭曲等。所以必须对科学主义加以有力反思和批判以便更好地弘扬科学精神、坚持以人民为中心，使科学技术和社会走向良性发展的轨道。

尽管科学主义曾经在科学发展的特定历史阶段上不乏合理性，但是自从 20 世纪 60 年代以来，人们对科技有了更深刻的认识，尤其是基于生态和伦理的考虑，更进一步展开了对科技的批判性思考，导致了人们对科学主义局限性认知的深入和拓展。而对科学主义局限性的认知必然导致对科学主义批判的浪潮。事实上，即使是在大多数人对科学最为狂热迷恋的时候，也仍有一些清醒地看到其局限性并对科学保持一种谨慎和批判的眼光。对科学主义的批判是伴随着科学主义发展的整个过程的。到目前为止，对科学主义的批判主要包括四个方面，即理论视角的批判、社会文化批判、道德文化批判和生态文化批判。理论视角的批判是通过揭露科学主义的理论本身的局限性进行批判的；社会文化批判主要讨论科学主义所导致的科学精神的失落，即："赛先生"以对社会生活全面的独断态度淹没了"德先生"的价值，在对自由和宽容的丧失中失落了科学本身，科学主义的盛行也导致了对人性的压抑；道德文化批判主张科学主义以自然法则取消人类的价值判断与道德批判，以必然性取代了人的自由意志，剥夺了人对自身的终极关怀的权利；生态文化批判主要是通过以技术的应用为中介的科学主义与生态危机的渊源展开批判的。这些批判体现了当前人们对科学发展的深刻认识，对科学主义的深沉省思。众学者都企图通过对科学主义的反思而寻求更优越的超越途径。这是对科学与人的生存之间关系的全面反思。

一、科学主义的理论限度

尽管科学主义在发展过程中经历了凯歌行进的辉煌，但是科学发展所显露出来的弊端渐渐暴露出科学主义的局限性。这种局限性使得人们对科学主义的信仰遭到怀疑和动摇。"科学主义与科学世界观——无论是实证主义还是马克思主义的——不再是普遍的决定意识的东西，也不再是事物的准则与世界观标准。"①

第一，科学主义舍弃了主体的生命，忽视了科学之可能性和有效性的先验条件。科学主义明确宣称"拒斥形而上学"，强调客观性和逻辑性，坚持以可证实性原则作为意义标准来排除既不能证实也不能证伪的"毫无意义"的形而上学。事实上，科学是主客体相互作用的过程和结果，科学主体的前见、主旨、意向以及生活世界等要素，在科学创造中发挥主导作用，不仅如此，它们还是科学之所以可能的先验条件。正如康德强调的，自然科学以形而上学为先决条件。但是，科学主义观念却忽视了这一点，它排斥与科学创造密切相关的主体经验，挖掉了作为生命主体人之存在的决定性要素——文化的相关内涵。这必然导致科学主义中人文关怀一极的忽视，为人的发展带来桎梏性消极影响。

第二，科学主义把科学的价值和效用普遍化、教条化和偶像化，企图把科学观念、方法、模式无条件地应用于任何一个领域和时代，显示了君临一切的傲慢姿态。事实上，尽管科学自身真理性的光辉成就具有持久的价值，但这绝不意味着一切科学观念、科学方法和科学模式可以无限制地外推。而科学主义却把自然科学的一般有限原则无限地推广和转换，并用来规范人文科学和社会科学，似乎忽略了理性的限度，企图消解科学的负面效应。实际上，如果丧失了人文关怀，迷失了方向，科学发展有可能成为毁灭人类自身的异己力量。

第三，科学主义注重客观性和逻辑性，强调工具理性，忽视价值理性，造成人文关怀的缺失。"工具理性本质上是一种技术理性，以自然科学的定量化、形式化和逻辑分析为方法论基础，严格区分事实与价值，单纯追求工具化的实用目的和控制手段，强调数学上的可计算性、逻辑上的形式化和机

① [德] 彼得·科斯洛夫斯基:《后现代文化——技术发展的社会文化后果》，毛怡红译，中央编译出版社 2011 年版，第 38 页。

械上的可操作性，力求合乎理性地控制所有事物，而对其所追求的目的本身则不加反省"[1]。而价值理性是在某些特定的价值理念下来审视行为的合理性。在价值理性视野中的世界是一个人文的世界，是以"合目的性"形式存在的意义世界。价值理性关注价值和意义的追问，因此，人的终极关怀成为价值理性的重心。诚然，工具理性是通向社会理想的必经之路，但是不是唯一道路。如果科学主义所强调的工具理性不加批判地扩张，或企图替代价值理性，就会使本来追求真理、创造福祉的科学陷入消极的、邪恶的目的，走向了自己的反面。

二、社会文化视角的批判

从社会文化视角批判科学主义与 20 世纪的现代危机有关。一般认为，20 世纪是现代危机空前严重与爆发的时代：两次世界大战、经济危机、民族残杀、生态危机、精神信仰虚无化等。这些危机在根本上由社会制度造成，而科学主义也正是在这样的背景下恶化了科学的负面性并成为构成危机的一个重要的文化根源。科学主义对理性极端推崇，以经验证实为原则，把科学方法当作唯一正确有效的方法，并且把科学的原则和方法无限外推，应用于整个人类社会。这种极端化的价值观念带来对人文精神的漠视、科学精神的缺失，必然导致对人性的压抑。

在中国特定的社会语境中，在市场经济中实利主义泛滥、理想泯灭的背景下，人文精神必然地进入人们的视野，成了时代应运而生的产物。它强调一种基于人之为人的哲学反思的批判精神，强调一种自由的精神。科学精神是坚持和实现科学观念的一种勇气，强调坚持真理、坚持正义。科学精神主要包括求实、怀疑和创新的精神，其核心是一种批判的精神。说到底，科学精神与人文精神一样，都是一种自由的精神。而科学主义追求价值极端化的教条，必然泯灭科学精神和人文精神中的自由。这一点，爱因斯坦深有体悟："你们只懂得应用科学本身是不够的。关心人的本身，应当始终成为一

---

[1]　陈其荣：《科学主义：合理性与局限性及其超越》，《山东社会科学》2005 年第 1 期。

切技术上奋斗的主要目标；关心怎样组织人的劳动和产品分配这样一些尚未解决的重大问题，用以保证我们科学思想的成果会造福于人类，而不致成为祸害。在你们埋头于图表和方程时，千万不要忘记这一点！"① "我们切莫忘记，仅凭知识和技巧并不能给人类的生活带来幸福和尊严。人类完全有理由把高尚的道德标准和价值观的宣道士置于客观真理的发现者之上。在我看来，释迦牟尼、摩西和耶稣对人类所作的贡献远远超过那些聪明才智之士所取得的一切成就。"② 可见，但凡伟大的科学家都不是科学主义者，他们深谙科学的限度。

科学主义对自由的泯灭更深刻地体现在其对人性的压抑上。这种压抑主要表现为：受近代力学扩张的影响，人被机械化了；在把自然科学推及人类时形成的社会达尔文主义的影响下，人被自然本能化了；在近现代科学的学科分化和生产分工的影响下，整体人性被分裂和片面化了。如此种种现实人类已有察觉了。比如马尔库塞认为，科学与技术作为意识形态，具有明显的工具性和奴役性，发挥着统治和奴役人的社会功能。他说："科学凭借它的方法和概念，已经设计并促成了一个领域，在这个领域中对自然的统治和对人的统治仍是联系在一起的。"③ 尼采也对科学全能观进行了全面批判。他认为，科学理性存在极限。科学不能解决人生问题，它"缺乏爱，也不懂得任何不满和渴望的深情"。④ 而且，科学理性源于非理性，后者是前者的发生基础。在人文主义思想家看来，科学主义深刻地改变了社会与人类生活，而与此同时，也使人陷入异化之中，压抑了人性的自由。

在中国，尽管实际情况与西方思想家眼中的"异化"有诸多差别，但是五四以来，科学主义排斥人文精神、人文价值，否定主体性。在这样的路向

---

① 《爱因斯坦文集》第 3 卷，许良英、赵中立、张宣三编译，商务印书馆 2010 年版，第 89 页。
② [美] 海伦·杜卡斯、巴纳希·霍夫曼：《爱因斯坦谈人生》，高志凯译，世界知识出版社 1984 年版，第 61—62 页。
③ [德] 赫伯特·马尔库塞：《单向度的人》，张峰译，重庆出版社 1988 年版，第 141 页。
④ 《尼采全集》第 1 卷，中国人民大学出版社 2013 年版，第 453 页。

中，当初的马克思主义者遵循科学主义原则来理解和解释唯物史观，也是把科学主义的方法作为宣传马克思主义的主要手段的。比如瞿秋白断言："社会发展之最后动力在于'社会的实质'——经济；由此而有时代的群众人生观，以至于个性的社会理想；因经济顺其客观公律而流变，于是群众的人生观渐渐有变革的要求，所以涌出适当的个性，——此种'伟人'必定是某一时代或某一阶级的历史工具。"[①]　在这里，瞿秋白主张人类的活动和思想取决于历史规律和经济的决定，对马克思的唯物史观作了机械的理解。在这样的历史观导向下，有可能忽视和压制个性的发挥。新中国成立以后"大跃进"、人民公社、"文化大革命"等政治运动中"左"的思潮就是在这样的历史观导向下取消人的主体地位的。

改革开放以来，呼吁民主自由，提倡主体性，恢复和发展科学精神成了时代的课题，科教兴国已经成为基本国策。但是，科学精神的普遍确立还有待时日，而且人文精神的确立也同样是棘手的问题。动辄用意识形态教条以最高科学的名义来否定科学精神，违背事实的事情还时有发生。这一切都与科学主义的文化根源有关。

三、道德文化视角的批判

科学主义极度推崇理性，弘扬科学的至尊地位，贬低人的价值和尊严，片面强调知识就是力量。科学主义引发的对工具理性极端推崇的态度，导致人类在对科学技术的研究和发展中遭遇到了深刻的矛盾。科技革命在创造了巨大物质文明的同时，其自身所强调的工具理性对自然缺少人文价值关怀，从而引发了一系列全球性问题。其中，在人的精神生活领域，拜金主义、道德滑坡、人性扭曲等现象盛行。

鉴于上述背景，道德文化视角的批判是从科学主义以自然法则取消人类的价值判断与道德批判，以必然性取代了人的自由意志，剥夺了人对自身的终极关怀的权利着手展开的。这与社会视角的批判存在着问题域的交叉。只

---

① 《瞿秋白文集：政治理论篇》第2卷，人民出版社1988年版，第308页。

不过，这一视角是着眼于科学主义对伦理道德的某种程度的消解，导致科学与伦理道德之间的某种程度的冲突。

早在 18 世纪中叶，法国启蒙思想家卢梭首先对科学提出了道德诘难。他在《论科学与艺术的进步是否有助于敦风化俗》中从"反归自然"的观点出发，把科学、技术与道德对立起来，认为人的感情和大自然紧密相连，科学和艺术的发展会使人失去自然天性，灵魂被腐蚀，趣味低劣。他认为，没有科学的古代社会虽是粗犷的，但却是自然的，人们富有安全感，从而避免了罪恶，科学污染了人类的道德，所以并没有导致社会进步。[1] 20 世纪初，俄国作家托尔斯泰目睹科学给西方上层社会带来纸醉金迷的生活，与此并肩而行的是道德的堕落，他问道："人们希望科学教给他们如何生活，如何同家人、邻居和外国人相处，如何在感情的交战中把握住该相信什么和不该相信什么，以及其他更多的东西。但是科学把这一切告诉人们了吗？"[2]

尽管已经发生了完全不同的时空变换，时代的背景和社会条件都今非昔比，但思想家们的上述这些疑问在当下的中国同样适用，他们所思考的问题在当下的中国同样存在。中国的精神领域深受科学主义的影响，科学精神与人文精神分隔，并导致普遍的价值危机。这足以引发我们的反思。在人类社会的发展历程中，任何一种精神的缺失都会造成人类社会发展的失衡、失序。早在 20 世纪上半叶，学衡派诸成员就受到了白璧德的新人文主义的影响，认为科学技术的高速发展，科学主义思潮的盛行，造成了人文精神失落与颓败。要扭转这一悖逆的趋势，必须回归人文主义。21 世纪，在各种各样的全球性问题尚未解决的背景下，科学精神与人文精神在新世纪的融合成为无比迫切的课题。只有科学精神才能引导科学技术获得持续的进步，继而在物质上为人类的幸福生活提供保障；而科学技术是在人的掌控之下展开的，他只有在高尚的人文精神的导引下，才会发挥出积极正面的效应，降低

---

[1] 北京大学哲学系外国哲学史教研室：《十八世纪法国哲学》，商务印书馆 1979 年版，第 145—150 页。

[2] [美] 莫里斯·戈兰：《科学与反科学》，王德禄、王鲁平等译，中国国际广播出版社 1988 年版，第 28 页。

负面影响，从而真正造福于人类。

四、生态文化视角的批判

生态文化视角的批判主要是反对无休止地发展科学技术用以开发能源、消耗资源、牟取暴利，以免制造污染，破坏生态平衡。这种批判是通过以技术应用为中介的科学主义与生态危机的某种渊源展开的。

科学把自然对象作为客体资源，科学主义将其衍生为人役自然的信念。这一信念从根本上支持着现代人类从自身的利益出发，开发与占有自然，必然地引发了生态危机。20 世纪自然生态危机表现为不可再生性资源（石油、煤矿、原始森林等）被采伐过度、自然物质污染破坏（水质恶化、臭氧层破坏等）、自然界大系统有机均衡失调（物种减少与灭绝、生态链失调乃至中断等），等等。人们往往把这种恶果归咎于早期工业生产方式，所幸的是，不久，人们就认识到了科学主义在深层观念引导上远远甚于特定生产方式的危害。到了 20 世纪 60 年代，人类便开始了对科技发展的伦理反思，经过了一个逐步成熟的演进过程，形成了可持续发展观念，标志着对科学主义进行生态视角的反思初结硕果。

首先吹响号角的是美国海洋生物学家蕾切尔·卡逊（Rachel Carson）。1962 年，她调查和研究了化学杀虫剂 DDT 对环境造成的危害后，出版了《寂静的春天》。她痛心疾首地呼吁，人类对自然的驾驭和索取应该适可而止。这无异于晴天霹雳惊醒了尚处在迷梦中的人们，引发了人类对环保问题的思索。随后，资源、环境、人口等相关"人类困境"的问题吸引了众多的研究者。其中，罗马俱乐部的研究成果最引人注目。1972 年，罗马俱乐部完成了一篇题为《增长的极限》的研究报告。报告中，他们确定了 5 个关乎人类命运的参数：人口、工业、粮食、不可再生的自然资源和污染。他们呼吁：地球资源是有限的，人类的活动必须适可而止，如果不自觉地抑制增长，人类将面临彻底的崩溃。这就是著名的"零增长"理论。该理论同样引起了爆炸性的反响。同年，斯德哥尔摩联合国人类环境会议上，《只有一个地球》呼吁人类应该保护地球，让它不仅现在适合人类生活，将来也适合子孙后代居住，初现了可持续发展理论的雏形，把这个理念推向了一个新的高度。1987 年的世界环境与发展大会《我们共同的未来》的主题报告中，可持续发展的概念被正式确立，并明确规定了其"既满足当代人的需要，又不损害后代人满足需要能力的发展"的意涵。

自卡逊开始到可持续发展理念的确立，这个过程彰显了人类对于自身发展观念的变化轨迹：由单纯强调经济增长转变为注重社会综合发展，由破坏生态环境的发展转变为注重可持续发展，由以物为中心的发展转变为注重人的全面发展。可持续发展观为当前的新发展理念提供了重要的思想基础，也是新发展理念的基本内容。在这样的视野中，科学主义的偏颇之处一定有可能得到避免和纠正。

在此，必须强调，科学技术在发展的过程中逐渐暴露出了各种各样的矛盾，危及人的生存本身，因此，对科学主义的批判和冷静审视势在必行。但是，在批判科学主义的时候，我们也必须注意一些分寸和基本的原则。否则，我们对科学主义的批判就会走向另一个极端。

首先，我们应该区分对科学主义的反叛和对科学的反叛，不能把二者混为一谈。科学主义追求科学原则的绝对化、科学方法和科学价值的极端化。科学主义是人们对科学（和科学精神）的一种态度，不等同于科学本身，甚至会在特殊的条件下走向科学（和科学精神）的反面。人们对科学的批判基本上是基于对科学技术应用的后果的批判，而对科学主义的批判则复杂得多，不仅涉及科学主义的后果，也涉及科学主义理论本身。当我们真正进入科学主义和科学的评价的时候，不能简单地对两者的"好坏"作出直观线性评价。或者说，二者无法简单地用"好坏"概而论之。我们在评价和反思科学和科学主义的时候，应该秉承历史主义原则，在特定的时代背景和历史条件下加以客观分析，否则作出任何评价可能都会有失公允。

其次，避免在批判科学主义的同时消解科学主义曾经的贡献。不管我们从哪个角度批判科学主义，也不管我们对科学主义的批判多么全面和透彻，我们都应该时刻秉持一副清醒的头脑。那就是，我们要更多地努力避免科学主义的独断和教条，因为这些教条已经成了社会和谐发展的桎梏性观念。只有打破这些桎梏才能更好地确立有利于建设和谐美好社会的科学观念。但是，历史地看，我们不能否认科学主义的观念本身一度起到的巨大作用，它曾经为人类作出了宝贵的贡献。无论是对物质财富的迅速积累，还是对思想启蒙的推动作用，抑或是它本身所秉持的那种"统一科学"中所包含的科学人文融合的客观根基，这些都是我们在过去、现在、抑或将来不应该忽视或无视的要素。否则我们的批判就不会达到理想的效果，即：培育真正的科学精神，从而彻底地实现人的全面发展。

第三节　科学人文主义：文化融合

对科学主义的剖析与批判并不是最终的目的。我们正是企图通过科学主义的剖析和批判而达到一种新的超越。从前面对科学主义的批判中可以看出，科学主义对理性的绝对肯定而忽略科学主体的前见、主旨、意向，重视工具理性而忽视价值理性。不管它是导致了对人文精神的漠视、科学精神的缺失、对人性的压抑、伦理道德的退步，还是导致了生态危机，从最根本的意义上讲，它都会导致人文关怀的缺失。而人类的目的恰恰是人本身，指向的是人的自由解放和全面发展。因此，超越科学主义，必须强调关注价值理性的人文主义，使人文主义成为引领平衡发展的基础性的一极。目前，对科学主义的超越途径的寻求来说，公认的理想模式是融通科学精神和人义精神的科学人文主义。笔者对此深表赞同。因为科学与人文之间在精神气质和发展机制方面的互生互动为科学人文主义提供了可能性。在主体沟通、文化教育、社会科学的发展、科学文化哲学的未来导向、生态文化和马克思主义的保障方面采取积极的举措，为实现科学人文主义提供了现实平台。

一、何为科学人文主义？

科学人文主义源于萨顿的"新人文主义"。他首倡的"新人文主义"标志着科学人文主义思潮的兴起。萨顿毕生从事科学史研究和教学，其思想的核心就是新人文主义，强调应从历史的角度分析文明的发展，理解人类的共同进步。从哲学的角度理解科学的本质及深层含义，进一步解开科学、自然、人类的统一性。他在《科学史和新人文主义》一书中对新人文主义作了明确的界定："新人文主义"是建立在"人性化的科学——之上的文化"，"它赞美科学所含有的人性意义，并使它重新和人生联系在一起"① 他强调："无论科学可能会变得多么抽象，它的起源和发展的本质都是人性的。每一个科学的结果都是人性的果实，都是对它的价值的一次证实。"② 他在另一部著作中更积极地呼吁："我们必须使科学人文主义化，最好是说明科学和人类其他活动的多种多样关系——科学与我们人类本性的关系。这不是贬低科学；相反地，科学仍然是人类进化的中心及其最高目标；使科学人文主义化不是使它不重要，而是使它更有意义，更为动人，更为亲切。"③ 只可惜，萨顿这样深刻的见解很长时间都没能引起足够的重视。只有为数不多的人对此进行了进一步的探讨。大卫·格里芬主张整体有机论的科学观，强调社会秩序和自然法则的统一，极力倡导生态自然观，"以达到真理与价值、科学与人文的协调统一，亦就是达到科学人性化的理想与目标。"④ 波兰尼通过对实证主义科学观的批判得出了根本不同的结论：自然科学与人文科学一样，实质上是一种人性化的科学。他的"默会理论"强调在非言传性的"默会知识"中科学与人文是相通的。他坚信：科学乃至一切知识都无法回避主体性，具有"个人知识"的意蕴。因此，科学和人文两者的意义都是人类赋予的，并不存在孰优孰劣的问题。这样，他深化和发展了萨顿的理论，在科学与人文沟通的渠道上打开了深入发展的空间。科学史家瓦托夫斯基也坚持对科学的"人文主义理解"，认为科学哲学的目的和任务就是寻求"科学的"与"人文的"两种文化之间的联系。他说："哲学如果不致力于寻求首尾一

① ［美］乔治·萨顿：《科学史和新人文主义》，陈恒六、刘兵、仲维光编译，华夏出版社1989年版，第125页。
② ［美］乔治·萨顿：《科学史和新人文主义》，陈恒六、刘兵、仲维光编译，华夏出版社1989年版，第49页。
③ ［美］乔治·萨顿：《科学的生命》，刘珺珺译，上海交通大学出版社2007年版，第57页。
④ 黄瑞雄：《两种文化的冲突与融合——科学人文主义思潮研究》，广西师范大学出版社2000年版，第155页。

贯性，不致力于把我们在这一领域的知识与其他领域的知识综合起来，那它就无存在的必要了。"①这样的论断无疑都表明了与科学人文主义在内涵和方向上某种一致性。

这样，我们就根据新人文主义学者的主张，在马克思主义视域中总结和概括出科学人文主义的内涵和实质。即：科学人文主义不是科学主义与人文主义的机械相加，它恰恰是以科学精神为基础，以人文关怀为价值指归的一种哲学理念。这样，它就既可以超越科学主义的局限，也可以为人文主义提供现实的根基。可以说，它是科学主义和人文主义融通的理想境界。

二、科学人文主义何以可能？

科学人文主义何以可能？陈其荣教授的《科学技术哲学导论》（复旦大学出版社 2006 年版）中在科学与人文的融合的现实根基里找到了这个问题的一个颇有说服力的答案。自然科学与人文社会科学汇流发展的趋势，为科学与人文之间相互了解提供了有利的机会，增强了相互之间的对话。19 世纪中叶，自然科学与人文科学、社会科学就出现了相互结合的趋势。这种趋势到了 20 世纪初期又有所发展。列宁把这种趋势叫做"从自然科学奔向社会科学的强大潮流"。他指出，这个潮流在马克思时代已经存在，"到 20 世纪，这个潮流是同样强大，甚至可说是更加强大了"。②当前，自然科学和人文社会科学之间存在着互相走向对方的潮流。如自然科学中的"熵"、"信息"、"反馈"等概念应用到经济学，把力学的"惯性"概念引入社会学，把电学中"阈"的概念引入感觉、知觉范畴，把控制论的基本原理与方法引入现代管理、人口研究、货币控制等。至今，自然科学中的假说、类比、模拟等方法仍然作为人文社会科学研究普遍使用的方法。与此同时，人文、社会科学的概念、理论和方法也在不断渗透到自然科学。例如，经济学关于经济效果的理论和方法正在用于自然科学和工程技术的评价问题，语言学关于自

① ［美］M.W. 瓦托夫斯基：《科学思想的概念基础——科学哲学导论》，范岱年等译，求实出版社 1989 年版，第 13 页。

② 《列宁全集》第 25 卷，人民出版社 1988 年版，第 43 页。

然语言的构造和规律对于设计电子计算机的程序语言起了重要的参考作用。由于自然科学与人文社会科学相互吸取概念、理论和方法，在它们之间涌现出了一批综合学科，如思维科学、行为科学、生态科学、环境科学、空间科学等。可见，科学与人文正在新的社会背景下走向文化融合，对立和冲突逐渐减弱。

沈铭贤、王淼洋则在文化视角中提供了另外一种答案。他在《科学哲学导论》一书中指出，科学文化与人文文化"是两种不同的却又都是必要的文化。……科学文化的兴起，弥补了人文文化对自然研究不足的缺陷，同时充分显示了人类理性思维和改造自然的伟大力量。人文文化则展示了人性的尊严和价值，是对科学文化的必要补充和引导"。[1] 通过当代人道主义与科学共同的出发点和归宿点——人，看到了两种文化结合的曙光。继而断定：这种结合的中介机制便是已经介入科学哲学的价值。"这意味着价值是联系科学文化和人文文化的桥梁或渠道，既引起科学文化的价值标准的变革，也引起人文文化的价值标准的变革，使两者相互适应。在科学文化的价值天平上，加上人道主义的砝码，使之披上温情脉脉的面纱，放射出灿烂的人性的诗意的光辉。在人文文化的价值天平上，加上科学理性的砝码。使之充满现实的力量，而不致成为虚幻的空谈"。[2]

上述两位专家的阐释都切中要害，准确地把握住了科学人文主义的可能性问题。在此，笔者认为，尽管现实中科学与人文之间存在着鸿沟，很长时期内处在对峙的局面当中，但是本质上和从长远上来看，科学与人文之间存在着共生与互动的特质，为科学人文主义的实现提供了坚实的基础。

首先，科学中内蕴着人文意义。科学是一种文化，这已经是公认的观念。因为科学的发展必须借助于相应的人文文化背景，并且科学探索过程中伴随着理想、境界、意志、兴趣甚至激情等人文要素。也就是说，在理性和逻辑的背后却有着深刻的人文动因。而对于科学与人文的深刻关联而言，反

---

① 沈铭贤、王淼洋：《科学哲学导论》，上海教育出版社 1991 年版，第 368 页。

② 沈铭贤、王淼洋：《科学哲学导论》，上海教育出版社 1991 年版，第 372 页。

之亦然。科学领域的革命，往往是思想解放的先导。科学的发展，不断地改变人们的精神和道德面貌。因此，科学也具有深刻的精神意义，科学的自由探索、勇于批判、大胆创新和严谨求实等精神包含着精神自由、想象力追求、严谨气质和道德价值等人文要素。为此，孟建伟教授指出，"我们不能将科学精神简单地归结为所谓'追求纯粹的客观性、确定性、严密性和精确性'的实证精神。应当看到，实证精神只是科学精神当中的一小部分或一个侧面，而且即使是实证精神也具有重要的人文意义。因为追求客观性、确定性、严密性和精确性的实证精神本身也表达了人类的一种崇高的理想、追求和精神境界"。① 这里强调的恰恰是科学中内蕴着人文意义的实际情形。

其次，人文文化为科学发展确定目的和导向。人文意义和人文价值对于人的生存、发展、自由和解放具有终极的导向意义，是以人自身的全面发展为终极目的的一种文化精神。而对于科学发展而言，基于理想、境界等人文要素的科学家的世界观和人生观对科学成果的创获产生巨大的导向性影响。科学家对世界的认知视角乃至认知深度都会成为科学研究的方向性引导。在全球化的背景下，科学家的责任感和协作意识等都会在很大程度上左右科学研究的方向和水平。而且更为重要的是，在实现科学与人文融合的目标下，人文文化相对于科学文化被作为更为有效的基础性要素。因此，一个民族的人文素养也必然影响着这个民族科学家的文化特征和创造力水平，人文价值观念必然对科学的发展具有导向作用。

最后，科学与人文的共性和关联。目前，已经有学者总结和归纳了科学与人文的诸多共同的基因。诸如：科学与人文有共同的起源，都是从经验出发、勇于创造、以理性为依据、对想象力的依赖、对审美的追求、受伦理的制约、最终目的都是为了人的发展。② 孟建伟教授更是从科学与人文两者互动的视角阐发了两者的深刻关联。他总结了人文对科学的意义也详细分析了科学对人文文化培育的影响："从科学的外部动因看，科学需要有一个能

---

① 孟建伟：《论科学精神的人文意义》，《新视野》1999 年第 6 期。

② 李道志：《从共同理性看科学与人文融通的意义》，《求索》2007 年第 3 期。

促进其发展的良好人文文化背景；从科学的内部动因看，科学家需要有包括理想、境界、信念、意志、兴趣和激情等等在内的人文因素的激励。此外，人文因素还往往变为科学家的灵感、直觉与想象，直接参与科学的创造活动"。① 强调人文的发展需要科学文化背景和科学因素的积极参与。这些归纳应该说是相当精准的，从基础、目标、内部条件和外部条件等方面看到了科学与人文融通的桥梁，不仅有理论的基础，也有现实基础。虽然科学关乎事实，人文关乎价值，但是在人类的实践活动中，两者就在上述方面达成了沟通。也正是人类的实践活动成就了两者融通的现实平台。

可见，无论是在现实的视域中，还是在文化的视角下，都可以找到科学文化与人文文化融合的根基，这为科学人文主义的实现提供了可能。

三、科学人文主义如何实现？

那么，如何实现这样的目标呢？陈其荣教授提出的"自发的"和"自觉的"两条道路在此颇具启发意义。他指出，"自发的"道路在理论上着重科学与人性的内在关联。正如休谟指出的："一切科学对于人性总是或多或少地有些关系，任何学科不论似乎与人性离得多远，它们总是会通过这样或那样的途径回到人性。即使数学、自然哲学和自然宗教，也都是在某种程度上依靠于人的科学；因为这些科学是在人类的认识范围之内，并且是根据他的能力和官能而被判断的。"② 在科学探索过程中，科学家对科学的至深思考可能将他的眼光引向人文关怀的终极问题（比如霍金大爆炸理论与宇宙终极关怀问题）。科学家在致力于追求新科学成就的同时，也追求其积极的人性价值。如此一来，科学和人文就成了可以在更高的平台上得以统一的事业（爱因斯坦就是一个典型）。然而，这个过程却是极其艰难和曲折的。"自觉的"道路则是基于对科学与人文本质沟通的深刻体会而积极倡导科学人文主义的实现。为了实现这个目标，萨顿、波兰尼、瓦托夫斯基等都做出了不懈的努

---

① 孟建伟：《科学与人文的深刻关联》，《自然辩证法研究》2002 年第 6 期。
② ［英］休谟：《人性论》，关文运译，商务印书馆 1980 年版，第 6—7 页。

力。他们为我们今天寻求实现这个目标的合理途径提供了经验。循着这个路线，陈其荣教授在《科学主义：合理性与局限性及其超越》一文中提出了"科学文化与人文文化齐协并进"的超越构想，强调科学文化和人文文化两种文化的融合之外，也肯定了科学精神和人文精神两种精神沟通的重要意义。①

如果说"自发的"和"自觉的"两条道路给了颇具意义的启发的话，那么这种启发只能是朦胧的和模糊的，或者说，它提供了一个实现科学人文主义的基本方式和基本方向。在当今的社会语境中，要把这种朦胧和模糊变得清晰和明朗，我们还要在当下许多具体的领域和环节上苦下功夫，充分利用当下的物质和精神两方面的文化条件，调动一切相关的要素，使得科学与人文实现真正的融合，达成真正的统一，而不仅仅是表面的功夫和口号式的臆想。

第一，努力促进"科学知识分子"和"人文知识分子"这两大知识主体之间的对话、沟通、相互理解。要以一种宽容的文化心态，看到文化发展的多元性和相对性，破除文化偏执心态以促进文化的有效理解和交流，并努力寻找不同文化体系之间的共通性。正如威尔逊所说："随着这种汇流的进行，一种真正的好奇心将重新进入变宽阔了的文化……科学家和人文学者能比过去更进一步努力明确各种伟大的目标，使有教养的人们能朝着这些目标展开发现的航程。"②

第二，积极实施"文理融通"的文化教育。科学人文主义的实现还需要科学教育与人文教育的结合这个渠道。因此，实施"文理融通"的文化教育被视为是"素质教育的理想模式"。③ 在这样的教育模式中，培育兼有科学知识和人文素养的全面发展的人才。蔡元培先生在任职北京大学校长及其以后的10多年里，反复提出文理交融的主张，尤其注重人文精神的培育，并率先垂范，其独特的精神魅力奠定了北京大学现代化发展的坚定基础。但是，后来科学理性僭越，科学主义盛行，教育领域也同样出现了科学主义的

① 陈其荣：《科学主义：合理性与局限性及其超越》，《山东社会科学》2005年第1期。
② ［美］E.O.威尔逊：《论人的天性》，林和生等译，贵州人民出版社1987年版，第191页。
③ 孟建伟：《文化教育：素质教育的理想模式》，《人民教育》2007年第19期。

倾向和潮流。当前，人们逐步深知科学主义教育的双重性，并在边缘学科、横断学科、综合学科，尤其是系统科学和复杂性探索长足发展的背景下，努力探索科学发展的交融性、综合性、整体化的趋势和规律。这样的教育理念如果得到彻底的贯彻和实施必然有力推动科学人文主义的发展。

第三，力求繁荣社会科学。社会科学也是实现科学人文主义的有效媒介。因为社会科学在学科性质上，交融了社会科学和自然科学以及人文科学。在研究对象上，社会科学与自然科学和人文研究又有交叉之处，而且它也可以交融使用自然科学和人文研究的方法。因此，它的这种交融性为科学与人文的对话提供了便利的语境，它甚至可以在横跨两域的"中介"中展示自己，是科学与人文之间的过渡地带。因而，它必然地为促进科学与人文相互沟通提供一种有效的方式。

第四，发展科学文化哲学。两种文化融合的更高的、更核心的和更具深刻影响力的领域应当是科学哲学与人文哲学的融合。而这点正是当下科学文化哲学的任务。因此，大力发展科学文化哲学也是实现科学人文主义的一条深层次的引领之路。孟建伟教授在探寻科学哲学的未来发展时指出："从科学哲学到科学文化哲学的转变，是根本性的范式转变。……科学文化哲学将不再局限于就科学而研究科学，而主张不仅要在整个人类文化的背景中来考察科学，而且更要从人（创造者）和人性的高度来研究科学；……科学文化哲学将不再满足于自我封闭的学院哲学的逻辑体系，而强调面向社会现实。以新的科学观、文化观及其教育观引领科学、文化及其教育事业，从而推动社会的全面进步。"① 这样，科学文化哲学在文化核心——哲学的层面上实现逻辑、实证、创造与美感和道德感的统一，从文化内核入手在最为根本的和最为深层的意义上牵动了科学与人文的交融。

第五，大力培育生态文化。目前，在更广阔的视野下，在人—社会—自然三者和谐统一的层面上实现科学与人文的交融，生态文化的培育堪称是当务之急的文化保障。按照余谋昌教授的理解："生态文化，作为人类新的生

---

① 孟建伟：《科学哲学的范式转变——科学文化哲学论纲》，《社会科学战线》2007 年第 1 期。

存方式，是人与自然和谐发展的文化，是人类文化发展的新阶段。它包括人类文化的制度层次、物质层次和精神层次的一系列变化。建设生态文化，是实施可持续发展战略的选择"。① 他因此提出了建设生态文化需要完成的一系列转变：科学转变、经济学转变、伦理学转变、哲学转变以及物质层次的生态发展策略等。在此，生态哲学的确立应该是重中之重，是生态文化培育的核心任务。尤其是马克思主义生态哲学，强调人与自然对立统一的辩证关系，强调"自然史和人类史彼此相互制约"，强调改造自然和保护自然的统一，强调顺应自然和创造自然的统一，强调利用自然和超越自然的统一。在人的实践活动中，只有认识、把握、处理好人与自然、人与人（含人与社会）、自然与社会的关系，才能使"人——自然——社会"和谐发展。只有以生态哲学为核心，在科学技术、经济方式、伦理观念等领域普及生态文化，全面树立生态价值观念，才可能真正实现可持续发展，尽早构建成美丽中国。

第六，继续坚持马克思主义。在此，必须强调的是，通过自觉的道路倡导并期求实现科学人文主义时，马克思主义是一条无论如何也无法绕开的道路。因为马克思主义在根本上和实质上融会了科学思想与人文思想、科学精神与人文精神。它积极汲取了人类一切优秀的文明成果，是在批判地继承西方哲学、政治经济学和社会主义思想等各种思想成果的基础上诞生的新的理论体系。在马克思主义理论体系框架内，从研究的出发点和发展目标，从哲学理论到经济分析，从社会批判到社会发展，无时无刻不在关注人的发展，饱含着人文关怀。可以说，马克思恩格斯是古希腊人文主义传统的伟大继承者，因为他们的思想和理论饱含了对人的尊严、自由和权利的执着追求，洋溢着浓厚的人文关怀，从根本上解决了人类发展的前途问题，并因此成为西方思想发展史上新的里程碑。马克思主义理论的最终目标是人的自由解放和全面发展。为实现这个目标，科学技术成了必须正视和积极对待的要素，它是必不可少的发展手段。因此，马克思主义是科学精神和人文精神在时代高

---

① 余谋昌：《生态文化：21 世纪人类新文化》，《新视野》2003 年第 4 期。

度上的融会统一，它既包含着充满人文关怀的科学精神，也展示着建立在科学基础上的人文精神。马克思主义的创立和发展本身就体现了对科学主义的超越。

　　至此，我们就从主体、方式、途径等视角探讨了超越科学主义的模式问题，力图实现科学与人文高度融合统一的科学人文主义，构建一种把科学精神纳入视野的新的人文主义。在这个过程中，我们也清楚地看到了科学观念在中国的历史演进的文化动因以及文化演进脉络。但是，上述所提到的诸方面都还只是日后致思的方向，还是初步的建议。目前的这些探索实际上是处在原则和实践之间的中间环节，要在实践中获得直接的文化效果和社会效益还有很多未完的工作要做。也就是说，最终超越科学主义，在全社会普遍确立真正的科学精神，实现科学人文主义，还是一件任重道远的事情。谱写这个文化发展的华彩篇章，为最终实现全人类的自由发展和解放而努力奋斗，我们责无旁贷！

第五章 科学观念在中国历史演进的文化语境：外逻辑路径

近代中国人对"科学"的接触并开始将之作为价值化的追求，最早应该是从洋人的"船坚炮利"中领略到并进而开启这条道路的。但这条道路一开始就注定充满了曲折，因为在西方的军事威压及其裹挟的现代文明的冲击下，中国的传统政治权威日益丧失，随之而来的即是知识精英对传统价值的怀疑以及传统价值结构自身的不断解体，这就意味着独断价值论系统被摧破，价值多元的状况注定任何一种外来的"思潮"或"主义"都会经历一个示范、刺激、传输与强化的过程①。而这个过程最终完成的结果，则取决于某种社会思潮本身的理论完整性以及与中国本土文化的契合度等方面。本章即以近代文化保守主义、自由主义和文化激进主义等近现代文化思潮为切入点，以线性的视角来展示近现代社会思潮对"科学"的审视，并在这种审视中把握此二种中国近现代社会思潮与"科学"之间的激荡和约束。

第一节 文化保守主义的科学观

近代文化保守主义一般也被称为文化民族主义，其关注的焦点主要集中在对社会变革和文化传统关系的认识方面。文化保守主义者是在西学东渐的被迫进程中，感受到了传统文化与现代文明之间的巨大差距，但又无法改变传统文化在中西比较中逐渐失落的趋势，于是担心失去了中国人千百年来据

---

① 高瑞泉：《中国近代社会思潮》，上海人民出版社 2007 年版，第 4 页。

以安身立命的儒家伦理文化，继而提倡、呼吁乃至发掘传统文化中的"现代因素"，企图使得中国的发展进程不受到"西化"的侵蚀。因此，"科学"附着在英国人的炮火中一起给清政府及其知识阶层带来的巨大震动，就不仅是"蛮夷"对"天朝上国"的一次军事胜利，更让他们忧虑的是它开启了中国人在近代文明视野中"他者"形象的出现。即西方文明从此便成为中国传统文明的对立面尤其是作为优胜方而出现，千百年来的"夷夏大防"界限再也难以固守，斥夷进夏这一传统立场再次复活，只是在近代西方文明蒸蒸日上之际，这一立场作为应对"千年未有之变局"的防备之举只能被后人以"保守"视之。只是近代文化保守主义者在面对科学时的"保守"也是一个逐渐更新和演进的过程，他们沿着科学可以增强御侮"技艺"、可以转为物质之学、可以涵化文化因子的脉络而进行努力的探索。从洋务派到现代新儒家，科学确实是在"保守"的姿态下潜行发展，但科学却实实在在地成为整个社会向前发展的有力推手，其客观呈现出来的巨大实践功能，更多地被纳入固有文化传统的轨道，科学的技术性功能要多于其人文性价值。

一、"器"进于"学"：洋务派的科学观

在西方各国先进的近代军事装备的攻击下，清军"器不良"、"技不熟"、"船炮之实实不相敌"的窘状赤裸裸地展现在昔日所轻视的"蛮夷小国"面前，以致时人发出"二百年全盛之国威，乃为七万里外之逆夷所困，致使文武将帅，接踵死绥而曾不能挫逆夷之毫末，兴言及此，令人发指眦裂，泣下沾衣"[①]的感叹。中西双方军事上的差距如此悬殊，引发了林则徐、魏源、龚自珍为代表的经世派开始积极探索夷狄在军事上取胜的原因，最后将之归结为战舰、火器和养兵练兵之法。为了迅速弥补清朝军事上的落后现状，他们从"欲制夷患，必筹夷情"的角度出发，重点学习被"西洋诸国视为寻常"的类似火炮、战舰、练兵等技术。可见，他们的眼光此时主要停留在西方先

[①] 徐继畬：《致赵盘文明经谢石珊孝廉书》，见《鸦片战争》：第 2 册，神州国光出版社 1954 年版，第 598 页。

进的军事装备能力方面，还没有充分认识到火炮、战舰、练兵等技术背后的先进的科学知识。随着清王朝经历了国内农民造反运动和第二次鸦片战争带来的沉重打击，统治阶层亲身经历了西方军事科技的绝对优势，往日被嗤之以鼻的西人"奇技淫巧"，此时不仅由末学而成为学习的对象，更是在不自觉地转换成为救亡图存的利器，在此过程中对西方科技也开始了重新审视和接受，一场自上而下式的洋务运动正式丢掉了"师夷"的遮羞布，也开启了一场国人体验现代科学文明的实践之旅。

众所周知，洋务运动是继近代早期地主阶级革新思潮之后中国近代化过程中的又一救国思潮。洋务派中坚人物大多在实战中领教过西方列强的军事优势，对"三千年来未之有"变局感触极深，如冯桂芬便于1861年撰文写道："有天地开辟以来未有之奇愤，凡有心知血气，莫不冲冠发上指者，则今日之广运万里地球中第一大国，而受制于小夷也。"[1] 因此，他们继承了鸦片战争以来地主阶级经世派的"师夷"主张并将之付诸实践，客观上促进了近代科学在中国传播的广度和深度。同时，洋务运动也是在西方列强的巨大军事打击下的一场被迫自救运动，他们对科学技术的兴趣直接由内战而引起[2]，因此，实现国家自强是运动发动者们共同的强烈愿望，而要实现这一愿望，他们认为只能奋起直追西方的军事科技，在武器制造等方面实现突破以解决燃眉之急。如洋务派中央代表人物奕䜣也不得不审时度势地指出，要自强就要练兵，"练兵又以制器为先"[3]，这才是自强的治国之路。由制器、练兵、自强而治国之道，传统的仁义道德、吏治法度等曾作为治国核心的内容此处在外力威胁的现实环境中荡然无存，客观上反映了洋务派从"制器"上谋取自强的迫切愿望。在这一心理下，变易兵制，废弃弓箭而专习火器轮船等，成为这场洋务运动中学习西方军事科技的核心内容。洋务重臣曾国藩、李鸿章都迫切希望清政府能加紧机器制造为御侮之资，另则购买外洋船炮，认为

---

①　中国史学会：《中国近代史资料丛刊·戊戌变法（一）》，上海人民出版社1957年版，第29页。

②　夏东元：《晚清洋务运动研究》，四川人民出版社1985年版，第94页。

③　宝鋆：《筹办夷务始末：同治朝卷二十五》，中华书局1964年版，第10页。

这是就时之第一要务。左宗棠也指出："中国自强之策，除修明政事，精炼兵勇外，必应仿造轮船以夺彼族之所恃"。① 如此种种的急切心情，催生了自 1862 年开始陆续创立的一大批大型兵工厂和机器设备制造局等，加快了清政府军事工业的近代化进程。但是军事装备制造工业的原料和资金需求巨大，以清政府当时的国力无法有效应对。于是，洋务派又打出了"求富"的旗帜，通过发展近代民用企业来解决上述困难。这也是李鸿章等人从西方学习的经验，他们认为西方国家大多国土狭窄而财富丰盈，主要就是靠煤炭、钢铁、五金之矿和铁路、电报等税收，因此，自己也要酌度时势，择其至要者逐渐仿行。其后，湖北织布局、天津开平煤矿、甘肃机器织呢厂、汉阳铁厂、上海轮船招商局等相继创办，科学终于在外来军事威胁下从单纯的御侮需要延伸到民用生活领域。但显而易见的是，洋务派此时只是出于强国御侮的目的将西方长技视为"工具"，以及这种工具最终物化而成的"枪"、"船"、"炮"等，还没有认识到这些物化形态的真正源头所在。

随着洋务运动的不断深入，洋务派中的有识之士逐渐注意到西"学"的重要性，即要引进和移植西方的科学原理和科学学说，他们认为西方富强之背后乃在于"讲求格致之学尤推独步"②。如李善兰 1866 年为《重学》作序时就探索西方富强且为中国边患，主要原因在于"制器精"，则又因为"算学明"。郑观应也认为西方屡屡获胜的原因在于"格物致知"之学的发达："泰西所制铁舰、轮船、枪炮、机器，一切皆格物致知、匠心独运，尽泄世上不传之秘，而操军中必胜之权。"③ 由此显见，洋务派眼中的"格致为基，以机器为辅"才是西方强盛之术，这实际上也开始了对西方科学从"技"到"学"的认识转换，即西方之"利器"与"长技"皆导源于"学"。1870 年，上海机器制造局总办冯焌光、郑藻如在起草的《再拟开办学馆事宜章程十六条》

① 左宗棠：《左文襄公全集·书牍》卷七，见沈云龙主编：《近代中国史料丛刊续编》，台北：文海出版社 1978 年版，第 2901 页。

② 郑观应：《盛世危言·西学附录：中国宜求格致之学论》，见夏东元：《郑观应集》上册，上海人民出版社 1982 年版，第 281 页。

③ 夏东元：《郑观应集》上册，上海人民出版社 1982 年版，第 89 页。

中写道："夫西士究心，惟在实学，既不同世之自矜独得者驰骛元虚，而我中国之亟当讲求者，又在乎确为实济，立见施行。"① 这段文字肯定了西学讲求"实济"的特征，从而肯定了西"学"的优越性。既然西学如此具有济世功能，是机器制造之学的根本，洋务派才认识到只有学习这一根本之学，才能在具体技术制造方面取得主动，最终赶超西方国家。因此，创办新式学堂以习西学，创办同文馆以译介西方书籍，派遣留学生直接学习西方文化等都被逐一提上日程并被一一实施，这些举措极大地推动了科学在中国的普及与深入。

在向西方学习的整个过程中，"格致之学"的功能被时人逐步认可的同时也被进一步放大，似乎一时之间"格致之学"乃是西人富强之根本，也是可以囊括所有学问精华之源头所在。如其时还是格致书院学生的王佐才对此指出，格致之学包罗一切学问，中外古今学问一扫而空，原因就在于格致之学讲究实效且溯本归原，"发造化未泄之苞符，寻圣人不传之坠绪，譬如漆室幽暗而忽燃一灯，天地晦冥而皎然日出。"② 但凡如今之兵农礼乐政刑教化等无不以此为基础，国富兵强亦皆赖于此学。这里，"格致之学"的功能无论正确与否，起码也表明部分知识分子已经认识到西方先进的兵农礼乐政教等背后有更为客观和普遍的东西存在。同时也要说明的是，这种先进的认识只是一股苗头，而未能反映出它已经成为了社会的普遍共识，"中国学术精微，纲常名教以及经世大法，无不毕具"③，"中国杂艺不逮泰西，而道德学问、制度、文章，则高出于万国之上"④ 等等仍然是知识阶层中主导的价值观念，"中体西用"、"西学中源"等固有思维框架仍然是这些传统观念的精神内核。另外，这场以迫切寻求西方富强根源的自强运动始终伴随着清政府

---

① 朱有瓛：《中国近代学制史料》第 1 辑，华东师范大学出版社 1983 年版，第 229 页。

② 熊月之：《西学东渐与晚清社会》，中国人民大学出版社 2011 年版，第 368 页。

③ 张之洞：《劝学篇》，见中国史学会：《戊戌变法资料丛刊》（三），神州国光社 1953 年版，第 218 页。

④ 邵作舟：《邵氏危言·译书》，见中国史学会：《戊戌变法资料丛刊》（一），神州国光社 1953 年版，第 183 页。

的内忧外患，各地风起云涌的农民起义和各种名目的不平等条约纷至沓来。"海防"、"塞防"之争以及清政府内部的权力斗争等，使得这场学习运动在统治者内部都无法达成稳定和共识的情况下，只能越来越关注其功利层面，或者被利用作为党争的资本，最终专注于结果而疏于寻觅其根源。正如一些人即使发现了西方格致之学的奥秘，却无法培育生长格致之学的环境和激发格致之学的动力，统治者只求解燃眉之急，无暇顾及科学发展的环境和内在动力。这正如曾国藩对购买洋人军械的意见，就是陆续购买之后勤加操练继而模仿试造，最多一两年时间中国就可以将火轮船作为普通的出行工具，其时"可以剿发捻，可以勤远略"①，自然水到渠成。在实用主义的心理作用中一味追求"制器"以稍补于时局，这都是洋务运动长期停留在器物层面的重要原因。

最终，洋务运动并未能抵挡住外敌的入侵，但这并不能说明整个洋务运动期间科学实践的失败。科学在这场大规模的学习西方运动中仍然以势不可挡的趋势迅速渗透到中国社会，使得传统的政治、经济、文化观念、技术伦理与社会价值观也受到严重挑战，"人们接受科学思维就等于对专制现状的一种无言的批判，而且还会开辟无止境地变革现实的可能性"②。即便是从恭亲王奕䜣到李鸿章等都已明白地意识到技术背后尚有理论成分在内，当时所译介的书籍中自然科学所占有的比例和军事工程制造等技术类也大体相等③，这都为后人继续进行理论探索奠定了基础。还有，这种学习西方的态度与内容都是为"中学"服务的，"道本器末"、"夷夏大防"的潜在意识并未散去，它仍然是左右时人思维和行为的敏感神经，西学的功能无论有多强大，都是被框定在"用"的范围里。因此，薛福成就曾指出："夫衣冠、语言、风俗，中外所异也；假造化之灵，利生民之用，中外所同也……今诚取西人器数之学，以卫吾尧、舜、禹、汤、文、武、周、孔之道，俾西人不

---

① 夏东元：《晚清洋务运动研究》，四川人民出版社 1985 年版，第 94 页。

② [英] J.D. 贝尔纳：《科学的社会功能》，陈体芳译，商务印书馆 1982 年版，第 514 页。

③ [美] 郭颖颐：《中国现代思想中的唯科学主义》，雷颐译，江苏人民出版社 1989 年版，第 3 页。

敢蔑视中华。"① 很明显，大多数洋务派官员只是想着知己知彼以图自强而已，这种思维定式下的学习西方科技的效果注定会是缺乏整体性和系统性的，如其间引进的声、光、化、电灯、自然科学知识以及练兵养兵之法，文化事业改良中的兴办同文馆、新式学堂、派遣留学生等大都是从军事需要着眼的，"否则以供交涉翻译之用者也。"② 这些做法剥离了科学技术的附着本体，而只是引进其僵硬的外壳，自然也使得科学成为无本之源。这正如梁启超后来总结中国学习西方的途径一样："求文明而从形质入，如行死巷，处处遇窒碍，而更无他路可以别通……求文明而从精神入，如导大川，一清其源，则千里真泻，沛然莫之能御也。"③ 不过，对于当时严峻的救亡现实以及原有的文化传统而言，要求洋务派"从精神入"而与传统彻底告别显然是过于严苛了。他们的贡献在于真正点燃了科学精神的火把，此后的科学精神、科学方法以及科学思维的发展道路等都将会被陆续照亮，历史的发展也正是如此。虽然甲午战争使得这一发展历程严重受挫，但不能在抹杀洋务派数十年苦心经营的努力的同时，忽略了洋务运动对科学在中国社会与经济文化结构中的培植作用。事实上，科学在此后中国的演进不但从未中断，而且很快被维新知识分子用来作为变法改良的理论工具。

二、由"学"至"道"：戊戌维新时期的科学观

由于康有为晚年的"保皇"行为，使得他常被视为顽固的守旧派。实际上，他接触西学以及亲身周游诸国，是晚清时期难得的一位具有世界眼光且学贯中西的学者和政治家。正是因为他广泛阅读介绍西方的书籍以及1879年"薄游香港"的感受，不仅使他改变了西人乃古夷狄的看法，还盛赞西人治国有法度。近代科学技术所带来的物质文明的巨大震撼，使他不自觉地感

---

① 薛福成：《变法》，见朱维铮：《维新旧梦录》，三联书店2000年版，第143页。

② 梁启超：《国民十大元气论叙论》，见梁启超：《饮冰室合集·文集之三》，中华书局1989年版，第62页。

③ 梁启超：《国民十大元气论叙论》，见梁启超：《饮冰室合集·文集之三》，中华书局1989年版，第62页。

觉清朝与他邦国势之强相比实在相形见绌，于是义愤自生，此后他专心研究西学，并逐渐有了自己的救国主张。他在正式刊印《物质救国论》时指出，昔日梁启超以为自由、革命、立宪，足以救国，但因国人尚且民智未开，故搁置不印。现目睹国人谋实业茫然不得其道，故欲指明一条道路。这其中虽然有否定梁启超的内容，实际上也是他自己对救国途径的认识，"新奇的"政治原理在时机未成熟前，不便应用，且"舍工、艺、兵、炮，而空谈民主、革命、自由，则使举国人皆卢骚，福禄特尔，孟德斯鸠，而强敌要挟……何以御之"①。舍弃科学而谈自由、革命、立宪、实业等，都不是救国的正确道路。可见，康有为本身具有的世界眼光，也是促使他对中国缺乏"科学"现状反思的重要诱因。

首先，康有为指出西方较之于中国强盛就在于科技的昌明，西人不但治学之有术，而且其强盛不是专注在军兵炮械之类的表层，而在于其人皆习新学新法，农工商矿、化光电重等皆有专门之学，是以欧美众国之进步"惟在物质一事而已。"②欧洲人以汽船铁路之便贯通大地，所向披靡，而亚洲小国如缅甸、安南、高丽等皆无物质之学者皆削弱衰微乃至于亡国，他将有无"物质学"视为国家存亡的根本，相较于西方，清朝国势日微则在于闭关自守、拒绝新学。那么，何为"物质"呢？一切因科学技术而衍生之种种皆可视为物质，如工艺兵炮及科学中之化光、电重、天文、地理、算数、动植、生物等等，因此，今欲救国，只需专注于物质之学，即使仅能在工艺兵炮上有所精进，也能稍补于时局。他十分钦佩列国利用科学技艺在创造物质财富方面的重大成就，并得出"炮舰农商之本，皆由工艺之精奇而生；而工艺之精奇，皆由实用科学及专门业学为之"③的结论。康有为认为近代以来清朝生机日尽、危机日深的原因主要也在于不讲物质之学而偏重于道德、哲学等空谈之类，从魏源到洋务派都没有意识到"今日者无论为强兵，为富国，无在不借物质之学……有此者为新世界，则日升强；无此者为旧世界，则日

---

① 《康有为全集》第8集，姜义华、张荣华校，中国人民大学出版社2007年版，第67页。
② 《康有为全集》第8集，姜义华、张荣华校，中国人民大学出版社2007年版，第71页。
③ 《康有为全集》第8集，姜义华、张荣华校，中国人民大学出版社2007年版，第67页。

渐灭。"①"我旧日闭关自大……自以为天下一统，无与比较，必致偷安怠惰，国威衰微也"②。因此，康有为极力呼唤中国应立即发展物质之学，否则无以自保更遑论自强。

其次，为了唤起国人对物质之学的充分关注，康有为积极阐发科学的功能，尤其是西方科学家对科学精神的坚持和发扬，科学在改变世界面貌方面的作用等等，都能促使人们对科学功能的深切体认。近代以来，尽管国人不断发出学习西方的呼喊，但"重儒术，轻科学"的风气一直未从根本上有所改变。尤其是甲午战争之前，西方的器物优势大多转化为国人实业救国的迫切愿望，而对于这些器物背后所蕴含的科学功能无暇顾及。即使有如晚清洋务实干家丁日昌钦佩西人于事"冥心孤索"、艰忍耐苦的精神，但这种认识在当时还属于零星的个例，真正首先着力阐扬西方科学精神的代表人物也是康有为。他极力赞扬哥白尼的"日心说"和牛顿力学的贡献，甚至用"尸祝而馨香之，鼓歌而侑享之"③以表达自己的崇敬之意。这种对西方杰出科学家的敬仰不但激起他对科学奥秘的兴趣，更使得他认识到科学技术对改造人类社会和自然界的巨大作用。他称赞近代以来"物质之变化人类最大也"，并指出科学技术是"改易数万千年之旧世界为新世界"的巨大杠杆④。他指出欧洲国富民强的原因在于奖励智学，他高度赞扬英国科学家培根、物理学家牛顿、化学家普利斯特列、生理学家哈维、植物学家罗贝尔、意大利航海家哥伦布、美国物理学家富兰克林等人对近代科学发展的巨大功绩。

对于工业革命带来的影响，康有为也积极地予以了关注和总结：一是"自蒸汽力之出，可以代人力马力之劳作，资本既省，运输尤便。"⑤英国为使用蒸汽动力之先驱，经法国募奖新器新书，"最讲物质之学、殖产之义"，

---

① 《康有为全集》第 8 集，姜义华、张荣华校，中国人民大学出版社 2007 年版，第 79 页。

② 《康有为全集》第 4 集，姜义华、张荣华校，中国人民大学出版社 2007 年版，第 110 页。

③ 《康有为全集》第 12 集，姜义华、张荣华校，中国人民大学出版社 2007 年版，第 19 页。

④ 《康有为全集》第 4 集，姜义华、张荣华校，中国人民大学出版社 2007 年版，第 301 页。

⑤ 《康有为全集》第 8 集，姜义华、张荣华校，中国人民大学出版社 2007 年版，第 87 页。

故最终能称霸世界。法、德两国继其后，就是因为物质之学兴起的晚，故其土地面积和人口数量都要逊色于英国几十倍。正因为工业革命使欧洲各国经济起飞，而工业近代化之风吹遍欧洲和世界，其气势"突起横飞"，只有中国"以劳手足而为农世界"的陈习千年不变，昔日为泱泱上国的地位"自天而坠地"，"自富而忽穷"①。二是西方以铁路、汽船和电线为代表的交通和通讯技术的飞速发展，这一变化极大地便利了近代物质生产及技术交流。他以艳羡的笔触描绘了这些发明对旧式山海阻隔封闭的冲击，旧式舟车交通已经远远不能比拟电线和铁路，前者经年数月，后者顷刻成之。机器和电化为主体的"工世界"已经远远超越了徒步徒手为主体的"农世界"，国家面貌也是相差万里。他还以美国近百年的发展历史为例，描绘了电线和机械设备对人力的绝对优势，这都是清朝的手工生产所难以想象的。科学技术的发展不但可以改变民生日用，而且国家政治军事等方面包括道德风俗、物体知识等，"悉因以剖析变动"。② 正因为如此，要想变易知识、道德、风俗、国政等都需要科学的进步作为支撑。为此，他积极组织变法志士创办《万国公报》、《强学报》、《时务报》、《知新报》等进步报刊和筹建各类学会，翻译西方书籍传播科学知识，并逐渐涉及西方政治和政体制度的一些信息，较早地向国人介绍了西方的科技文明。

另外，康有为认真构想了如何在中国发展科学的现实主张。首先，与富民联系最为密切的实业需要通过科学来振兴。维新变法期间，康有为虽然是在"尊孔"以及"托古"的旗帜下进行变法理论的宣传，实际如上所述，他十分清楚改变世界面貌的根本在于科学技术。他回顾道："富民之本，在精治农、工、商、矿、转运之业而更新之。然是五业者之竞争，非精于物质之学则无从措手也。故今日者无论为强兵，为富国，无在不借物质之学，不以举国之力，全国之才，亟从事于物质之学，是自恶其国之寿，而先自绝之也。"③ 可见，举全国之力从事于物质之学，以物质之学振兴农、工、商、

---

① 《康有为全集》第 8 集，姜义华、张荣华校，中国人民大学出版社 2007 年版，第 63 页。
② 《康有为全集》第 8 集，姜义华、张荣华校，中国人民大学出版社 2007 年版，第 80 页。
③ 《康有为全集》第 8 集，姜义华、张荣华校，中国人民大学出版社 2007 年版，第 79 页。

矿，才能为国延年续寿。他始终对西方制造技艺之学十分向往，并曾告诫学生"若将制造局书全购尤佳"①。在他的《上清帝第一书》、《请厉工艺奖创新折》、《请开农学堂地质局以兴农垦民而富国本折》等奏章及文章中，多次申述了学习西方科学技术来振兴中国实业的主张。难能可贵的是，康有为已经认识到科学是列国强盛的物质基础。他描述了洋人器艺之学日新月异，工艺发达，又将海外之地掠夺殆尽，便"合而伺我，真非常之变局也。"② 由此断定：中国非变法日新无以振兴、欲振兴则士人非通物理之学不可。其次，积极鼓励兴办近代新式教育以培养科学专门人才。通过自己的阅历，康有为认识到西方的富强并非如洋务派制造炮械机器一般，依靠士农工商发展和经营多种业务，西方农工商矿等实业的发达都是以日新月异的科学作为基础。各种业务都有专门的书籍，从幼小到高等学校的课本分门别类，分科教学，格致新学是士农工商考求之根本，故而植物之理、制造之法等皆能触类旁通。西方各国也由此"能富甲大地，横绝四海。今翻译其书，立学讲求，以开民智。"③ 相比之下，清朝人才匮乏和教育落后已经是阻碍自身发展的绊脚石。早在光绪二十四年（1898 年），康有为亲闻美国以区区两万兵力战胜了拥有数十万兵力的西班牙。他总结美国获胜的原因就在于"竞智而不竞力"，他们兵少但"学生"多，占总人口的几乎一半，每年新书两万多种，新发明制造三千多件，等等，"故举而用之，于兵无以御之。"④ 这一现实的事例更让他坚定了通过教育来改变现状的决心。在认真比较各国的教育内容和教育方式后，他发现了发达之国的教育内容中必然包含着物质之学，即便富强如欧洲，也经历了"人道学"、"国民学"和"物质学"的发展变迁，"然使无物质之精新，终不能以立国。"⑤ 物质是国家强大的基础，而精神是国家的灵魂，物质的丰富和精神的养成终须教育的普及与提高。中国士人学子大多只

① 《康有为全集》第 12 集，姜义华、张荣华校，中国人民大学出版社 2007 年版，第 63 页。
② 《康有为全集》第 1 集，姜义华、张荣华校，中国人民大学出版社 2007 年版，第 181 页。
③ 《康有为全集》第 2 集，姜义华、张荣华校，中国人民大学出版社 2007 年版，第 623 页。
④ 《康有为全集》第 4 集，姜义华、张荣华校，中国人民大学出版社 2007 年版，第 358 页。
⑤ 《康有为全集》第 8 集，姜义华、张荣华校，中国人民大学出版社 2007 年版，第 72 页。

会在八股经文中"日夜咿唔，高吟低唱"，即便是号称博学之人被"问以新世五洲之舆地国土政教艺俗"，皆为完全陌生、毫不知晓，甚至鄙夷者众，以这些人去交通世界各国、对抗各国新学新器，"安有不败者哉？"① 他不无遗憾地指出，若国人"以总角至壮至老，实为最有用之年华，最可用之精力，假以从事科学，讲求政艺"，这些人才"以为国用，何求不得，何欲不成"？② 与此形成鲜明对照的是西方人幼年及冠便已习图算、古今万国历史、天文地理及化光电重、格致法律政治公法之学，由此西人方可很早就创造出"千里显微之镜"、"地球浑天之仪"等，其教育也是"自童幼至冠，教之以算数图史，天文地理，化光电重，内政外交之学，唯恐其民之不智"③，两者差距判若鸿沟。为此，他疾呼"欲任天下之事，开中国之新世界，莫亟于教育"④，因为清国人民虽众，但却人才匮乏，若不另外造就人才，不足以救国。早在"万木草堂"，康有为就已经在教学中兼顾中西，梁启超曾回忆指出，先生于粤讲学四年，每日坚持四五个钟点。凡论一学、一事无不征引古今中外，还常以欧美之事比较证明以究其得失，"进退古今中外，盖使学者理想之自由日以发生，而别择之智识，亦从生矣。"⑤康有为不仅亲自践行教育理念和教育方式的改革，还将这些主张具体上奏在给光绪帝的变法奏折中，焦点则是以"改试策论"代替"八股试帖楷法取士"和"弓石刀武试"，在此基础上逐渐广办校舍以推广科学，待教学条件具备后则渐废科举。后通过对西方国家的考察，发现西方国家不但有专门分科之学，更注重对学童的基础教育，例如美国在小学阶段就增设了机械、制木两科，仿造各种物体制作小的模型，在这个过程中让幼童削圆作方，分离合并，电线面体等等，久而久之习惯成自然，在熟练的基础上又能别出心裁，发明颇多。即使是资质普通的人，在这种环境长大后也能专习一技之长，于谋生可以无忧。"美人之胜欧，

---

① 《康有为全集》第4集，姜义华、张荣华校，中国人民大学出版社2007年版，第67页。
② 《康有为全集》第4集，姜义华、张荣华校，中国人民大学出版社2007年版，第79页。
③ 《康有为全集》第4集，姜义华、张荣华校，中国人民大学出版社2007年版，第81页。
④ 梁启超：《饮冰室合集·文集之六》，中华书局1989年版，第62页。
⑤ 《康有为全集》第12集，姜义华、张荣华校，中国人民大学出版社2007年版，第424页。

全在此著。"① 参考这一点，我国小学也应该立刻增设这两科，多购桥梁、道路、铁轨、电线以及通常器物的模型，让幼童自小便开始探索学习，这样从小积累至十数年，一定能养成物质之学的专门人才，将来与美英德的竞争亦有了人才储备。在此基础上，康有为等维新人士还提出了一系列通过普及教育来提高民众科学文化素养的方案。②

通过教育培养人才虽为根本，但不能解燃眉之急。为此，康有为主张要积极引进科技人才。他在1898年6月上书《请广译日本书派游学折》中指出，甲午海战的失利，我国被迫割台湾，赔偿巨款，举国为此悲痛。但这次失败并非是日本强大而取得胜利，实在是因为我们闭关自守，没有可用之才。长期的闭关自守使得人才匮乏，缺乏世界眼光和前瞻意识，因此才会在对外战争中一再受辱。所以，变法之途虽有千万种，但最急迫的便是招揽人才，尤其是要打破偏见，不拘一格地重资聘请延请西方科学人才，学习他们的实业专门技艺。康有为以德、法两国为例，认为德国工商学之所以兴盛，是因为他们不惜重金聘请名师。相比之下，法国却不愿这样做，这是法国不如德国之处，俄国彼得大帝变法，也是广聘英、法、瑞、荷的名匠，通过考试的方式选择其中优秀的人才。另一方面要早变法，早派游学，以学诸欧之政治工艺文学哲学知识，海陆军、化电光重、农工商矿、工程机器等科，早译其书，而善其治。虽然洋务运动时期曾派出两百名左右官费留学生，但康有为认为这远未达到国家需要的人才要求，因为日本在变法之时曾派游学生于欧、美，至于万数千人。另外，他认为要优先奖励国内开专门之学以育人才者，只有举国上下改变观念，讲究物理工艺之学，才能进一步开启民智、增进科学，如此最终才能寄希望于将来养成立国之才。

由上可知，"科学"的概念在近代被引入中国，康有为居功甚伟。不仅如此，他对科学功能、科学精神、科学方法等价值的发掘也为后人提供了诸多启发。尤其是对科学价值的揭示以及对实证与理性精神的倡导，对于当时

---

① 《康有为全集》第8集，姜义华、张荣华校，中国人民大学出版社2007年版，第95页。
② 董贵成：《试论维新派对发展科学技术的认识》，《自然科学史研究》2005年第1期。

国人死板沉闷的思维世界具有重要的荡涤意义。科学在他的诸多中西对比之中始终处于十分突出的地位，也使得中西发展的优劣判然立见。当然，作为一个接受西学又深受旧学熏陶的传统士大夫，康有为还不能超然于政治之外来礼赞"物质"之学，换言之他还是在为政治寻求注脚，即使在他著名的《物质救国论》中，儒教在涵化人心、改造社会的作用似乎并不逊于科学，这就导致了他在政治体制变革与科学技术发展上的内在矛盾。他一方面认为有关科技的西书都是不切实际的，只有那些有关西政的书才是重要的。另一方面他对物质之学又抱有高涨的热情，将物质之学提升到救亡图存的高度。因此，今日中国之贫弱，就"在不知讲物质之学而已。"[1] 而康有为对物质之学的所有关注，几乎都是围绕技术等应用科学及自然科学知识方面，他看到了物质之学在官商民用等诸多方面的有效性与实用性，因此他希望中国可以复制一条由"政艺之学"达至理想"治体"的道路，从而避免被瓜分豆剖的危机。如康有为引用几何学方法对人类公理的证明，就是自然科学概念被用于论证社会政治理念的明例。只是他所眼见的一些物理之学还是局限在寻常日用的现象之中，不能真正成为他自己所信仰并能予以阐发的具体理论，即便是事关维新变法这类重大政治事件的理论宣传读物《孔子改制考》和《新学伪经考》等书中，我们也很难发现"科学"的踪迹，甚至还因大量私人意见的加入而饱受旧学的攻击，自然难以收到为变法张目的效果。因为康有为虽然主张学习西方，但自始至终并没有丧失对中国传统文化的认同："吾久游欧美十余年，凡欧美之美善，有补于中国者，吾固最先提倡法之。然吾之采法，集思广益，去短取长，以补中国而已，非举中国数千年文物典章而尽去之也。"[2] 中体西用的惯性思维仍然在这里体现得淋漓尽致，只是他比洋务派更加提倡科学对于改造旧有制度的变革性意义。在这一点上，"康氏虽信中国'道德'之优越——但并不以为正确伦理比科学知识重要，然也不接受相反的论调，认为科技高于一切，而道德无用。他对待文化问题的综合方法，

---

① 《康有为全集》第8集，姜义华、张荣华校，中国人民大学出版社2007年版，第63页。
② 《康有为全集》第8集，姜义华、张荣华校，中国人民大学出版社2007年版，第35页。

获致二元的立场，使他有别于卫护中国以抗拒'西方物质主义'的伦理中心的卫道者；也与视'中国道德'为无用的科学主义论者不同。"① 只是他自己在这个看似中正的二元立场上，对科学作用的领域不断地提升和扩展，不自觉地实现着科学从实践领域到具有某种世界观意义的转化，虽然科学的作用还是未能超出"用"的层面，甚至科学还被用来作为实现政治体制转换的中介推手，但在这些应用"科学"从事各种有目的性的活动的同时，也在实现着科学价值、科学功能和科学精神的不断被发现和挖掘，科学的影响力也逐渐从表面的实用转向更广阔的领域。这正如杨国荣对这一时期学习西方科学活动的总结："19 世纪后期，维新思想家开始登上历史舞台。较之他们的前辈，维新思想家更多将目光由形而下的器和技，转向了思想、观念、制度等层面，与之相对，对科学的理解和阐发，也往往与世界观、思维方式、价值观念等相互融合。"②

三、"新瓶装旧酒"：学衡派对科学主义的批判

19 世纪末 20 世纪初，随着清政府在政治、经济、军事等方面连续受到西方的入侵，以传统经学为主的旧文化连同中央权威一起一落千丈，随之而兴起的是日新月进的西方科学已经不可遏制地涌入中国。但科学功能的发挥也需要适宜的环境等一系列外在条件，在皇权意识方兴未艾、传统文化浸淫日久的中国，科学也无法在短时期内彻底解决当时外敌肆虐下社会秩序失范、道德失衡与物欲膨胀的现状，反而科学、民主等外来观念动摇了人们根深蒂固的阶层与等级伦理观念，一大批抱残守缺之士为此惶恐不安，连激进改革之辈也束手无策。于是，消解科学发展所产生的负面影响的思潮和学说一时广为流行，学衡派就是一支采纳西方新人文主义学说以对抗日益流行的科学主义思潮的重要力量。

20 世纪初期正是国内新文化运动方兴未艾之际，清政府虽然已经垮台

---

① 萧公权：《康有为思想研究》，汪荣祖译，新星出版社 2005 年版，第 269 页。

② 杨国荣：《科学的形上之维》，上海人民出版社 1999 年版，第 15 页。

数年，但新文化在短时期内并不能消除国民长期以来形成的对传统文化的依恋和对"夷狄"之学的排斥心理，如时人梁济投湖自尽前留下绝笔信《敬告世人书》中写道："吾国人憧憧往来，虚诈倘恍，除希望侥幸便宜外，无所用心，欲求对于职事以静心真理行之者，渺不可得，此不独为道德之害，即万事可决其无效也。"[①] 这段话基本可以看做19世纪末20世纪初期新文化的建构与旧学影响双重矛盾下保守主义者的共同心态，那就是既对新事物无知而又不抱希望，又担心传统秩序失范和道德沦丧。"学衡派"也是抱持这种心态的学术群体之一，他们因创办《学衡》杂志而成一派别，南京大学教授吴宓、梅光迪、汤用彤等人是其中坚力量。他们服膺美国新人文主义学说，大量援引新人文主义的观点来抵制日益广泛传播的科学理性思潮和民主思潮。

新人文主义是在批判一味听从个人冲动和个人感觉，幻想通过科学来实现进步而导致功利主义相对盛行的背景下诞生的。以白璧德（I.Babbitt，1865—1933）为代表的学者认识到在没有传统的约束下科学的发展进步所产生的负面影响，尤其是对功利的崇尚和自由放任的态度，如此以往将会导致功利主义和浪漫主义大行其道，不能整饬人心且尊己抑人而恃强凌弱，最终引发了惨绝人寰的第一次世界大战。吴宓对此就曾指出最近之欧美思潮，物质文明与精神文明发展极不协调，尤其是精神文明极度失落与彷徨，这给我国的启示就是在以工业科学振兴国力的同时，亦不可偏废道德形上之学。应当说，这种见解是相当客观的。在质疑"科学万能论"的声浪下，学衡诸君纷纷直言科学带来的负面影响，如梅光迪就指出放眼中国，皆言科学之利，这是十分危险的，因为科学的推动作用只能体现在机械物质的发展和自然环境等方面的变化，人文意识及道德层面是无法使用的。李宗武也曾指出，19世纪末叶以来，科学的发展使得人们的物质满足感确实获得了极大的提升，对自然的征服也越来越显得得心应手，但物质条件的渐次满足和对自然征服能力的增强，并没有使得人们的幸福感普遍增强，反而在科学万能的普遍呼

---

① 梁济：《敬告世人书》，《新青年》1918年1月15日，第6卷1号。

声中泄露出许多绝望的声音，人类生活的图景也并未因为科学的发展而越来越呈现光明的色彩，反而是拥有发达文明的国家悲剧横生，原因到底在哪里呢？原来，"人的生活绝不是到处可以用点、线、圆弧说明的"①，这表明精确的科学计算、科学证明等方法不但不能进入人的精神世界，反而会因此而使得一部分人利用科学的便利用以征服弱小国家和民族，从而带来如同第一次世界大战一般的灾难。于是，他们主张要恢复对道德意志的重视，呼唤传统人伦精神价值的回归，并主张内省、节制、适度的内涵。总而言之，就是"物质之律"要与"人事之律"相互结合，这显然契合了中国传统儒学的部分主张。第一次世界大战的爆发更使得这种主张得到广泛的追捧，战争造成的毁灭性灾难让西洋政治社会生活的黑暗面暴露无遗，残忍、残酷和无情代替了原先的一切美好。长期以来被中国人艳羡和学习的西方文明世界被这场战争拖入了深渊，就连欧洲人自己面对满目疮痍也陷入了极度的绝望与恐慌之中，科学主义思潮后的"理性危机"之说蔓延开来。白璧德认为过分推崇科学效用而引发了机械主义和扩张性的欲望，这场登峰造极的愚蠢大战表明一开始我们就被一个错误的法则所指引，它是用机械主义来激发人的内在欲望，最终将千万条生命送进了地狱，在这之前虽然已经有很多次警告，但还是没能控制住它"一次陷入可怕的自然主义的陷阱。"② 这里在谴责有着科学效用的庞大机器成了杀人的疯狂表演，谴责机械主义的错误法则等等，这些疯狂与混乱使得一度倾心于西方文明的中国人也逐渐冷却下来，科学功能与科学价值被重新进行反思，以科学为原动力的西方物质文明也被作为一个整体进行检讨，从历史中寻找渊源和方法的思维惯性又重新焕发。新人文主义的主张由于批判"物质性"且强调"道德自省"而受到中国知识界的欢迎，进而中国传统道德主义这一救世法宝再次被祭出，以儒学为核心的"东方文化"再次成为思想界的主要焦点。

从某种程度上说，第一次世界大战使得一部分人从信奉科学到极端拒斥

① 李宗武：《人的生活与神秘》，《学灯》1922 年第 6 期。
② ［美］欧文·白璧德：《卢梭与浪漫主义》，孙宜学译，河北教育出版社 2003 年版，第222 页。

科学，"科学万能论"一夜之间变成了"科学破产论"。新人文主义思潮和学衡派却不是这种极端主义者，他们反对所谓的"科学破产论"，清醒地指出这种论调极端贬低科学为"实用"或者"理想低下"，这是将工程机械与理想科学合为一谈，"俱非探源之说"[①]。这里承认理智思维与科学知识的价值，要求区分具体科学与科学精神的差异，这对于当时的极端主义眼光而言是具有进步意义的。不仅如此，他们相信将来科学必定会日益发达，因为"物质科学之不发达，无以解除人生物质方面之痛苦"[②]，也无以应对殖民侵略而实现国富民强。另一方面，新人文主义也认真地剖析了科学存在的局限性，主要在于物质与人事混为一谈，最终机械凌驾于人之上。由于物质与人事是两个截然不同的领域，自然各有规律。物质之律虽然至极精确，但却不能施之于人事，否则，"理智不讲，道德全失，私欲横流，将成率兽食人之局。"[③]科学再精密也始终无法解决精神上的问题，中国应当保存传统文化中的精华正义，辅之西方文化中的科学与机械，摆脱"欧洲中心论"的窠臼，淘汰中国文化浮表之繁文缛节以保留道德原则来构建自己的文化理论体系。白璧德本人同情中国的进步事业，同时告诫中国人在追求进步的同时不能简单地抛弃旧有的一切，将精华与糟粕同时遗弃不用，"简言之，虽可力攻形式主义之非，同时必须审慎，保存其伟大之旧文明之精魂也[④]"。所谓"审慎"，便在于该种西学能否救助中国之积弊，从而为改进革新提供帮助，在传统学问研究上则应当下切实之工夫，在梳理源流的基础上作精确仔细的研究，然后综合整理并著其旨要，最终实现以"人事之律"与"物质之律"相互协和的社会文化秩序。

可见，学衡诸君受新人文主义思潮的影响，他们较多地反思了科学、进步、理性等现代观念，而不只是简单地反对科学本身，他们希望能在较为系统地反思的基础上寻找一条新的可以拯救世道人心的途径。因为新文化诸将

① 汤用彤：《评近人之文化研究》，《学衡》1922年第12期。

② 《胡先骕文存》，江西高校出版社1996年版，第445页。

③ 《胡先骕文存》，江西高校出版社1996年版，第72页。

④ 胡先骕：《白璧德中西人文教育说》，《学衡》1922年第3期。

猛烈地抨击中国传统文化的弊端，最终连同澡盆中的婴儿也一起倒掉，使得普遍性的文化规范一度失序，这使得人们的精神层面受到了严重的创伤而又没有新的方法可以治愈。如学衡主帅吴宓也曾转述白璧德对科学的批判内容，他指出白氏讲学的主旨就是描述西方近代以来科学推动的物质之学发达，实业蒸蒸日上，而于人生道理和文化传统无甚发明之功，宗教、道德之势力日益衰微，于是众人唯功利是趋，"又流于感情作用，中于诡辩之说，群情激扰，人各为是，社会之中，是非善恶之观念将绝，而各国各族，则常以互相残杀为事。"[1]若科学的发展不能为社会增加福利，不能增益人内心的认同，反而成为束缚人心的桎梏刀剑，这才是科学发展的弊病所在。因此，他特意声明自己并非反对科学，只是科学发展的边界一再扩张，已经远远超过了自己的范围，直至发展成为科学万能之信仰，使得人文主义无端受到严重干扰，人道衰微，科学与道德的发展分为两途，这是十九世纪科学极端发展的结果。他甚至将这种负面现象形容为人间最大之恶魔，已经到了急需维护的地步。吴宓指出科学应在其固定的范围内发展，不能让科学横行无忌而抹杀一切其他经验，更不能让人为机械之物所主宰，这些主张显然处处映衬着新人文主义的影子。

　　为了对抗欧化主义与科学的负面影响，学衡派极力主张从中国古代传统文化中开掘新源流。如吴宓就夙"以国粹为中心，尊奉孔教"，他十分担忧新文化学者对旧文化、旧传统十分激进的变革主张与措施，极力要从中华民族文化传统中寻找到普遍有效和亘古长存的东西。例如要普遍尊崇孔子，仍然要坚持使用文言文等，这样才能重建我们民族的自尊。儒学与孔子这些在新文化学者那里被鞭笞得体无完肤的老古董又被搬到台上了，只是学衡派不想纯粹的复古，而是要从中"试图从传统的人文道德精神中追寻一种现代意义的开拓"[2]，这才是学衡派所普遍努力的目标所在。如柳诒徵就指出儒家之根本精神，是解决现代社会人生问题的钥匙，因为现代科学昌明物质发达，

---

① 吴宓：《附识》，《学衡》1922年第3期。

② 沈卫威：《回眸"学衡派"：文化保守主义的现代命运》，人民文学出版社1999年版，第38页。

尤其要坚守伦理道德中的义利之辨，"以节制人类私利之心，然后可以翕群而匡国"①，"不至以物质生活问题之纠纷，妨害精神生活之向上，此吾济对于全人类之一大责任也。"②这是赋予了传统儒学以当代意义，实际上也是让儒学能在科学发达的现代社会获得重生。1927 年 7 月 3 日，吴宓在和日本客人桥川时雄谈话中再次强调了当时中国最缺乏的就是宗教精神和道德意志，而这两项恰恰是被新文化学者摧残殆尽的，故反对这样的结果才是救中国的正途。不以宗教精神和道德意志为根本，政治上的统一是不可能实现的。随着科学的不断发展，中国最终会不可避免地卷入科学化、工业化进程中去。但也正是因为这一过程是无法回避的，学衡派更感到保存宗教精神与道德意志的重要性，人文主义也是在这个意义上被赋予救国救世意义的③。能救国、救世的宗教与道德意志被科学主义极力摧残，只有提倡新人文主义才能使二者得以重生。

吴宓一再重申救世之道的根本在于以"道德"弥补科学之弊，以人文主义救科学与自然主义之流弊。他声称这是他推衍社会、政治、宗教、教育等问题的标准所在，并归纳中华民族的道德精神在于"理想人格"，这种人格是维系民族精神存在的"元气"。他还在《学衡》第 16 期发表的《我之人生观》中说，要用信仰和幻想来补济理智之不足，而不能强求理智之不足；还要以宗教道德来补济科学之美"而不可以所已知者为自足而且败坏一切"④，否则只以科学来评定人生观，最终的结果都是物本主义。这段话既是他对"科玄论战"中人生观问题的回应，更是他自己对科学与道德、宗教关系的明确宣言——科学不能解决人生观问题。他在《我的人生观》中曾长文论述观念具有千古长存而不稍变的绝对性，一些外在的具象存在物，却会随着时间的流逝而刻刻不同，因此，只有信奉绝对不变的观念，才能以此判定善恶是非美

---

① 孙尚扬、郭兰芳：《国故新知论：学衡派文化论著辑要》，中国广播电视出版社 1995 年版，第 416 页。

② 柳诒徵：《中国文化史》下卷，东方出版中心 1988 年版，第 870 页。

③ 《吴宓日记（第 3 册）》，三联书店 1998 年版，第 421—422 页。

④ 吴宓：《我之人生观》，《学衡》1923 年第 16 期。

丑。虽然当时的社会危机重重，古今东西之说杂陈纷纭，但他仍能信道德礼教为至可宝之物，仍能在各家各派文章艺术之中寻得共同体认的标准，虽对国势日衰的现状抑郁懊丧至极，但只要有对宗教和道德的信仰，就仍然会留存一线希望。这种对"道德"与"中国文化精神"的凸显，是学衡诸君的普遍关注点。景昌极甚至明确提出"道德为体，科学为用"。"不立宗派，以其学为宗；不问所属，以其行为判，此之谓一切学问道德之科学化。"①。陈寅恪在为王国维撰写的《王观堂现实挽词》中指出中国文化精要在于"三纲六纪"，而且还指出正是因为近代以来三纲六纪劫尽变穷乃至无可挽回，王国维才与之"共命而同尽"。在国蹙民艰的时局下，学衡派放眼国家的政治、经济与军事等方面均难以与西方强国抗衡，或许也只能从传统文化与道德方面寻求些许慰藉了。

　　虽然第一次世界大战的爆发破坏了科学完美的外衣，但科学的作用及其对社会的改造功能是有目共睹的，其作为经济社会发展的引擎地位更是难以撼动的。因此，学衡派当时对近代科学主义、实验主义的抵制，对文化道统的倡导，自然会被视为"顽固保守"的文化派别。实际上，他们有别于国粹派等守旧派别，也有别于唯科学主义的新学派。因为学衡派始终在吸收西方文化的基础上挖掘和发扬传统文化的价值，并有着维护民族文化传统、关切人文精神的自我担当精神。如柳诒徵在《中国文化史》中论述近代文化时引述陈嘉异的话说，"东方文化"的内涵，绝非是如同一般沉浮干枯的国故，"精密言之，实含有中华民族之精神，或中华民族再兴之新生命之意蕴。"②但他们也毫不回避固有文化自身的弱点，较为中肯地指出了中国士人过于热衷八股，故而对科举的兴趣只是在于功名利禄，而并非在其中浸染道德理想以升华社会情操，这种注重实用的情结虽然能利己营私，缺陷却在于难以团结和缺少精深远大的思想，人们大多善于在道德的伪装下争利，道德自律和洁身自重尚未蔚然成风。另一方面，他们认为科学理性本身是有益的，只是需要

---

① 景昌极：《哲学论文集》，中华书局1930年版，第13页。
② 柳诒徵：《中国文化史》，上海古籍出版社2001年版，第969页。

运用得宜，十分可惜的是科学理性往往会超越实际经验的范围，这样就会成为危险之物了。学衡派这两层意思的表达，实际是想说明道德非尽善，科学理性也并非完美，需要互相结合助益，即西学与中国传统文化相互融合，截长补短，如此不但能救中国之时弊，还能在此基础上成为中国革新改进的有力推手。由此可见，学衡派对民族文化有着自觉的目标和主张，存续和发扬的责任担当十分明显，中国固有的文化与道德传统需要继续向前发展，又要吸收西方近代文明，进而在此基础上构建一条走向现代化的道路。学衡派信奉新人文主义，就是赞同其折中中西，中西互补的文化建构理想。

但实际情形则是，近代以来任何学派或个人表面主张不偏不倚而最后总要倾斜到某一端，学衡派自然也不例外。毫无疑问，学衡派既然被视为保守主义派别，理所当然要倾斜到中国的道德文化方面，而且，他们要在价值层面和事实层面全面保守中国文化。因为，学衡派主要就是面对欧化主义咄咄逼人的态势和新文化学者斩断旧文化的义无反顾而出场，试图在传统与现代、新与旧、中与西的二元对立格局中寻找到一条新的路径，但结果还是把道德精神作为评判一切事物的标准。于是，孔子及其道德学说不仅被奉为至尊，甚至被认为是挽救世界物质精神缺陷的最良之导师。儒家道德文化不仅可以作为批判西方近代个人主义、功利主义与人性自然论的缺陷，而且儒学尽人性、促人格养成以形成道德的过程，可以成为治疗西方强调个性、追逐私利等恶俗流弊之良药。所以，学衡派希望从儒家文化中找出"普遍有效和亘古常存的东西"[①] 来重建民族自尊。具体做法就是以孔孟之人本主义混合柏拉图、亚里士多德之学说融会贯通，再加以西方历代思想巨匠之学说精华熔铸一炉，如此则欧化与国粹并行不悖，亦可收融合东西两大文明之功。这种强调自律、追求以理制欲等较为传统的思路仍然是宋明理学强调心性修养的翻版，是专心学理研究而罔顾社会政治的种种变化。就以学衡派当时所处环境而言，国家内忧外患则是人所共知，救亡图存显然是第一要务，在这个背景下过多地强调道德精神的自律、感化而不考虑社会制度的重构，显然是

---

① 吴宓：《中国之旧与新》，《中国留学生月报》1921 年第 3 期。

不符合时代发展主流的。因为学衡派诸君没有关注到一个关键问题，那就是"不改变物质条件、社会关系和限制着人的全面发展的一切实际环境，不使人们在改造外在环境的实践中改变自己，一切道德说教将毫无实效"①。基于此，他们与新文化运动者鼓吹的政治话语始终各自处于文化对立的两极中。而学衡派自己宣扬的以中国的道德信条和道德实践融合西方新知从而实现中西并行不悖、互相补充的理想道路上，最终还是难觅科学踪迹，有的只是中国先贤道德理想闪烁的耀眼光芒。

四、返本与开新：新儒家的科学观

现代新儒家学派是 20 世纪 20 年代后逐渐发展起来的，也是在五四新文化运动后科学主义甚嚣尘上、传统文化则被弃之如敝屣的刺激下产生的。随着封建政权最终被埋葬，"天朝上国"、"四夷宾服"这种曾经充满荣耀感的文化理念在西学的入侵下已经体无完肤，但它并不甘心自身的彻底没落，还在纷乱的时势中不断寻找生存的机会。但寻找生机的道路是异常艰难的，传统文化不仅在应对以科学为核心的西方文明面前束手无策，更无力挽救王权失坠后四分五裂的时局，更有甚者被扣上了近代以来中国内忧外患罪魁祸首的标签。虽然曾经苟延残喘的清政权和后来的军阀政府纷纷抛出祭孔尊儒的法宝，但还是未能改变传统儒学江河日下的命运。不仅如此，新文化运动中的"打倒孔家店"的声讨、欧化思潮与科学主义思潮的冲击等等，都是对儒学生存环境的严重挤压。但也要指出的是，作为传统社会中汉民族文化重构与更生的胚胎，儒学不会因为封建政权的垮台而彻底消失，儒学复兴的呼声也未间断。现代新儒家学派就是以接续儒家"道统"复兴为己任，批判时人将科学、民主作为拯救中国的价值工具和理念信仰，反而丢失了儒家学说的主体地位，这才导致了各种社会危机。因此，要解决各种社会危机只有重新服膺以宋明理学（特别是儒学心性之学）为核心的儒学以支持中国文化向前发展——此即"返本"。但"返本"并非要彻底回归、雷同于传统儒学，而

---

① 姜义华：《理性缺位的启蒙》，上海三联书店 2000 年版，第 43—44 页。

是注重在中西文化汇合的理想状态下，吸纳整合西方的民主、科学等思想，使自己达到在道德实践与"政治主体"合而为一的高度主导状态。由于现代新儒家的侧重点依然是儒家的道德形上学，因此其理论框架仍然未跳出"中体西用"的框架。

现代新儒家代表性的宣言就是认为民族文化复兴"主要的潮流，根本的成分，就是儒家思想的复兴，儒家文化的复兴"①。但他们大多却不是封建皇权的卫道士，反而是一边钟情于儒学一边对封建专制深恶痛绝，对现代文明成果也是乐观看待的，因而他们不否认科学在近代社会中的巨大引擎作用。如张君劢就指出科学是保障国家安全重要条件，科学的功能可以使得一个国家由穷变富、由弱变强；科学可以使人由疾病转为健康，总之，国家安全与人的生存都与科学有着紧密联系。不仅如此，宇宙奥秘、资源不足乃至拓宽几千年来狭窄的民族视野等，总之，各方面的幸福都要依靠科学。这一观念也是自维新变法以后科学精神广泛传播的结果，无论是守旧还是维新的人，几乎都会肯定的内容。现代新儒家也是如此，但还是将此作为表达自己理论的过渡，紧接着他们就会直陈科学的诸多弊端和局限。如张君劢就指出近几十年来科学万能论称霸学界，唯唯称是者多，敢于挑战者少，而实际上科学并不能成为我们生活中的唯一真理，人类不能为科学而绑架一切甚至牺牲一切，要使得科学知识能为人类服务，"则知识必须合乎道德的标准。"② 贺麟也指出新儒家思想是经过艺术化、宗教化和哲学化的，不但可以超越传统旧道德的诸多限制，还能"提高科学兴趣，而奠定新科学思想的精神基础。"③这是现代新儒家表达反对唯科学主义，提倡科学需要结合道德的代表观点，也就是要沟通古今中西，赋予儒学新的生命力。

梁漱溟是最先对唯科学主义思潮提出诘难的现代新儒家学者，他并不是否认科学的"绝对价值"和"普遍价值"，而是指出科学本身粗糙的功利主义和过度的行动主义，不但会使人与自然的关系更加紧张，也会使人放

---

① 贺麟：《儒家思想的新开展》，《思想与时代》1941年第1期。

② 黄克剑：《张君劢集》，群言出版社1993年版，第503页。

③ 贺麟：《儒家思想的新开展》，《思想与时代》1941年第1期。

弃探索生命的意义和道德的价值，最终将富有灵性的人变成一个物欲的载体，生成了以生理之"我"为中心的观念，精神之"我"就很难建立起来了。科学有缺陷，但科学的精神还是西方文化迥异于中国文化的根本点，科学精神的实质就是"要求公例原则，要大家共认证实的；所以前人所有的今人都得，其所贵便在新发明，而一步一步脚踏实地，逐步前进"①，这种理智的方法也是中国所缺少的。当然，中国也有发明创造，如打铁、炼钢、做火药、做木活、做石活、建筑桥梁以及种种的制作工程等，但这些充其量可以归结为工匠心心相传的"手艺"而非"科学"，而西方应对一切问题、解决一切问题都凭科学，即使是许多零碎的经验和不全的知识，也会被分析、综合、归纳而继续推动向前探讨。不仅如此，就连西方的艺术也经过了科学化，相反，"在东方便是科学也是艺术化。"② 这里十分理智地分辨了中西方"科学"与"手艺"的差异，实际上也是肯定西方科学精神的一种体现。这种科学精神虽然十分可贵，但梁漱溟又对西方科技形成的工业社会现状十分不满，认为高度工业化使人成为机械的俘虏，人为了片刻欢愉而丧失了自己的精神世界，还生出了贪诈、暴戾等种种劣行，只有彻底找到一个根本的方法予以解决才能发生转机。他指出这一根本的方法只有走"中国的路，孔子的路"③，这里，他更多从实践形态的方面来认识科学，而且对待科学的态度"要变一变"，就是按照"中国的路，孔子的路"对西方的民主与科学进行改造，在"意欲"这个中心里框定复杂多样的历史文化，以直觉的情趣去解救科学理智的严酷，抛弃"彻底否定"与"彻底肯定"两种极端路数。不但要接受科学技术层面的现代化要素，还要欢迎科学技术背后的文化价值理念，正是因为西方科学家一味以向外察物为事，无法识得生生不息的活生命，故而最终只有运用"新儒学"来拯救西方文化的病痛和国人的颓废状态。

熊十力是从形而上的本体论对待科学的代表人物，他对科学的功能分析

---

① 《梁漱溟全集》第 1 卷，山东人民出版社 1993 年版，第 355 页。

② 《梁漱溟全集》第 1 卷，山东人民出版社 1993 年版，第 354—355 页。

③ 《梁漱溟全集》第 1 卷，山东人民出版社 1993 年版，第 504 页。

道："余固不肯轻视科学，但亦不敢以科学为万能。余以为人类如欲得真幸福，决非可仅注意外部，如环境与制度之改良"①。他在《新唯识论》中将人的智力分为性智和量智，前者是对本体获得体悟的根本途径，后者则是科学研究的主要方法，这两者的区别恰好可以分辨中学西学的异同。不仅如此，科学在自然科学领域的成就是有目共睹、无可争议的，但是人类的生活不能仅仅只是科学就可以囊括一切需要的，例如还有"返己"之学就是人类内部生活所必需的，一旦被抛弃，"本来虚而不屈动而愈出者，今乃茫然不自识，其中藏只是网罟式的知识遗影堆集一团，而抛却自家本有虚灵之主"。②因此，他将学问分为科学与哲学（玄学）两类，其中科学所求者"即日常经验的宇宙或现象界之真。易言之，即一切事物相互间之法则。"③所以，熊十力认为科学还是低于玄学的领域，因为科学只是处于经验世界是一种求真行为，不仅具有研究对象与研究领域，还有着具体的方法可以实测征验。反之，玄学肯定人的主体性意义，弘扬道德主体的价值，无实物可测，无形相可见，是处于超越层面，是一种"真善双彰"的活动。

众所周知，现代新儒家学派并非是顽固的传统守卫者，反而大多是较早接触科学并较有经历新学洗礼的知识分子。因此，他们既坦言儒学自身存在的诸多缺陷，也在肯定科学的实用价值和精神价值，同时也批判科学主义对科学的泛化理解。因此，以道德见长的儒学和现代科学不仅是并行不悖的，甚至是可以互相融合与吸收的。基于此，儒学的真精神与科学的内在精神价值是相通的，儒学可以吸收科学来丰富人的生命发展需要，这就赋予儒学具有现代社会的生活意义。因此，科学理性与科学功能仍然缺少独立地位，如梁漱溟表示为了坚持作为"体"的"理性"，要以"批评的把中国原来态度重新拿出来"④的态度接受科学。钱穆也对中国传统文化充满自信，他指出当时的中国需要积极的西方化（科学化），但中国在科学化之后，"依然还要

---

① 《熊十力全集》第 3 卷，湖北教育出版社 2001 年版，第 733 页。
② 《熊十力全集》第 3 卷，湖北教育出版社 2001 年版，第 303 页。
③ 《熊十力全集》第 3 卷，湖北教育出版社 2001 年版，第 107 页。
④ 《梁漱溟全集》第 1 卷，山东人民出版社 1989 年版，第 528 页。

在中国传统文化的大使命里尽其责任。"① 这种将科学化置于中国传统文化的大使命中来认识的态度，代表了现代新儒家的普遍共识。如熊十力对科学与经学的态度是："科学之于知能之域，尽量发展，使人之嗜欲，不遭抑遏，而可以畅遂，固有其长。然人类由科学之道，终不能穷极性命宝藏，即不能浚发与含养其德慧，不能有天地万物一体之量，不悟性分自足，无待于外之乐。如是，则人类终困于嗜欲无厌之狂驰，其祸或较抑遏嗜欲而尤烈。大战之一再爆发，而犹未知所低，是其征也。余以为科学与经学，两相需，而不可偏废。欲使科学方法与工程技术，纯为人类之福，而不至为祸，则非谋经学科学二精神之相贯不可。"② 近代以来经学的衰微，是因为其内涵不能适应社会发展的需要，因此，以科学补经学的方式，就是一种将异质思想文化因子植入传统儒学，使传统儒学获得现代转型的必要条件。这样，儒学获得新生，科学也"不至为祸"。熊十力特意表达了科学移植于中国哲学的重要性，只有阐明哲学，科学才会培固根荄。因为科学思想的源头出自哲学，西方科学能有如此的成就，就在于希腊时代的哲学家探索宇宙、自然的新奇伟大然后生发的求知欲。然"其后，哲人更由自我权能之自觉与自信，而得超越宇宙之表，以征服自然而利用自然有如孙卿'制天'之论。"③ 要为科学建立基础，只有重新发掘中国哲学尤其是儒家哲学中固有的因素，推进儒学的新发展，才能最终为科学的发展提供良好的环境。

可见，现代新儒家始终没有放弃"道"本"器"末的立场，而科学一直处于形而下的境遇也未得到彻底改变。科学对社会发展的推动作用无疑是巨大的，但这种作用仍然只能作为彰显儒学"真精神"的注脚。在西方科技日新月异的形势下，只有依靠儒学的个人涵养和心性修养，通过个人道德修养与人格的自我完善，将"道德"作为"奠定科学可能的理论基础"④，才能达成治国平天下的内圣外王之路。这种对中国传统文化自信自觉的守护以及融

① 钱穆：《中国文化史导论》，三联书店 1988 年版，第 168 页。
② 《熊十力全集》第 4 卷，湖北教育出版社 2001 年版，第 559 页。
③ 《熊十力全集》第 4 卷，湖北教育出版社 2001 年版，第 559 页。
④ 贺麟：《儒家思想的新开展》，《思想与时代》1941 年第 1 期。

合中西文化的态度，是对当时盛行的"科学万能论"和历史虚无主义的有力抵制。现代新儒家只想通过温和的文化融合、改造来实现拯救时弊的目标，即对传统文化加以发掘，发现其中的民主与科学思想进行人道观念的改造，让传统文化重新"成为维系现代社会人文价值系统的中枢。"[1] 不可否认，儒家文化可以延续生命与它确实具有吐故纳新的自我更新能力是密不可分的，儒家文化中的不少内涵也具有超越时代的价值，但这并不意味着儒家文化可以"开出"现代科学与民主等要素，所谓科学、民主"正是中国文化之道德精神求其自身之完成与升进所必然要求之事"[2]，只是对两者背后的观念世界和价值系统仍然存在巨大差异的漠视。因此，"返本"可以理解，但"开新"只能说是一种幻想，因为它褫夺了科学自身产生及发展的社会历史条件及价值体系，这样的科学也就成了无源之水、无本之木。究其实际，还是现代新儒家学派借鉴儒学、佛学从研究对象、科学真理、认知方式等阐述科学的含义，可见，新儒家思想的主要方向就是站在传统儒家的立场上，重新从整体来衡量（科学）知识与儒学，通过对西方科学吸收为儒学成为"返己之学"注入新血液，最终实现传统文化的现代化转型。他们将自己的主观意志带去认识科学，这样也就不可能形成对科学内涵、功能、地位及价值的完整而客观的理解，最后只能开新无望而只能返本。

总之，近代科学和其他学术流派乃至宗教一样，要在中国得到接受和发展，就必然要经过中国传统文化这一"染缸"的洗礼，直到它与中国传统文化的要义接近或者相通，才能拥有正式的准入身份。显然，文化保守主义者作为守护传统文化的代表学派，他们出于对传统文化的深切认可并希望它能像四夷宾服时期一样涵化外来文化，进而继续保持自己的主导地位。只是他们也正视 20 世纪初叶东方文化在外来文化方面入侵时的守势，进而提出调适、吸收或融合之类的温和词汇。当然，就传统文化对现实关系的整合以及道德修养的提升等方面是有其历史价值的，故而他们借助于对科学主义的诸

---

① 胡逢祥：《社会变革与文化传统：中国近代文化保守主义思潮研究》，上海人民出版社 2000 年版，第 290 页。

② 方克立：《现代新儒学与中国现代化》，天津人民出版社 1997 年版，第 51 页。

多缺陷而钟情于称颂传统文化所构建的经验性知识、思维方式和一整套行为准则，但这种文化构建思路显然与近代中国救亡图存的国势十分不相宜，因为纷纷乱世中虎视眈眈的帝国主义侵略者和野心勃勃的军阀割据者，都不会再去温习宋明理学的故纸堆，他们反而会利用科学的便利推动战争机器的无休止运作。因此，试图通过一种文化精神上的内在省视，强调一种合适的文化道德人格对于为人治学处世的意义，或者"试图通过对古今中外文化的批判、选择、汇通、融合，寻求道德理想实现的道路"①，只能是近代文化保守主义者一厢情愿的自娱自乐，最多也只是将洋务运动以来的"中体西用"发展到"中西调和"而已。

就近代以来中国的严峻局势而言，彻底要求保存传统而抵制新学的人是很少的，因为中国近代以来严格意义上的保守主义者是没有的，因为没有人固守一成不变的旧传统，只是对传统变革程度的差异有着各自的底线而已，结果，"要求变革较少的人往往就变成了保守主义者。"② 中国近代文化保守主义者也只是相较于新文化派、欧化派等而言，希望在弘扬传统文化、复兴民族文化之根的基础上为儒学新生而努力。美国学者艾尔曼曾总结近代经学发展的命运："格致学的衰落终结了精英们对儒学价值的千年信仰，终结了包含中国传统自然研究和本土技术在内的全国范围的五百年经学正统"③。经学正统随着其附着的封建帝制和科举制度的废除而被终结，但儒学价值的千年信仰真的终结了吗？儒学文化的守护者不会放弃，儒学文化的持久熏陶与影响不是一次和几次革命或改良能够洗刷殆尽。无论是"新"、"旧"儒者，心中也只有新、旧多寡的程度，而断然不会彻底地"新"和彻底地"旧"。就20世纪初叶的中国社会而言，"个人——家庭——国家——天下"是知识分子们一如既往的终极政治关怀，只是传统文化阵营遭遇"科学"后，"个

---

① 段妍：《"学衡派"文化寻际的反思》，《北方论丛》2009年第4期。

② 余英时：《中国近代思想史上的激进与保守》，见余英时：《钱穆与中国文化》，上海远东出版社1994年版，第199页。

③ ［美］艾尔曼：《从前现代的格致学到现代的科学》，蒋劲松、庞冠群译，商务印书馆2002年版，第41页。

人——家庭——国家——天下"的支撑体系已经由原来的儒学文化变为由儒学文化吸收科学而扬弃之后产生的"新文化",他们认为这种新文化平衡了科学与道德之间的关系。因此,近代文化保守主义者从未放弃对儒学价值的信仰,相反,他们大多是想通过科学精神、科学方法实现儒学的"创造性转化"而延续这一信仰。不能否认他们对儒学文化的守卫是虔诚的,他们也决心下大力气重建儒学体系,这决定了他们对科学的接受与认可始终限制在形而下的层面,这或许是传统文化式微时面对新学进攻态势下的怯懦和不信任,又或者是抱残守缺的子孙们借助新的文化精神为日趋瓦解的中国传统注入新生命,希望能起死回生而已。但这种形势和心态下进行的文化重建往往带有情绪化和片面化的偏向,例如他们会先入为主地判定传统文化与科学优劣,继而认为儒学自身会吐故纳新。而科学只是无法控制的工具,故而会在文化重建中断章取义、牵强附会地扩大传统文化的外延和内涵,缩小科学的功能价值与内在精神,从而不能认识到儒学自身存在的无法回避的虚伪性、软弱性等缺陷。而且儒学依赖的潜心经典、正心诚意的躬行方式,是无法在弱肉强食的军阀割据、列强争雄的时代获得实现的,最终难免陷入曲高和寡的落寞境地。

第二节　文化激进主义的科学观

20世纪的中国,是各种各样的社会思潮波澜叠起、激荡起伏的时代,文化激进主义是其中颇具影响力的一种社会文化思潮。文化激进主义内生着急切变革中国的社会政治、文化体制传统的内在特质,在很大程度上迎合了当时国民改变现状的躁动、急切,以及渴望未来、急于行动的热情兴奋。因而,文化激进主义在推进中国文化转型、社会变革方面起到一定的作用。

为了实现自己的社会变革目标,文化激进主义推崇用西方的科学文化代替和解构传统伦理文化,主张实行全盘西化;轻视文化的"理性思考"和"反思"功能,重视文化的社会动员和意识形态功能的取向。回顾历史,文化激进主义兴盛繁荣,正值民主与科学在中国大行其道之际。科学理念及科学主义与思潮对于反对传统、主张西化的文化激进主义者有着天然的吸引力。可以说，科学主义与文化激进主义存在切不断的联结。科学在文化激进主义学者手中，扮演了重要的任务角色，发挥着重要的作用。

一、西方科学文化与中国传统文化

在文化激进主义者看来，西方文化和中国本土文化有着很大的区别。正如梁漱溟指出的，西方文化重视人与自然的关系，东方文化重视人与人的关系。学者张君劢也认为西方文明注重对自然的支配，东方文化关注生活的修养。换言之，西方文化重自然，是科学文化；东方传统文化是重道德伦理的伦理文化。在分析和比较中西文化的优劣时，学者们之间产生了巨大分歧。传统文化的坚守者认为东方文化高于西方文化。反之，崇尚西方文化的文化激进主义者认为西方文化是人类文明新高度。胡适曾经直白地指出，东西文明的界限就是古代的人力车文明与现代的摩托车文明的区别。这种对东西方文化的偏激理解和诠释，使得文化激进主义学者对科学精神、科学文化给予高度的关注和极端的推崇。

在文化激进主义者眼中，中国近代工业化和现代化的落伍，主要原因之一就是传统文化的本质及其功能所致。胡适曾经尖锐批评中国传统文化具有扼杀人性、轻科学重伦理、独断性、权威主义等弊端。谭嗣同的见解更为尖锐和偏激。他批评中华民族传统文化的勤俭思想，指出如果继续固守"工价之廉，用度之俭"[1] 的传统美德，并坚信其"足以制胜欧美"[2] 是可悲的、极其危险的。"中国守此不变，不数十年，其醇其庞，其廉其俭，将有食槁坏，饮黄泉，人皆饿殍，而人类灭亡之一日。何则？生计绝，则势必至于此也。惟静故惰，惰则愚；惟俭故陋，陋又愚。兼此两愚，固将杀尽含生之类，而无不足。故静与俭，皆愚黔首之惨术，而挤之于死也。"[3]

既然文化激进主义学者将中国落后原因归于中国传统文化，那么"反传

① 《谭嗣同全集》下，中华书局 1980 年版，第 324—325 页。
② 《谭嗣同全集》下，中华书局 1980 年版，第 324—325 页。
③ 《谭嗣同全集》下，中华书局 1980 年版，第 325 页。

统"自然就成为文化激进主义的主要目标之一。在反传统文化的进程中，文化激进主义者也将西方文化，尤其是科学文化推到高峰。他们希望通过宣传和学习科学文化，达到对传统文化的扬弃，甚至是替代。全盘西化也就成为文化激进主义的主要观点主张。在"五四"新文化运动时期，这一思想主张达到高峰。他们反传统、主张全盘西化的表现包括：其一是彻底抛弃儒家经典，废除古文化。陈独秀指出，"孔子生长封建时代，所提倡之道德，封建时代之道德也；所垂示之礼教，即生活状态，封建时代之礼教，封建时代之生活状态也；所主张之政治，封建时代之政治也。封建时代之道德、礼教、生活、政治，所心营目注，其范围不越少数君主贵族之权利与名誉，于多数国民之幸福无与焉"[1] 此外，还有吴稚晖更是对传统的先贤予以讽刺、挖苦，无情嘲笑。凡此种种，不尽枚举。其二就是对西方科学文化的大力推崇，主张全盘西化。胡适连续发表了《我们对于西洋近代文明的态度》、《请大家来照照镜子》、《漫游的感想》等文章，主张学习西方，仿效西方资本主义文明。提出了全盘西化的两个概念，即 Wholesale Westernization 与 Wholehearted Modernization 两个西化的新名词。陈序经也是直截了当地提出西化主张。他指出，"救治目前中国的危亡，我们不得不要全盘西洋化。但是彻底的全盘西洋化，是要彻底的打破中国的传统思想的垄断，而给个性以尽量发展其所能的机会。"[2]

在否定传统经典、主张全盘西化进程中，科学文化是文化激进主义学者所采用和大力宣传的核心思想之一。虽然"科学"是五四时期的口号，但是对科学文化、科学知识的认识和接纳，在西学东渐的过程中已然逐步开始。在科学知识初入中国时期，人们称之为"奇技淫巧"。康有为最先使用"科学"这一名词。其后，严复、陈独秀等等学者纷纷跟进，倡导和宣传科学。文化激进主义思潮对科学文化的理解和认识也伴随着这一进程不断深化。因为在他们眼中，西方资本主义国家的强盛主要源于科学文化的繁荣。1924 年，

---

[1] 《陈独秀著作选》第 1 卷，上海人民出版社 1993 年版，第 235 页。

[2] 陈序经：《中国文化的出路》，上海商务印书馆 1934 年版，第 123 页。

吴稚晖在《科学周报》前言中的观点可以窥其全貌，"科学在世界文明各国皆有萌芽。文艺复兴以后，它的火焰在欧土忽炽。近百年来，更是火星迸裂，光明四射。……以往的人们，受自然威权的制限太多了，因此而生出神权、黑暗的时期。得科学来淡下神权的崇拜，人们的思想，遂得一大解放。独立自尊的观念，未来的理想世界，都仗着它造因"。最后，吴稚晖强有力、但答案明确地提问"欧美各国的兴盛，除了科学，还能找到别的动力吗？"[①]

文化激进主义对于科学文化推崇备至，主张在精神领域全方位超越中国传统文化，并期盼在社会实践中彻底取代传统文化。

（一）宣传自然科学知识，反对复古

文化激进主义者站在科学文化的立场，极力批判传统文化。他们反对空谈"心性"或者"新理性"，认为科学文化，尤其是科学精神、科学方法是国家民族发展的动力源泉。可以说，科学已然成为他们开始文化思想革新，反对复古，批判传统，实现"西洋式社会国家"的核心手段。在"科玄论战"时期，吴稚晖、丁文江等人纷纷批判玄学，是这一思想的集中体现。这一时期，文化激进主义学者充分利用科学文化实践验证正确性及其产生的影响，激励反驳传统文化，反对复古。例如，吴稚晖大力宣传科学知识，尤其是宣扬进化论，以反对张君劢、章士钊等人鼓吹复古和"物质文明破产"的叫嚣。科学家任鸿隽说道，"然使无精密深远之学，为国人所服习，将社会失其中坚，人心无所附丽，亦岂可久之道。继兹以往，代兴于神州学术之林，而为芸芸众生所托命者，其唯科学乎，其唯科学乎。"[②]对此，前文已有详尽描述，此处不再赘述。

文化激进主义对科学的推崇是全方位的，以至于包括国人的思维判断准则和日常生活等均以科学为基础重新审视，或批判、或弃之。例如传统文化中难以启齿的"性""淫"等，都以科学之名赋予其新的解读。谭嗣同指出，

---

① ［美］郭颖颐：《中国现代思想中的唯科学主义》，雷颐译，江苏人民出版社1989年版，第36页。

② 樊洪业、张久春：《科学救国之梦——任鸿隽文存》，上海科技教育出版社2002年版，第18页。

中国传统礼教束缚人性的自然生理需求，将之神秘化，进而加以抑制，实乃传统礼教的弊端和荒谬。谭嗣同运用科学的知识，重新解读两性关系，将之合理化、自然化。他指出："男女构精，特两机之动，毫无可羞丑，而至予人间隙也。中国医家，男有三至、女有五至之说，最为精美，凡人皆不可不知之。若更得西医之精化学者，详考交媾时筋络肌肉如何动法，涎液质点如何情状，绘图列说，毕尽无余，兼范蜡肖人形体，可拆卸谛辨，多开考察淫学之馆，广布阐明淫理之书，使人人皆悉其所以然，徒废一生嗜好，其事乃不过如此如此。"①

"五四"时期，随着新文化运动的蓬勃开展，民主与科学大旗高高飘扬，科学文化已然占据完全压倒性的优势。科学文化的权威确立已然成为历史趋势。在这个意义上讲，文化激进主义者坚信科学文化必然接替传统文化，担负起救国救民的历史使命。对此，陈独秀在《新青年》中所表达的思想颇具代表性，即"只有德塞二位先生，可以救治政治上道德上学术上思想上一切的黑暗。"②

（二）极力主张发展科学事业

发展科学教育事业，改变国民普遍迷信、愚昧的现状，是当时大多数文化激进主义学者的殷切期望。他们推崇科学教育目的是扫清士大夫教育的影响，打破教育作为培养统治人才的目标取向，让教育更加普及，培养中国自己的科学人才。

在20年代时期，时任北洋政府教育总长章士钊的"读经救国"主张，吴稚晖对此进行毫无保留的痛斥。如前所述，文化激进主义学者坚信西方强国发达的物质文明是科学的结果。而当时中国科学教育在教育领域的比率不足十分之一，提倡科学教育十分紧迫和必要。"学校则缺少工艺之学校，书籍则缺少科学工艺之书籍，器具则缺少科学工艺之器具。"③吴稚晖将物质文

---

① 《谭嗣同全集》（下），中华书局1980年版，第305页。

② 陈独秀：《〈新青年〉罪案之答辩书》，见《陈独秀著作选》第2卷，上海人民出版社1993年版，第443页。

③ 《吴敬恒选集·科学》，台北文星书店1967年版，第21页。

明与使用机器工具联系起来，进而将发展科学事业与推广机器工具的使用和制造联系起来，并将其作为科学事业、科学教育的根本。"其备物不周之故，推想于物之所以备，即工具短缺是矣。工具短缺之情状，普通皆有觉悟，如所谓主张推广机器制造也，所谓传布实业主义也，所谓注重科学教育也，无非间接直接，亦望增多其工具。虽然，如不能成真正工具之嗜出，普及于青年间，则所谓机器制造，所谓实业主义，所谓科学教育，皆如隔云雾而谈天际也。"①

此外，文化激进主义者还希望科学事业、科学理念、科学知识推广到一切领域，包括进入人们的日常生活，从而形成科学的权威性，并成为一种批判力。严复说"其人既不通科学，则其政论必多不根"②。陈独秀则说："士不知科学，故袭阴阳家符瑞五行之说，惑世诬民；地气风水之谈，乞灵枯骨。农不知科学，故无择种去虫之术。工不知科学，故货弃于地，战斗生事之所需，一一仰给于异国。商不知科学，故惟识罔取近利，未来之胜算，无容心焉。医不知科学，既不解人身之构造，复不事药性之分析……"③

总之，文化激进主义者希望打破文学、玄学占绝对主导的局面，提升对自然科学、生产知识和技艺的传授，实现中华民族御侮救亡，为人类尽天职。

二、科学等同于方法论

中国近代从西方汲取的科学概念，长期以来集中于科学精神、科学方法的理解，主要内容包括：逻辑（论理）、自然科学知识、实证哲学。这种科学的理解，很好地迎合了文化激进主义学者反对传统文化含混不清、鬼神迷信思想等目标，因而被文化激进主义学者接纳并逐渐强化。对此，陈独秀对科学的解释直截了当："社会科学是拿研究自然科学的方法，用在一切社会

---

① 《吴敬恒选集·科学》，台北文星书店1967年版，第9页。
② 王栻：《严复集》第3册，中华书局1986年版，第565页。
③ 陈独秀：《新青年（第1卷第1号）》，见《陈独秀著作选》第1集，上海人民出版社1993年版，第135页。

学的学问上，像社会学、伦理学、历史学、法律学、经济学等，凡用自然科学方法来研究、说明的都算是科学，这乃是科学最大的效用。"①

　　科学就是证实，就是方法论，这是文化激进主义学者的共识。其中原因是多方面的，最关键的原因在于近代传入中国的科学观念正是实证主义科学观。这种解释就是将科学方法直观理解为自然科学方法，将社会现象等同于自然现象，认为人类社会也有可遵循的法则。在近代中国，文化激进主义学者继承这一理念，将这种科学方法用于近代中国社会问题的解决，赋予科学更重大而艰巨的历史使命。当然，这种对科学内涵的理解，是近代以来一直存在的哲学认识论，只是在近代中国，学者对其做了对科学方法普适主义的解构。如前所述，这种科学的普适主义解构，承载了打破中国传统文化的封闭、实现救亡图存的历史使命。

　　科学方法在文化激进主义学者那里，对于科学的普适性运用，也存在各自不同的侧重点。在胡适、顾颉刚等看来，"国故与史学"是科学方法运用的重点领域。为了打破思想专制，推翻偶像，胡适等宣扬凡事都要问问"为什么"，主张运用科学的方法审视中国史学的历史遗产及未来发展。胡适所著的《中国哲学史大纲》让其名声大噪。"大胆假设、小心求证"更是当时科学方法最经典的思想。顾颉刚曾经说："整理国故的呼声倡始于太炎先生，而上轨道的进行则发轫于适之先生的具体的计划。"② 那么，在陈独秀、李大钊等人的眼中，科学方法主要运用于思想批判、政治批判之中。陈独秀指出："用思想的时候，守科学方法才是思想，不守科学方法便是诗人底想象或愚人底妄想、想象"③。"今欲学术兴，真理明，归纳论理之术，科学实证之法，其必代圣教而兴欤。"④ 在陈独秀等人看来，只有科学思想才是至高无上的，只有坚持和信仰科学才能剔除社会中的无知、愚昧，才能开民智、兴国邦。当然，这里我们也很明显看出，陈独秀将科学、真理，甚至于思想等

---

① 《陈独秀著作选》第 2 卷，上海人民出版社 1993 年版，第 123 页。
② 顾颉刚：《自序》，见《古史辨第一册》，上海古籍出版社 1982 年版，第 78 页。
③ 《陈独秀著作选》第 1 集，上海人民出版社 1993 年版，第 124 页。
④ 《陈独秀著作选》第 1 集，上海人民出版社 1993 年版，第 397 页。

概念混在一起，过分注重其归纳论理的特征，从而忽视科学具备的演绎论的精髓。

此外，实证意味着怀疑、考证、辩伪，与文化激进主义者破旧立新的理念主张不谋而合。因此，实证主义科学是破除传统文化桎梏的利器，是文化激进主义者手中金光闪闪的法宝。1923 年，张君劢发表《人生观》演讲，掀起了科玄论战的大幕。文化激进主义学者扛起"科学"大旗，对玄学派发起全面反击。吴稚晖公开抨击张君劢关于人生观"初无论理学之公例以限制之，无所谓定义，无所谓方法"的观点①，明确指出人生观也要接受科学洗礼，"何能以玄学解决人生，可外论理？"②强调玄学要讲究科学方法，遵循科学精神，玄学是"愿受科学洗礼的玄学鬼，不是那'大摇大摆'反对论理的'无赖玄学鬼'。"③

文化激进主义学者将科学等同为方法论，还体现在将科学作为救亡图存的方法手段，致力于科学政治化、民族化。近代科学注重实验活动，强调科学方法的重要性，及以此为基础召开的智力因素的合理性。但是，急于改变现状的近代知识分子，尤其是文化激进主义学者，却把这种智力因素提升到至高无上的地位，统领整个社会领域和精神领域。陈独秀曾这样指出："只有德赛二位先生，可以救治政治上道德上学术上思想上一切的黑暗"④。他认为近代中国的实验室就是监狱，将赛先生（科学）解释为改造社会的方法。这种对科学社会功能和内在价值不对等的认识，在一定程度上凸显了科学的绝对权威。

当然，另外一些学者对科学的内在价值及方法论功能进行了不同角度的解读。瞿秋白在《自由世界与必然世界》中指出，"张君劢先生以为自然界有'相同现象'可以做科学的对象；人类社会间则有英雄豪杰等，不能发

---

① 张君劢、丁文江等：《科学与人生观》，山东人民出版社 1997 年版，第 36 页。
② 时希孟：《吴稚晖言行录（上）》，上海广益书局 1929 年版，第 84 页。
③ 《吴稚晖的人生观》，广州中山书店 1928 年版，第 86 页。
④ 陈独秀：《〈新青年〉罪案之答辩书》，见《陈独秀著作选》第 2 卷，上海人民出版社 1993 年版，第 443 页。

见'同相'的人，故不能以科学测度；这是很错的。科学的公律正是流变不居的许多'异相'里所求得的统一性"①。在这里，很明显瞿秋白将科学公律看成是众多现象中统一的东西，进而指出人类社会与人的意向之间的因果关系。可以说，近代中国对于科学内在价值与外显社会功能的认识，凸显了科学的社会变革工具属性。陈独秀其后更直白地指出，"科学之有造于物质，科学之有造于人生，科学之有造于知识，科学可提高人的道德水平"。实际上，当科学被赋予救亡图存的工具属性后，科学等同于方法论的理解也显现意识形态功能取向，而此时的科学本身已经被政治化和民族化了。

最后，面对暗涌的革命浪潮，文化激进主义者将科学作为方法论的认识，还体现在科学是社会革命的方法的理解。五四前后，以杜亚泉为代表的东方文化派投身于复兴固有传统文化，寻求中国传统文化的未来发展道路，甚至提出了"用中国文化拯救西方"的说法。1923年，瞿秋白在反驳时指出："颠覆一切旧社会的武器正是科学。科学只是征服天行的方法。在少数人垄断此种方法之结果的社会里，方法愈妙，富人愈富，于是社会中阶级斗争愈剧烈，国际间战祸愈可惨，因此以为是科学方法本身的罪恶，其实假设大多数人能应用科学，则虽有斗争亦自能保证将来发达进步之可能，只因此等进步已非资产阶级文化的进步，而是无产阶级文化的进步"。② 在这里，瞿秋白明确表达了科学技术工具论的思想，即科学并非资产阶级专属，是包括无产阶级在内的人类共同文化。无产阶级只要掌握科学，也会推动社会的进步。换言之，也是无产阶级社会革命的工具。"所以必须以正确的社会科学的方法，自然科学的方法，为劳动平民的利益，而应用之于实际运动；……以完成世界革命的伟业。如此，方是行向新文化的道路"。③ 瞿秋白关于科学是社会革命方法论的思想表达得很清楚。随着他对社会主义的认识和理解不断深入，科学作为社会主义革命的方法论也呼之欲出。"社会主义颠覆现代文明的方法于思想上便是充分的发展一切科学，——思想方面的阶级斗

① 《瞿秋白选集》，人民出版社1985年版，第121页。
② 《瞿秋白选集》，人民出版社1985年版，第20页。
③ 《瞿秋白选集》，人民出版社1985年版，第21页。

争"。① 随后，瞿秋白赋予了无产阶级革命更深层次的使命，即科学的全部意义只有社会主义革命成功后，在社会主义社会才能够充分体现。他指出："要达到此种伟大的目的，非世界革命不可，这是'无产阶级的社会科学'的结论"。②

三、科学为基础的人生观、社会历史观

文化激进主义学者在宣传科学精神、科学方法的同时，逐渐形成了以科学为基础的人生观、世界观和社会历史观。随着认识中个体差异显现，学者们各自的人生轨迹也各有千秋。当时，胡适关注人格尊严、社会实际问题，提出了"多研究些问题，少谈些主义"的口号。而另一些学者，例如李大钊、陈独秀、瞿秋白等，基于科学精神、科学文化的指引，更多关心人的价值、积极自由和潜能的实现。这种主张构建以科学为基础的人生观、世界观和社会历史观，颇具代表性和积极意义。

可以说，人生观问题是近代中国关心的热点问题。陈独秀认为，解决人生观问题，必须以科学为基础。人生的发展是受到自然法则支配的。在科学面前，没有解不开的问题，没有任何神秘的、玄幻的力量可以超越科学。陈独秀基于科学的理念，反对宗教，认为上帝有无不能证实，因此耶教的人生观不可信。"人类将来之进化，应随今日方始萌芽之科学，日渐发达，改正一切人为法则，使与自然法则有同等之效力，然后宇宙人生，真正契合。此非吾人最大最终之目的乎？或谓宇宙人生之秘密，非科学所可解，决疑释忧，厥惟宗教。余则以为科学之进步，前途尚远。吾人未可以今日之科学自画，谓为终难决疑。反之，宗教之能使人解脱者，余则以为必先自欺，始克自解，非真解也。真能决疑，厥惟科学。故余主张以科学代宗教，开拓吾人真实之信仰，虽缓终达"。③ 可以看出，陈独秀表达了明确的唯物主义立场。陈独秀基于科学的权威性，宣称宗教的世界观必然被

---

① 《瞿秋白选集》，人民出版社 1985 年版，第 109 页。

② 《瞿秋白选集》，人民出版社 1985 年版，第 20 页。

③ 《陈独秀著作选》第 1 卷，上海人民出版社 1993 年版，第 253 页。

取代，并以此重新审视社会人生，主张确立科学的人生观和世界观。陈独秀指出，"科学有广狭二义：狭义的是指自然科学而言，广义的是指社会科学而言。社会科学是拿研究自然科学的方法，用在一切社会人事的学问上，象社会学、伦理学、历史学、法律学、经济学等，凡用自然科学方法来研究、说明的都算是科学，这乃是科学最大的效用。"① 陈独秀认为科学是人确立理性精神、树立自立理念，实现人生进步、幸福的根本。他指出："余辈对于科学之信仰，以为将来人类达于觉悟获享幸福必由之正轨，尤为吾国目前所急需，其应提倡尊重之也"② 同时，陈独秀主张科学精神、科学方法运用于社会历史领域，大力宣扬唯物史观。提出只有客观的物质原因可以变动社会、解释历史、支配人生观。可以说，在当时国人迷信盛行、思想迷茫的时期，陈独秀通过科学树立新的世界观和人生观，具有重大的启蒙意义。

然而，陈独秀并不是从科学本身来理解唯物史观，也没从本体论意义上理解唯物史观，只是将科学理解为一种应用，一种社会革命的方法。也正是这个原因，当此后陈独秀重新修正自己对唯物史观的认识时，不可避免地陷入托洛茨基主义。

瞿秋白将科学的公律理解成抽象的统一的东西，进而将社会现象解释为受因果规律支配的结果。随后，他将这一认识带入到人生观问题的结局中。他指出，"科学的因果律不但足以解释人生观，而且足以变更人生观"③ 并将人生观理解为由科学知识构成，即"得之于经济基础里的技术进步及阶级斗争里的社会经验"④。然而，瞿秋白对于人生观的解读，很大地区别于"科学派"。他曾批判胡适的实验主义，指出"实验主义只能承认一些实用的科学知识及方法，而不能承认科学的真理。实验主义的特性就在于否认一切理论的确定价值"。随后，他又继续比较指出"实验主义的重要观念在于利益"

① 《陈独秀著作选》第 2 卷，上海人民出版社 1993 年版，第 123 页。
② 陈独秀：《独秀文存》，安徽人民出版社 1987 年版，第 93 页。
③ 《瞿秋白选集》，人民出版社 1985 年版，第 126 页。
④ 《瞿秋白选集》，人民出版社 1985 年版，第 127 页。

而"马克思主义所注重的是科学的真理，而非利益的真理"①。由此可以看出，瞿秋白的理解是将科学方法、科学精神的有效性和客观真理结合起来。这种将科学与客观真理紧密结合的理解和表达出现后，马克思主义不断通过自身客观真理的内在特质来证明自己的科学性，并进一步推动马克思主义在中国的传播。

此外，瞿秋白还基于科学的深刻认识，表达了关于社会主义革命的历史观。他认为科学具有文化意义，可以让阶级更加分明。在这个意义上，科学就转化为一种统治阶级对受统治阶级的权威。当被统治阶级"利用科学文明来打破旧社会制度，将封建社会的神秘性完全扫除，将资产阶级的科学性引导到底"，② 社会主义革命、社会主义社会由此开启。瞿秋白的这种社会发展的认识，直接让其走向社会主义科学。瞿秋白认为，社会主义社会是对资本主义科学肯定的基础上实现人类社会的进步和突破。他指出，社会主义科学要"在这资本主义发展的过程中决定更正确的斗争方略"，使"人生的体育、智育都可以充分的得科学之助，而尤其是社会的组织，可以时时按科学的原理而变易"③，最终实现"从必然世界跃入自由世界，———那时科学的技术文明便能进于艺术的技术文明"④。

总体上看，瞿秋白的科学认识起到维护科学精神、科学文化，推进马克思主义传播以及社会主义革命等积极意义。但是这种科学认识透露出简单地将科学内涵归于社会阶级性，阻碍了对科学内涵理解的深化以及科学活动合理性判断的消极影响。

纵观中国近代社会思想文化史，文化激进主义期望凭借主观热情和武断的手段实现社会变革的理念，注定是"乌托邦"。他们对科学片面的理解，简单拿来主义的运用，势必无法真正领悟科学的真谛，也使科学在中国的实践无法达到预期。然而，文化激进主义所持有的社会责任感，对传统文化的

---

① 《瞿秋白选集》，人民出版社 1985 年版，第 121 页。
② 《瞿秋白选集》，人民出版社 1985 年版，第 96 页。
③ 《瞿秋白选集》，人民出版社 1985 年版，第 108—109 页。
④ 《瞿秋白选集》，人民出版社 1985 年版，第 109 页。

怀疑批判，对科学精神、科学方法的执着追求，影响着中国近代的历史进程。这当中，文化激进主义学者对马克思主义唯物史观的分析，阐明了马克思主义鲜明的科学性，有效促进马克思主义在中国的传播和发展，其历史意义是巨大的。虽然如此，但我们更加要明确，美好的乌托邦令人向往，直接武断的口号使人热情万丈，但这些终究无法具有现实可操作性，一意孤行，并将渐行渐远。历史的发展进步需要热情、激情，需要不拘一格和打破陈规，但更需要理性。

第三节　自由主义的科学观

清政府在甲午战争中的惨败以及戊戌变法试图变革体制以自救的夭折，并没有彻底改变国人对西方科学文化的粗浅认识，时人坚持"欧美人除能制造、能测量、能驾驶、能操练之外，更有其他学问，而在译出西书中求之，亦确无他种学问可见"[①]者仍比比皆是。但是，仍有一批自由主义者"新学者"如严复、梁启超、胡适等人开始再次重新探索中国落后的深层原因。与文化保守主义者不同的是，近代自由主义先驱首先将目光投向了西方，并认为西方屡屡胜利的原因在于学术上的黜伪而存真，政治上的屈私以为公。虽然两者与中国之理道在初始之际并无差异，但对方实施起来畅通无阻，中国则障碍繁多而停滞难行，原因在于"自由不自由异耳。"[②]近代自由主义思潮以自身独特的话语表达着寻求救亡图存的时代诉求，并以一种鲜明的、突出的生命张力在近代中国的思想潮流中书写着自己的轨迹。

众所周知，"自由主义"一词源于西班牙语"Liberales"，是西方 17 世纪以来占主导地位的社会思潮，并于 19 世纪初叶成为西方世界的主流意识形态，乃至制约着整个西方政治制度的建立原则[③]。虽然对自由主义的含义还存在众多分歧，但主张个人原则、平等、民主、国家等内涵，却是自由主

---

① 梁启超：《清代学术概论》，上海古籍出版社 1998 年版，第 9 页。
② 王栻：《严复集》第 1 册，中华书局 1986 年版，第 4 页。
③ 李强：《自由主义》，吉林出版社集团 2007 年版，第 25 页。

义者共同具有的内在一致性理念。而且，自由主义学说舶来中国的一个重要途径就是经过有留学西方的学子士人的译介，如严复、梁启超译介的《论自由》、《原富》、《群学肄言》、《群己权界论》、《新民说》、《卢梭学案》等，奠定了中国近代自由主义思想的基础，典型的自由主义者还有罗隆基、张东荪、储安平、殷海光、林毓生等。与其他思想学说一样，自由主义在19世纪末被国人引进的初衷同样是被作为近代以降中国人寻求富强的一种理性工具，一种改进当时社会政治状况的学说①。它是在反思封建礼教、宗法制度、传统学术等导致国弱民穷的众多诱因中逐渐壮大的，正是由于上述枷锁的桎梏，才导致中国人缺乏"自由"、"民主"等现代观念，最终使得国家及社会等集体利益无法充分实现。由于中国是在特殊的历史环境和时代主题下接受与传播自由主义的，因此，中国自由主义理论并非整体因袭国外学者的相关学说，而是在自身的文化惯性、国情时势等因素的基础上吸收并加以改造，因而便同时具备了自身的一些特点。

一、自由主义者对"传统"的批判

美国学者爱德华·希尔斯认为传统是"人类行为、思想和想象的产物，并且被代代相传"②。任何一种舶来主义要在中国生根发芽，都需要与中国的"传统"进行沟通。而论及中国人的传统，应该可以上溯至先秦典籍遗留下来的文化精神以及这种文化精神影响下中国人的思维方式和行为取向等。若非鸦片战争的炮火洗礼，中国人可能要在自己"古老而又精致的传统"③中浸淫更久。国门洞开所迎来的不仅是西方先进军事装备的无情打击，更是现代文明对东方古老文化显著优势的集中展现。在中西对比的巨大心理落差下，以儒家伦理、政治为根基的中国传统文化从高不可及的神圣殿堂堕落为受人攻击的对象，以至时人发出传统儒教不进行革命、儒学不进行更新，新思想新学说无以发生，新国民更是难以造就，遂有"悠悠万事，惟此为大

---

① 　闫润鱼：《自由主义与近代中国》，新星出版社2007年版，第103页。
② 　[美]爱德华·希尔斯：《论传统》，傅铿、吕乐译，上海人民出版社2009年版，第12页。
③ 　[美]乔治·麦克林：《传统与超越》，干春松、杨凤岗译，华夏出版社2000年版，第1页。

已"①的感慨。这种垂垂老矣的旧文化在很多人看来已经成为中国追赶西方发展步履的最大障碍，尤其是在自由主义者那里，自由主义代表着人类历史上提倡自由、崇拜自由的社会风气，人人乐于推广并奉行的大运动②。而在中国悠久的传统文化中为何难觅倡导自由、尊重自由的踪迹呢？于是，以科学主义运动寻找自由思想成为一时热潮。尤其是西方科学技术传入中国后，中国众多的士人民众仍将之视为"奇技淫巧"，这不但是长久的传统思维的惯性使然，更是中国人观念与行为惰性的集中体现。因此，自由主义者认为要实现自由与民主，传统的桎梏一定要打碎。

其实，先秦时期的中国人早已发出"自由"的呼声，著名的杨朱"为我"主张，便是自由思想一种非常朴素的表达。严复也一再强调："挽近欧西平等自由之旨，庄生往往发之。详玩其说，皆可见也。"③但这种近似近代自由观念的元素与西方自由主义是有着本质区别的。首先，从文化观念上面来看，西方现代文化灵活多变，充满生气，而中国传统文化讲究师承因袭，信奉权威、家法，言语行文喜欢"宗经征圣"，形成了一种相对静止的世界观。这种观念影响下的中国人把"一治一乱、一盛一衰"视为天行人事之自然，从而对先贤古训流连忘返："圣人之意，以谓天下已治已安矣，吾为之弥纶至纤悉焉，俾后世子孙谨守吾法，而百姓有以相生养、相保持，永永乐利，不可复乱，则治道至于如是，是亦足矣"④。统治者一方面拥有"君处至尊无对不诤之地，民之苦了杀生由之"这类无可争议的权力，另一方面追求的则是"平争泯乱之至术"，最终导致民众"俯首听命于一二人之绳轭"⑤，进而"民智因之以日窳，民力因之以日衰"⑥，这才导致了清政府在甲午日作战中的失利，乃至国势发展到日益不可收拾的危局。当时也有不少人试图解释中西之

① 吴虞：《儒家主张阶级制度之害》，见《吴虞集》，四川人民出版社1985年版，第98页。
② 胡适：《自由主义》，见姜义华：《胡适学术文集（哲学与文化）》，中华书局2001年版，第698页。
③ 王栻：《严复集》第4册，中华书局1986年版，第1147页。
④ 王栻：《严复集》第1册，中华书局1986年版，第66页。
⑤ 王栻：《严复集》第1册，中华书局1986年版，第118页。
⑥ 王栻：《严复集》第1册，中华书局1986年版，第2页。

间贫富强弱差距的根源，但要么停留在响亮的口号上，要么都太偏重于表面现象的描述，而严复将进化论引入人们的意识范围，这一科学的公理公例对当时封闭沉闷的思想界产生了重大的冲击和颠覆效果。很多进步的思想家纷纷赞赏和接受了这一推动社会和思想改造的利器，如梁启超就十分称赞进化论的现实意义，他认为封闭的世界观必然导致对外界的无知，即便是近代以来的洋务派也"以为吾中国之政教风俗无一不优于他国，所不及者惟枪耳，炮耳，船耳，机器耳。吾但学此，而洋务之能事毕矣。"[1] 他在戊戌维新失败转而游历日本后，眼见之处感慨"畴昔所未穷之理，腾跃于脑。"[2] 正是他后来广泛游学的经历使他思想为之一变，继而致力于鼓吹"文化革命"。胡适则认为中国古代思想家恒定不变的世界观早在先秦思想家荀子的"古今一度也，类不悖，虽久同理"（《荀子·非相》）中就有了，而后代那些主张"天变"、"道变"的人往往被视为"妄人"。正是对传统的全面检视，他才发起"整理国故"运动。而显然，从字面上看"整理国故"就已经包含了对传统强烈的不满。因为"整理"就是要从纷乱无章中梳理出一条清晰的脉络来，从没有头绪的混乱中归纳一个前因后果来，从各种迷信谬解中分析出一个真意义来，从各种误说和武断中寻绎出真价值来。为什么要整理"国故"呢？因为，"国故"就形同"烂纸堆里的老鬼"，它们害人的厉害，常迷人更能吃人，对失序的社会现实毫无补益，而且还让人沉浸其中不知自拔，渐渐助长和成就了东方文明成为"懒惰不长进的文明"。胡适认为要输入新学理让中国人明白中国传统的本来面目，最终能使中国行得利民之政。

其次，中国传统文化窒息了个人自由独立发展的空间。中国的封建等级制度森严，这种专制"往往用强力摧折个人的个性，压制个人自由独立的精神；等等个人的个性都消灭了，等等自由独立的精神都完了，社会自身也没生气了，也不会进步了。"[3] 最终导致国民"其卑且贱，皆奴产子也。"[4] 封建

---

① 梁启超：《饮冰室合集·专集之二》，中华书局 1989 年版，第 12 页。

② 梁启超：《饮冰室合集·文集之四》，中华书局 1989 年版，第 80 页。

③ 欧阳哲生：《胡适文集》第 2 册，北京大学出版社 1998 年版，第 481 页。

④ 王栻：《严复集》第 1 册，中华书局 1986 年版，第 36 页。

专制不但造成人与人之间贵贱等级界线分明，维持封建等级制度的科举取士制度也是戕害自由的利器。严复把科举制度比做"八纮之网"，指出这种制度只是众人猎取功名的途径而已："自有制科来，士之舍干进梯荣，则不知焉所事学者，不足道矣。超俗之士，厌制艺则治古文词，恶试律则为古今体；鄙折卷者，则争碑版篆隶之上游；薄讲章者，则标汉学考据之赤帜。于是此追秦汉，彼尚八家，归、方、刘、姚，浑、魏、方、龚；唐祖李、杜，宋祢苏、黄；七子优孟，六家鼓吹。魏碑晋帖，南北派分，东汉刻石，北齐写经。戴、阮、秦、王，直闯许、郑，深衣几幅，明堂两个。钟鼎校铭，珪琼着考，秦权汉日，穰穰满家。诸如此伦，不可殚述。然吾得一言以蔽之，曰：无用。"[1] 其害在于"锢智慧"、"坏心术"、"滋游手"[2]，具体言之则是"欲开民智，非讲西学不可；欲讲实学，非另立选举之法，别开用人之途，而废八股、试帖、策论诸制科不可。"[3] 另外，八股取士导致了国人"不实验于事物，而师心自用，抑笃信其古人之说"的陋习："盖陆氏于孟子，独取良知不学、万物皆备之言，而忘言性求故、即竭目力之事，惟其自视太高，所以强物就我"[4]，"自以为不出户可以知天下，而天下事与其所谓知者，果相合否？不径庭否？不复问也。"[5] 这种空疏封闭的学风不仅使得很多人沉浸在抱残守缺的盲目自信中，更使得自己对外界一无所知："中国人经三千年文教，其心习之成至多，习矣而未尝一考其理之诚妄；乃今者洞牖开关，而以与群伦相见，所谓变革心习之事理纷至沓来，于是相与骇愕，而以为不可思议"[6]。严复对这种学风发出了"可惧也夫"[7]的惊叹，认为其为祸"始于学术，终于国家。"[8] 由此可见，个人的身体自由与思想自由在这些既有制度的束缚

---

[1]　王栻：《严复集》第 1 册，中华书局 1986 年版，第 43—44 页。

[2]　王栻：《严复集》第 1 册，中华书局 1986 年版，第 40 页。

[3]　王栻：《严复集》第 1 册，中华书局 1986 年版，第 30 页。

[4]　王栻：《严复集》第 1 册，中华书局 1986 年版，第 45 页。

[5]　王栻：《严复集》第 1 册，中华书局 1986 年版，第 44 页。

[6]　王栻：《严复集》第 3 册，上海人民出版社 1957 年版，第 1050 页。

[7]　穆勒：《穆勒名学》，严复译，商务印书馆 1981 年版，第 36 页。

[8]　王栻：《严复集》第 1 册，中华书局 1986 年版，第 44—45 页。

下根本无从谈起。

梁启超曾站在中西对比的立场上对造成上述状况的原因有一个精辟的概括，就是"泰西之政治，常随学术为转移，中国之学术，常随政治为转移。"① 而且，中国不仅在政治制度以及器物科技方面落后于西方，学术研究更是不能望其项背。他曾想整理中国科学史发展脉络，但遍寻史书中的历算学之后就很难再寻"科学"，为此他深以为耻。痛定思痛，他深刻地反思这一现象的重要原因在于先秦诸子剖析颇精的格物启蒙流传甚寡，反而一些阴阳五行之僻论、堪舆风水之学深入人心，而传统教育中各物之学有名无实，学术研究如何不堕落。另一方面，中国学者虽咬文嚼字，看似冥思苦想，实则瞑想武断，在权威与经师的定义中徘徊而已，无系统言论，更不敢自出新意。相比之下，"泰西学者，重试验，尊辩难，界说谨严条理绵密。"② 即使面对学界权威，也常持批评怀疑的态度，进而思考正其误而补其阙。因此，我国之学常纠缠在字面上的玄虚奥秘，悠游不前，而西方之学实用性更强，日新月异。这种差异不仅是学术研究的差异，更是科学精神能否生存与发展的重要因素。尤其是"笼统"、"武断"、"虚伪"、"因袭"、"散失"这五种顽疾，更是中国科学精神流传不广的重要原因。

还有，造成个人自由缺失的另一个重要原因在于传统的伦理道德制约，以及封建礼教下形成的盲目自大的保守心理。中国传统社会中的伦理道德向来被士大夫阶层认为是区分"华夏"与"夷狄"的根本标准，所谓"夷狄而华夏者，则华夏之；华夏而夷狄者，则夷狄之"的观念根深蒂固，也是近代以来中国人面临西方的坚船利炮时寻求心灵慰藉的最后避难所。即便如此，三纲五常的伦理观念也遭到了自由主义者无情的批判。严复认为传统礼俗"贻害民力而坐令其种日偷者，由法制学问之大，以至于饮食居处之缴，几于指不胜指。"③ 甚至圣人鼓吹的节文、简易和谦屈也钳制了人们能力的发挥。胡适也以批判的态度对待传统的制度风俗、圣贤教训、行为信仰。他认

---

① 梁启超：《饮冰室合集·文集之七》，中华书局 1989 年版，第 3 页。

② 梁启超：《饮冰室合集·专集之三十二》，中华书局 1989 年版，第 19 页。

③ 王栻：《严复集》第 1 册，中华书局 1986 年版，第 28 页。

为即使是三纲五伦这类宗法时期被奉为真理的戒条，现在也不过是废话而已。不仅如此，他还总结出了自私自利，依赖性、奴隶性，假道德、装腔做戏，怯懦这四大中国传统家庭恶德，这些恶德下形成的束缚个性自由的伦理观念最终只能驯化出一群丧失自由独立精神的"奴才"，这些人的最大特色是乐天安命、安分守己地做顺民，因循守旧并满足于现有制度，更谈不上"注意真理的发见与技艺器械的发明"了①。因此，中国要想摆脱现状而"充分世界化"，需要一大批爱自由胜过爱面包、爱真理胜于生命的特立独行之士，最终将个人铸造成拥有"自由独立的人格"②。从后来的实践可以看出，胡适始终担忧传统文化的强大惰性会成为自由主义发展的障碍，因为中国文化的"惰性"太强，所以要主张"全盘西化"的文化策略，以此反对"折衷"和克服惰性，"若我自命做领袖的人也空谈折中选择，结果只有抱残守阙而已。"③可见，"全盘西化"的文化策略是担心与传统决裂的不够彻底，只好以极端的方式来避免折中了。

显然，自由主义者与近代其他时期同仁一样，一旦到了民族危机较为紧迫的时刻，都要为"传统"罗织几项罪名。只是这里的批判都是他们以西方自由主义的生长环境和发展条件为着眼点，以此反思和批判中国缺乏"自由"、"科学"等现代进步理念的原因，这无疑为思想被禁锢了许久的中国思想界注入了一股清风，也是在为自由、科学的传播开辟精神土壤。但旧有的传统固然有缺陷，近代自由主义先驱者也只是以西方自由主义的部分理论作为标尺来加以裁量，而没有从平等、客观的理性态度从"一个完整的整体"来看待旧传统的前景，这样裁量的结果自然是旧传统满目疮痍、惨不忍睹，更不幸的是他们都以为找到了传统的症结和解决的途径。事实是，近代以来各个思潮与流派登场的前奏都是以挞伐传统而始，也几乎都是匆匆寻找传统之弊而开出自己的药方，但很多最后要么对传统无能为力，要么就都沦为传统的"批判者，更新者，再造者"，近代自由主义者似乎也不能真正例外。

① 欧阳哲生：《胡适文集》第4册，北京大学出版社1998年版，第12页。
② 欧阳哲生：《胡适文集》第5册，北京大学出版社1998年版，第511—512页。
③ 章清：《胡适评传》，百花洲文艺出版社2010年版，第239页。

二、对科学社会功能的全面审视：强调其精神价值

近代科学观念在欧风美雨的大潮中涌入中国并被广泛传播和使用，并不是因为理想主义的科学观，而是如同培根时代的科学观一样，"功用"和"进步"才是中国思想家的科学观中最闪耀的字眼①。科学在当时被广泛介绍到中国来，正是因为"五洲政治之变基于此"②之故。显然，科学在近代很多人眼中最终指向修齐治平，换用近代流行语便是"富国保种"。这种见解立足于科学的工具价值基础之上，严复、梁启超和胡适都积极肯定和认同科学的这种价值。当然，科学进入中国并被广泛接受，首先来自它对日常生活产生的实际功效以及其间接创造的巨大物质财富："是以制器之备，可求其本于奈端；舟车之神，可推其原于瓦德；用电之利，则法拉第之功也；民生之寿，则哈尔斐之业也"③。而自由主义者对科学的认识显然不会停留在洋务派阶段，他们更看重这些物质进步背后所潜藏的科学精神与科学方法。这正如竺可桢所总结的，近代欧美文明虽然是由科学技术所生成和推动，但科学技术并非是现代科学技术孕育的母体，西方现代文明的真正母体是从欧美人的头脑中脱胎而出的。换言之，若普通国家的人没有科学头脑，则虽遍地引擎，满街电气机器，科学还是不会很发达④。应当说，这一归纳是十分准确的，也是自由主义者目睹当时科学盛行的表象背后，其实是大多人对科学都只是当时涉猎"取其形质，遗其精神"⑤，因此，科学精神在中国的生长才是推动中国科技进步的根本。

严复认为科学精神首重怀疑，若非亲身观察调查，则自然不能"黜伪而存真"。在君主专制的淫威与读书人动辄"代圣人立言"的清规戒律中，要

① 汪晖：《科学的观念与中国的现代认同》，见《汪晖自选集》，广西师范大学出版社1997年版，第208页。
② 王栻：《严复集》第5册，中华书局1986年版，第1241页。
③ 王栻：《严复集》第1册，中华书局1986年版，第29页。
④ 《竺可桢文集》，科学出版社1979年版，第229页。
⑤ 梁启超：《饮冰室合集·文集之九》，中华书局1989年版，第10页。

产生怀疑精神是十分困难的。因此，他认为要培养怀疑精神就要不奉行以古人为权威，不为权势所屈服，但求理真事实，不问君父、仇敌，这才能称为"自由"，"使中国民智民德而有进今之一时，则必自宝爱真理始。"① 有了怀疑精神，才能在尊重事实的基础上进行求真和探索。而当时国内虽然援引、介绍西方科学的现象蔚为大观，但大多仍然还是将西学限定在"器"、"技"层面。严复认为这些"皆形下之粗迹"而与真正的科学精神相差甚远，真正的科学精神在于不拘泥于成见，不用虚浮的饰词，不作丝毫武断的主张，谦虚勤奋，"而后有以造成至精之域，践其至实之途"②。而中国学界抱残守缺、轻佻浮伪的恶劣风气蔚然成风："学问格致之事，最患者人习于耳目之肤近，而常忘事理之真实。今如物竞之烈，士非抱深思独见之明，则不能窥其万一者也。"③ 正是这种以归依旧学为目标的空疏学风阻滞了科学在中国的传播。相比之下，西人多"尊新知"，敢于突破各种规条制度的约束，因此才会新知迭现。他认为锡彭塞"持一理论一事也，必根柢物理，徵引人事，推其端于至真之原，究其极于不遁之效而后已"④ 的做法，便是求真务实的学风。此外，科学知识的探索需要人们遵循客观的规律，需要渐进式的由粗入精，脚踏实地层垒而成，"而后能机虑通达，审辨是非"⑤。只有即物穷理、逐层递进的调查研究，才能明辨根底、求得真知。"第不知即物穷理，则由之而不知其道；不求至乎其极，则知矣而不得其通。语焉不详，择焉不精，散见错出，皆非成体之学而已矣"⑥。而要达到这种成就需要个人的勤奋乃至奉献精神，"所谓自明而诚，虽有君父之严，贡、育之勇，仪、秦之辩，岂能夺其是非！故欧洲科学发明之日，如布如奴（即布鲁诺）、葛理辽（即伽利略）等，皆宁受牢狱焚杀之酷，虽与宗教龃龉，不肯取其公例而易之也。"⑦ 他称

---

① 王栻：《严复集》第 1 册，中华书局 1986 年版，第 134 页。
② 王栻：《严复集》第 1 册，中华书局 1986 年版，第 45 页。
③ 王栻：《严复集》第 5 册，中华书局 1986 年版，第 1329 页。
④ 王栻：《严复集》第 1 册，中华书局 1986 年版，第 6 页。
⑤ 王栻：《严复集》第 1 册，中华书局 1986 年版，第 40 页。
⑥ 王栻：《严复集》第 1 册，中华书局 1986 年版，第 52 页。
⑦ 王栻：《严复集》第 2 册，中华书局 1986 年版，第 280—283 页。

赞法国人特嘉尔就是具有这种精神的人，"吾所自任者无他，不妄语而已。理之未明，虽刑威当前，不能讳疑而言信也。学如建大屋然，务先立不可撼之基。客士浮虚，不可任也。掘之穿之，必求实地"①。

　　梁启超对中国近代社会问题的思索主要集中在洋务运动之后，他认为洋务运动虽然进行了声势浩大的变革，但变革的只是"外界"的器物变革，内界不变，即便外界如何的轰动鞭策都只能徒劳无功。显然，梁启超已经认识了之前社会变革的局限，决定从"外界"向"内界"探索出路。他于 1899年曾分别文明的"形质"和"精神"两个面向，并认为"真文明者，只有精神而已。"② 而科学的意义主要就在于其体现的精神，何谓科学精神？"即常有一种自由独立、不傍门户、不拾唾余之气概而已。"③ 而这也恰恰是固守"文化国民"头衔的中国思想界最缺乏的，要想除这病，只有提倡科学的真精神。他热烈地赞美"智慧"与"学术"乃是"亘万古，衮九垓，自天地初辟以迄今日，凡我人类所栖息之世界，于其中求其一势力之最广被而最经久者"④。只有将科学精神真正引入中国，不但能重振中国传统学术，而且很有可能赶超欧美强国。他还详细列举了科学精神的具体体现，即"善怀疑，善寻间，不肯妄徇古人之成说、一己之臆见，而必力求真是真非之所存，一也；既治一科，则原始要终，纵说横说，务尽其条理，而备其佐证，二也；其学之发达，如一有机体，善能增高继长，前人之发明者，启其端续，虽或有未尽，而能使后人因其所启者而竟其业，三也；善用比较法，胪举多数之异说，而下正确之折衷，四也。"⑤ 他分三层对这一表述进行了阐发：第一层，求真知识。用科学精神来认识和探求事物之"真"很不容易，不但需要钻进这个事物里头去研究，还要紧紧围绕这个事物并跳出事物本身的视界障碍，然后运用各种综合、分离、归类等方法，最终才能开口说"某件事物的

① 王栻：《严复集》第 5 册，中华书局 1986 年版，第 1376 页。

② 梁启超：《饮冰室合集·文集之三》，中华书局 1989 年版，第 61 页。

③ 梁启超：《饮冰室合集·文集之一》，中华书局 1989 年版，第 11—12 页。

④ 梁启超：《饮冰室合集·文集之六》，中华书局 1989 年版，第 110 页。

⑤ 梁启超：《饮冰室合集·文集之七》，中华书局 1989 年版，第 87 页。

性质是怎么样"。第二层，整理出有系统的真知识。知识体系的完备，需要通过知识之间的互相补充、互相联系来建立，这就需要治学者善于由此及彼，从已知探索未知的精神。因此，科学家要以事实证据为基础，然后分析其中的因果关系和必然性，以此得知各种事物之间的联系。第三层，可以教人的知识。这是指学问在递相传授的过程中随之扩大，并且可以总结出自身普及于社会人群的方法。根据这三层标准，他一方面认为清代中晚期的朴学经师治学也讲究"实事求是"和"无征不信"，还有汉学家如王夫之、戴震等人"遍为搜讨"、"考镜源流"、"博搜旁证"的存疑和求索论证，与近代科学精神是内在相通的。另一方面，他也较为客观地指正其业师康有为在变法著作中"好依傍"的论证行为，以为"好博好异"来博取眼球而"往往不惜抹杀证据或曲解证据"①，此行为犯科学家之禁忌，虽为变法改制而不惜篡改经文主旨、凭私臆断，但这种简单粗暴的"实用主义"做法，罔顾学术真相而严重损害了科学精神。

胡适也主张求得真理是科学精神的根本所在，但这个过程十分艰难，尤其是需要敢于标新立异、不受人惑的探索精神。这种精神一般有两个表现，一是独立思想，就是要凭借自己的耳朵、眼睛和头脑去观察和思考，二是个人要敢于对自己的调查研究和思想信仰的结果完全负责，不畏权贵威逼，甚至敢于冒死坚持，"只认得真理，不认得个人的利害。"② 这要求主体能发现和坚持正义，撇开成见和感情，只对事实和证据负责。而对于一些代代相因的圣贤教训、习以为常的制度风俗、既有的社会信仰和约定俗成的官约民规等，都需要持存疑的态度重新思考和评价，尤其是那些缺乏充分证据支撑的事物主义和学理都不能充分信仰。因为他认为一切主义和学理在没有充分的证据证明之前，只可当作一些假设的（待证的）见解、参考印证的材料、启发心思的工具来对待，不能将之奉为金科玉律的宗教或天经地义的信条，否则只

---

① 梁启超：《饮冰室合集·专集之二十六》，中华书局 1989 年版，第 24 页。

② 胡适：《非个人主义的新生活》，见耿云志：《胡适论争集》，中国社会科学出版社 1998 年版，第 423 页。

会"蒙蔽聪明，停止思想的绝对真理"。① 真理深藏在事物之中不会自动浮现于表面，人需要运用自己的官能智慧一点一滴地去寻求和探索，然后再"一钱一两地积起来"②，从证据中推衍而出并"用实行来试验过"③。胡适要求把一切观念和现象都放在理性的平台上进行考察，看看是否拥有事实背景和证据支撑，这就说明了怀疑本身不是目的，只是要在事实、证据和验证方法面前排除一切传统偏见、无知妄说和主观臆断。可以说，这种"重新估定一切价值"的态度就是科学研究的起点，不做迷信与权威的奴隶，通过反思、重估、验证进而得出一个真信仰，这基本上抓住了近代科学精神的本质特征。

三、利用科学精神改造国民性

自由主义者虽然对科学精神热情呼唤，却并不能代表普通民众对自由和科学的态度。因此，高倡科学精神的首要任务就是要对普通民众进行思想"改造"。实际上，近代以降之社会变局引发了人们对国势沉沦的反思，洋务派"变器"实践的破产使得维新派坚信其失败原因在于中国民众缺乏团结一致的精神，民气散而不聚，民心默而不群，很多事因此而不能有效完成。此后，改造所谓的"国民劣根性"甚至成为一时风尚，改良派的"新民"之义、革命派的"拔去奴隶之根性"的革命主张等，无不把造就"新国民"作为改良与革命的基础准备工作。但他们也只是对国民素质的诸多缺陷作了批判，一时还未能寻找到有效的改造方法。这正如康德所指出的，人的偏见新旧交替更迭而很难消除，很多因素都会影响偏见的发生，但新的偏见代替旧的偏见是始终不变的，这就如同锁链一般缠住了芸芸众生，因此，"革命也许能够打倒专制和功利主义，但它自身决不能够改变人们的思维方式"④。中国近

---

① 《胡适文集》第 2 卷，人民文学出版社 1998 年版，第 165 页。

② 葛懋春、李兴芝：《胡适哲学思想资料选》（上），华东师范大学出版社 1981 年版，第 31 页。

③ 葛懋春、李兴芝：《胡适哲学思想资料选》（上），华东师范大学出版社 1981 年版，第 182 页。

④ 康德：《什么是启蒙》，见张光芒：《启蒙论》，上海三联书店 2002 年版，第 44 页。

代自由主义者在批判传统的过程中，将科学精神和科学态度引进到人的观念世界，深入而广泛地挖掘了中国人的国民劣根性，并把改造国民性的重心放在了"个人本位主义价值观的重塑上"。

实际上早在甲午战争之后，中国自由主义者已经注意到国民素质成为国家盛衰的决定性因素，他们认为近代中国固然在武器装备等方面落后于西方以及近邻日本，但更主要的落后是在于"民智"的落后，若"民智不开，则守旧、维新，两无一可"，且"中国人不久必要成为现代被淘汰的国民"[1]。因此，他们积极肯定科学是启蒙的武器，只有科学才能破除愚昧和迷信。如在严复看来，中国"民智"未开是一个上至士大夫下至贩夫走卒的普遍现象。他指出掌握实权的士大夫皆持严重的"私心"："盖谋国之方，莫善于转祸而为福，而人臣之罪，莫大于苟利而自私。"他们"宁视其国之危亡，不以易其一身一瞬之富贵"。"夫士生今日，不睹西洋富强之效者，无目者也。谓不讲富强，而中国自可以安；谓不用西洋之术，而富强自可致；谓用西洋之术，无俟于通达时务之真人才，皆非狂易失心之人不为此。"前线军队则"将不素学，士不素练，器不素储，一旦有急，则蚁附蜂屯，授之以扞格不操之利器，曳兵而走，转以奉敌"。这种状况终究会致使"亡国灭种，四分五裂，而不可收拾"。[2] 严复认为"开民智"的最佳途径非西学格致皆不可："欲通知外国事，则舍西学洋文不可，舍格致亦不可。盖非西学洋文，无以为耳目，而舍格致之事，将仅得其皮毛，智井瞀人，其无救于亡也审矣。"[3]他最终成为近代西学译介的先驱和功臣，其目的不仅仅是希望越来越多的国民洞识中西事情，而是借此使得普通民众从译介的西学书籍中"获得一个行动纲领[4]，一个既可以征服自然，又可以为富强而斗争的根本武器。可见，他更多的是希望藉此能使学者之心虚沉潜，能专心于因果实证中寻觅事实，

① 梁启超：《饮冰室合集：专集之三九》，中华书局1989年版，第8页。
② 王栻：《严复集》第1册，中华书局1986年版，第4页。
③ 王栻：《严复集》第3册，中华书局1986年版，第668页。
④ [美]史华兹：《寻求富强：严复与西方》，叶凤美译，江苏人民出版社1995年版，第186—187页。

待他日果能学有所成，能辽病起弱、破旧学之物拘挛，日新月异，"则真中国之幸福矣"。①

梁启超早在清廷战败后反思洋务运动时，已经痛陈新政破产的症结之一就是知有朝廷而不知有国民，并指出国民素质是"一国之能立于世界，必有其国民独具之性质"②。而中国国民素质普遍低下已经成为挽救民族危机的重要阻力，所谓"旧学之蠹中国，犹附骨之疽"③。因此，欲救国则必须先"新民"，使民众由"半开之人"转为"文明之人"。但"爱国心"与"群"意识不是与生俱来的，民众不会主动吸收这些观念，旧有的国民文化又不会自动生长出来，因此需要民众从自新做起，通过"采补"西学的基础上"淬厉"旧学，渐次达到新制度、新国："大抵一社会之进化，必与他社会相接触，吸受其文明，而与己之固有文明相调和，于是新文明乃出焉"④。梁启超在这里用了"进化"一词，显然已经是用变易的进化史观来看待传统文化与西方文化。他说："孔子之立教，对二千年前之人而言者也，对一统闭关之中国而言之也，其通义之万世不易者固多，其别义之与时推移者亦不少……使孔子而生于今日，吾知其教义之必更有所损益也"⑤。正是这种变易的文化观念，才使得"新民"说具有了合理的前提。但是这些变易也是相对的，因为他将东、西方文化区别为精神文明和物质文明，因此，两种文化的互补性要优于两者的异质性，但他更强调在中西优秀文化整合的基础上坚守固有的道德风俗，以新民为目标的中西文化整合，不是醉心西风而抛弃中国流传久远的道德学术，也不是墨守成规、抱残守缺的迂腐。道德具有公准性，不会随时随地演进变迁，这是进行道德评价依据的根本，否则道德的自身不免蹈空，陷落虚无。他期望国民能摒弃"奴性"，用自己的眼光来审视世界，逐步培养自身对科学的价值取向和科学理性的自觉，在较长的一段科学熏陶中

① 王栻：《严复集》第3册，中华书局1986年版，第565页。
② 梁启超：《饮冰室合集：专集之十》，中华书局1989年版，第6页。
③ 梁启超：《饮冰室合集：文集之一》，中华书局1989年版，第126页。
④ 梁启超：《饮冰室合集：文集之二十九》，中华书局1989年版，第24页。
⑤ 梁启超：《饮冰室合集：文集之九》，中华书局1989年版，第58页。

刷新"民智"。当欧美科学逐渐输入国内，只要我国民善于利用遗传的丰富智力资源，精心钻研，"将来必可成为全世界第一等之'科学国民'"①。一代新民一定是东西方文化"化合"后新文明的创造者，是封建网络的冲决者，是向世界人类文明有着极大的贡献者。

　　胡适在严复和梁启超的影响下，也将振兴国家的希望首先寄托在振兴国民的民族性上，梁启超具有自由主义思想特征的《新民说》更是被其誉为"恩惠"。正是在《新民说》等进步思想的启蒙下，胡适留学美国以验证中国之外"很高等的民族，很高等的文化"②。洋务运动到辛亥革命的相继失败，使胡适认识到中国可以移植国外的技术和制度，但国民的内在精神却无法复制，尤其是中国在传统制度束缚、压抑下的奴性人格更是与西方健全的个人主义不可同日而语。于是，胡适迅速转向改造国民的精神文化层面，并指出无论是帝制还是共和制，要是不能完成国民精神改造"这个先决条件，都不能救中国"。③他认为中国出现的各种社会问题固然有很多原因，表面上看好像是外来侵略者和军阀官僚，但实际上全社会弥漫的迷信、喜旁观、团圆观念、空谈及时间观念淡薄等陋习，都是阻碍国家进步的绊脚石，行为懒惰、思想浅薄，迷信思想浓厚，事不关己地隔岸观火态度等等才是国人的真仇敌④，这些都是在自然经济、封建制度以及纲常伦理文化的培植下孕育和诞生的。如何改变这种心理和思维方式呢？他认为只有在新的社会文化氛围下，运用科学的精神和意识如归纳的理论、历史的眼光和进化的观念进行思想文化启蒙，依靠教育最终完成从"兴业"到"树人"的转变，使国民养成"创造的智慧"和"智能的个性"。由上可见，如果说梁启超等人改造国民的努力还停留在社会政治活动上，胡适则完成了从"兴业"到"树人"的转变，并且对国民性地位或价值的认识上强调国民个体与社会群体之间互为影响的作用。

---

① 梁启超：《饮冰室合集·专集之三十四》，中华书局1989年版，第79页。
② 胡适：《四十自述》，安徽教育出版社1999年版，第47页。
③ 《胡适留学日记》下，岳麓书社2000年版，第249页。
④ 《胡适精品集》第4册，光明日报出版社1998年版，第68页。

中国古代先贤动辄依靠儒学自身的调整和革新来重塑精神权威，并习惯于向上溯源以奠定其理论基础。而由上所述，自由主义者对国民性改造的工具已经超越了"向回看"的思维定式，即习惯性地从儒家经典中寻找改造利器，而是抛弃传统的经学权威依靠自由、科学进行思想启蒙，将转变思维方式和培养思想能力作为基础，确实具有"开风气"之先的建设性和先导作用。但也需说明的是，思想自由、政治启蒙之间是有内在冲突的，胡适将国民性改造限定在思想文化领域，则科学、自由、民主等势必难以在思想文化之外的领域发生影响，而且对国民劣根性的批判再无形中又走向民族虚无的极端，加之在当时国内热烈的爱国主义氛围中，自由主义者提倡的自由、个人主义等观念与各种以集体行为发生的爱国运动存在着抵触，与当时要求彻底变革社会制度的革命运动也是背道而驰的。

四、对科学方法的重视与探究

近代国人常将中国传统的"格致"之学比附西方科学，搁置其动因勿议，单就两者的方法论而言，"格致"与"科学"两者相去甚远。众所周知，"格致"一说出于《礼记·大学》中的"致知在格物，物格而后知至"。后经历代经学家的不断诠释其含义逐渐丰富，尤其是到宋儒那里变成了一种通过"向内求"的方式而获得的心灵体验和道德修养。另外就学术研究方法和治学体验而言，传统学术研究的推理判断主观色彩较浓，偏好直观感悟，冥心静思，自省修养等非理性的方法去感悟、揣测等，认为"只要能表达研究对象或真实、或虚幻的状态，就能形成某种学术性的知识"。① 这些方法不仅逻辑不够严谨，思维不够精密，而且充满了对研究对象的虚幻和情绪化描述，如古代的瀛海九州说，天人感应说，明心见性说等都是运用形象的、信仰的方法体悟而出，并没有确切的学理与知识依据。这些方法与西方科学所确立的观察方法和试验手段全然不同，自然也受到了中国自由主义者的质疑。于是，他们一方面积极地将传统治学手段比附于现代科学方法，另一方面是直接运

---

① 　冯天瑜等：《中国学术流变》下册，华东师范大学出版社 2003 年版，第 703 页。

用将科学研究方法与传统研究方法相结合，希望以此增强对认识对象深层解构的认识。

曾在英国留学的严复不但是近代中国接受和传播西方进化论的先驱，也是较早将西方科学的逻辑方法与实证方法引入中国的先锋。受过西学熏染的他果断地与中国传统的直觉思维方式决裂，对中国传统知识分子"所考求而争论者，皆在文字楮素之间，而不知求诸事实"① 深为不满，而对当时西方以实验为基础的逻辑方法解释科学的发展推崇备至，认为西方格致之学中以理之明，一法之力，都会通过事实验证而后成为不刊之论，且"其所验也贵多，故博大；其收效必恒，故悠久；其究极也，必道通为一，左右逢源，故高明"② 。因此，严复将科学方法提升到事关民族进化和国家存亡的高度来对待，科学方法论也成为他科学观的核心。他认为科学逻辑方法"是学一切法之法，一切学之学"，③ 对于克服中国的字义含混、缺乏对事物的推理分析等弊端有着重要作用。早在 1898 年的《西学门径功用》中他就指出科学方法一般分为两种，即内导（即归纳法）、外导（即演绎法），这是受西方近代理性主义代表人物笛卡尔的影响而得出的。在后来的《天演论》自序中，严复又再次指出"内籀之术"和"外籀之术"，"内籀云者，察其曲而知其全者也，执其微以会其通者也。外籀云者，据公理以断众事者也，设定数以逆未然者也。"④ 可见，"内籀"和"外籀"仍然是内导和外导的延续。实际上，严复赞成洛克以经验为基础的观点，故而他本人更重视"内导"、"内籀"，反对天赋观念与先验的良知。"欲有所知，其最初必由内籀"，认为只有运用归纳法才能"新理日出，而人伦乃有进步之期"。但是，"内籀"或"外籀"一定要建基于事实判断的基础上，之后再经由"考订"、"贯通"和"试验"三个步骤，如此最终完成科学认识过程而产生"大法公理"。⑤ 对于中国传

---

① 王栻：《严复集》第 1 册，中华书局 1986 年版，第 29 页。
② 王栻：《严复集》第 1 册，中华书局 1986 年版，第 45 页。
③ [英] 穆勒：《穆勒名学》，严复译，商务印书馆 1981 年版，第 2 页。
④ 王栻：《严复集》第 5 册，中华书局 1986 年版，第 1319—1320 页。
⑤ 王栻：《严复集》第 1 册，中华书局 1986 年版，第 93 页。

统文化过于重视事实和经验判断，且存在"心成之说"和"立根于臆造"的弊病，严复提出要注重观察实验："物理动植者，内籀之科学也。其治之也，首资观察试验之功，必用本人之心思耳目，于他人无所待也。其教授也，必用真物器械，使学生自考察而试验之。且层层有法，必谨必精，至于见其诚然，然后从其会通，著为公例。"① 如哥白尼、牛顿等人在试验基础上得出的科学结论，"其说所不可复摇者，以可坐致数千万年过去未来之踱度，而无秒忽之差也。"② 只有不断加强这种"物理"教育，才能"开沦心灵，有陶炼特别心能之功"③，这可谓是抓住了近代科学的实质。因为重视考证、贯通、试验的科学理性精神，也是近代中国科学思想发展所必需的基础，但是，严复将本属于自然科学领域的进化论运用到社会领域，将归纳法视为整个科学方法论的代名词，这无疑是存在偏颇的，因为"这种过分地推崇方法的作用，也可以说是近代以来在西学东渐过程中，唯科学主义的抬头"。④ 还有，严复过于注重"内籀"之法则又走向了另一个极端。诚然，归纳法是近代科学方法的重要组成部分，它的作用无论有多大也总是有局限范围的。而严复认为人天生就具有灵性，但没有与生俱来的认识能力，要想获得这种能力，其最初必由"内籀"，这不仅将归纳法扩展到人的所有认识领域，而且也低估了整个科学认识过程的复杂性。这种观点在本质上是属于经验论的，而这种结局显然又背离了科学主义的初衷。

梁启超认为科学方法也是构成科学精神的重要元素之一，这种方法虽然"大率由目前至粗极浅之理，偶然触悟，遂出新机"⑤，但并非如中国前代学者"以学术为世界外遁迹之事业"所能获取，而必须出自于"博学深思"。他盛赞培根首倡的"格物"实验之法，因为这种方法"一洗从前空想臆测之

---

① 王栻：《严复集》第 2 册，中华书局 1986 年版，第 282 页。

② 王栻：《严复集》第 1 册，中华书局 1986 年版，第 99 页。

③ 王栻：《严复集》第 2 册，中华书局 1986 年版，第 284 页。

④ 秦英君：《科学乎，人文乎：中国近代以来文化取向之两难》，河南大学出版社 2005 年版，第 57 页。

⑤ 梁启超：《饮冰室合集：文集之二》，中华书局 1989 年版，第 26—27 页。

旧习"，且笛卡尔的由剖析、综合、计数构成的三段式科学方法开启了近世科学研究新风，并且为近代科学的建立提供了行之有效的方法论原则。科学研究的最终目标是要得到定理，但定理之获得需要经过经验实证方法和逻辑方法，因为实验多次之后的结果，使得假象不断消失而真相益显，由五六分、七八分乃至达至十分，"于是认为定理而主张之。"① 梁启超进而指出这种方法的缺乏也是我国学术迟滞不进的重要原因。虽然近世学派（清代朴学）由演绎进于归纳，"饶有科学之精神"，但"惜其仅用诸琐琐之考据"②。他将科学方法分为三类，即穷究推理法、综合归纳法和因果律。具体到研究过程上，则要求学者先分析事物的具体的、个别的特征，这个过程结束后再从刚才的特殊中寻绎相互间的一些内在联系，经此之后再寻找这些联系之间的必然性或含有极强概然性的原则，从而形成坚实的知识体系。科学方法是"穷理"、"慧观"等认识世界的思维方式，科学方法的普及不但对于传播现代知识十分有利，而且可以有利于普通人从事研究事业，"自然人人都会有发明"③。再者，科学方法是科学所独有的一种特质，整个科学的统一仅在于它的方法，当科学方法内化成为人的心理习惯，就会不自觉地形成一种科学的思维方法。梁启超认为这种方法与中国传统治学方法尤其是清代的朴学方法是相近的，而且还可以用这种方法重新整理传统文化和德性学问。例如，科学方法若运用在文献学问的研究中，就是以严谨的态度辨伪存真，将各种相关的知识链接起来，并且注意寻找它们各自之间的内在联系，简言之就是求真、求博、求通。他本人也是向来笃信科学，治学上亦常以运用科学方法而自居。众所周知，梁启超是近代政、学两界的风云人物，他立志于改造中国政治与学术现状的迫切愿望，使他所主张的科学方法不但具有丰富的内涵，而且包含着经世致用的强烈倾向。他认为洋务运动只让国人看到"科学的结果"，而对于这些结果背后所蕴藏的科学本身的价值却并不熟悉。因此，只有将科学方法的地位予以明确突出，不但能在精神和文化层面进行更广泛、

---

① 梁启超：《饮冰室合集：专集之三十四》，中华书局 1989 年版，第 27 页。

② 梁启超：《饮冰室合集：文集之七》，中华书局 1989 年版，第 91 页。

③ 葛懋春、蒋俊：《梁启超哲学思想论文选》，北京大学出版社 1984 年版，第 318 页。

更深刻的变革，而且如果能将这种科学方法运用得精密巧妙，则学术界蕴藏的无尽富源就自然可以开发出来①，这不仅消除了科学方法的异己感，也为科学方法赋予了普遍意义。

胡适也是科学方法的积极和刻意提倡者，他还一度是科学方法万能论的信奉者。他在《介绍我自己的思想》一文中回顾了赫胥黎、杜威对自己科学方法观念来源的影响，指出两人教会他怀疑精神和假设求证意识，从而使他明白了科学方法的性质与功用。从他后来在社会科学以及相关理论探讨的实践中可以看出，实验主义思想确实成为胡适科学观的奠基石。他曾列举了自然科学方法为人类认识世界提供了便利，从前看不清楚的天河、卫星、纤维组织等都能看见了，是科学方法给人类开辟了一个新的科学的世界。这个新的世界使得中国人明确地体会到研究方法的现实功用，因此，时代要求"人类今日的最大责任与最需要的是把科学方法应用到人生问题上去"②。与严复偏重归纳法不同的是，演绎和归纳相互为用才是胡适所看重的，由个体到全称或者从全称的假设到个体，两者交相作用，必不可少。由于他受实证主义哲学的影响颇深，因而在宣传科学方法时更偏向经验主义，加上本人所受的传统教育的影响，他甚至与梁启超一样也认为中国传统的学术，只有清代的"朴学"才符合科学精神③，清代朴学家"无征不信"、"实事求是"的方法之中都"暗合科学的方法"，尤其是乾嘉考据学已经接近于"科学方法的一般程序"，虽然他们使用的这些方法还是"不自觉"的④，但他们已经遵循了科学方法的要旨——"尊重事实和证据"。科学方法的精髓就在于"大胆的假设，小心的求证"，不仅前述的朴学考据成就是这种方法的结果，连西方三百年的自然科学也是这种方法的成绩。他也指出中国朴学研究的材料始终是文字的，但由于适用的方法科学，竟然使得故纸堆大放异彩，"然而，故纸的材

①　梁启超：《饮冰室合集：文集之三九》，中华书局 1989 年版，第 111 页。

②　[美] 郭颖颐：《中国现代思想中的唯科学主义》，雷颐译，江苏人民出版社 1989 年版，第76 页。

③　《胡适精品集》第 4 册，光明日报出版社 1998 年版，第 369 页。

④　季羡林：《胡适全集》第 1 卷，安徽教育出版社 2003 年版，第 223 页。

料终究限死了科学的方法，故这三百年的学术也只不过文字的学术，三百年的光明也只不过故纸堆里的火焰而已"①。胡适曾一度对自己的这一"发现"颇为自豪，因为他认为他自己是当时第一个将现代科学法则与我国古代考据学、考证学联想到一起的人，但恰恰因为他对考据学、考证学的精通，使得他归纳的科学方法"三部曲"——"注重事实—注重假设—注重证实"最终滑向实用主义。如仅以他的"十字真言"为例，这种方法虽然将归纳法纳入假说中，但假设的依据仅仅是几条少数同类的例子，这与归纳主义的结论恰恰相反。而且，他甚至指出科学法则不过是人造的假设用来解释事物现象的，解释的满意与否便是真假的标准，否则"便该寻别种假设来代他了"②。这种缺少大量实例和证据支持的假说方法有着严重的主观主义倾向，本身便与科学精神相悖。

近代自由主义思潮发端与生长的时期，正是科学主义的崛起与全面取得胜利的时期，故而自由主义者要实现其学术与政治主张，则不得不借重于科学来阐发。因此，自由主义者提倡科学以反对和改造传统的诸多弊端，提倡科学功能的有效性、利用科学精神改造国民性等等努力，都是他们欲使中国走上现代民族国家的手段。为了尽快引导中国摆脱殖民地危险，他们大多接受了功利主义、自由主义理论，因而推崇科学精神、科学方法在改造社会方面的功能，他们将传统考据学比附为近代科学方法，将科学方法应用至精神领域，等等，这些都拓展了科学发展的领域。也沟通了中国传统治学方式与西方科学方法的某种一致与契合性，梁启超曾对此总结道，凡启蒙时期大学者的学术造诣不一定要求很精深，但一定要能在规定的研究范围内创新研究方法，"而以新锐之精神贯注之"③。但其缺陷在于对传统的激烈批判而失去了群众支持的基础，又忽视了人对自然现象和人文、社会现象内在体验的质的差别，其政治目标又决定了自由主义者又不可能不需要身份认同和民族感情的寄托，这就决定了他们又要向传统有所妥协。因此，受到传统巨大惯性

---

① 胡适：《治学的方法和材料》，见《胡适文存》第3集，黄山书社1996年版，第94页。
② 葛懋春、李兴芝：《胡适哲学思想资料选下册》，华东师大出版社1981年版，第47页。
③ 梁启超：《饮冰室合集·专集之三十七》，中华书局1989年版，第12页。

的影响和作用，"自由"无疑在当时会被视为洪水猛兽，科学也无法为自由的发展而扫清道路。

总的说来，中国自由主义思潮为挽救近代民族危亡而产生，自由、民主观念是自由主义者启民智、救乱世的关键，而科学只是他们实现自由的工具。从直观上来看，科学与自由主义的核心观念似乎并无直接联系。中国自由主义者不但认为科学和理性是支撑西方社会发展的重要动力，也是实现自由、平等、民主等目标的精神支柱。实际上，将科学与自由、民主联系起来并不自中国始，只是儒家传统的宗法礼教约束下的中国人很难接受西方先进的现代理念，这种文化认同危机所产生的背离取向成为导致一系列二元对立的源头。由前所述，近代自由主义者对传统的批判是相当深刻的，这基本与近代以来国势发展与思想演变的内在理论具有一致性，并与近代以来中国问题的根本症结有着千丝万缕的联系。自由主义者严复、梁启超、胡适都是学兼中西的著名学者，他们既热切追求西方的新学，又眷恋着中国传统文化。因此，他们主张引入科学、自由等西方现代先进理念是出于"文化救国"的现实考虑，或者直接就是"科学救国"，其目的本无将传统彻底批判进而彻底背离、摒弃传统而走向"西化"的用意，而是试图在实现民族救亡的同时尽可能实现立国之本与富强之策的双赢共存。另一方面，中国儒家文化在近代的巨大惯性作用、各种改良维新方案的破产以及欧洲文明在第一次世界大战后的衰相都交织在一起后，"唯科学主义"主张显然已经走向穷途末路，如严复曾指出欧美以数百年科学之所得用以制作凶器，技艺虽日益精湛，结果却是杀人无穷，导致人们陷入怀疑沉闷畏惧之中，不知前途吉凶。中国之利器亦为数不少，但也是因为道德不进步而导致国家大乱。但近代自由主义者也不能真正把握中国社会的矛盾所在，挞伐传统呼唤科学却又无法获得广泛的社会认同，最后只好又重新投向传统的怀抱以寻求慰藉良药，此即所谓四书五经是最丰富的矿藏，"惟须改用新式机器发掘陶炼而已。"① 自由主义者的"新式"方法显然是要借助于科学，希望科学可以在与传统文化结合后

---

① 王栻：《严复集》第 3 册，中华书局 1986 年版，第 668 页。

解决应然世界的价值问题和信仰问题。严复晚年也在给弟子熊纯如的信中说："回观孔孟之道，真量同天地，泽被寰区，此不独吾言为然，即泰西有思想人，亦渐觉其为如此矣"①，遗嘱中甚至仍强调不能抛弃传统，"须知中国不灭，旧法可损益，必不可叛。"② 即便是梁启超呼唤的"新民"主张，也不过是想"淬厉其所本有而新之，采补其所本无而新之"③，也并非"欲吾民尽弃其旧以从人也"。但科学作为实然世界的一种认识工具，是不可能进入人的精神信仰领域解决"国民性"问题的，即科学理性无法弥补儒学价值信仰崩溃后的精神世界。

另外，中国近代自由主义者中很多都是非职业科学家，其对自由主义的接受和对科学的传播，更多的是关注工具层面的各种社会改革措施。基于此，他们在传播和解释科学性质、功能、原则等方面时，必然存在着很多有意的观念"错置"和"联想"，因此，他们的科学观实际上是掺杂了各色思潮修正之物。这样，科学和历来的舶来品一样经历了"中国化"的历程，如严复曾说斯宾塞的群学"约其所论，其节目支条，与吾《大学》所谓诚正修齐治平之事有不期而合者，第《大学》引而未发，语焉不详"。这是在将斯宾塞的"群学"与《大学》相关条目进行比附。只有依靠这种比附的方式才能减轻民众广泛抵制异己文化的阻力。但正是这些有意的"错置"和"联想"，才是自由主义者想赋予科学的价值理性。科学在西方本来被视为一种原则和方法论的工具理性，传入中国后不但从实然世界转向应然世界，还要承担起民族救亡的历史重任。近代中国的自由主义者对自由主义理论缺乏学理上的探讨，对自由主义的一些基本原则还处于知之甚少的阶段，遑论他们对引入的科学观念与自由、平等、公正等价值理念冲突的体会了。在混乱无序的半殖民地半封建社会，他们无暇尊重和倡导科学知识的独立价值，而是想借用自由主义等工具规训和改造科学，也即科学成为自由主义者在中国建立某种共同价值标准的桥梁。在搭建桥梁的过程中，科学实际上被赋予了具有某种

---

① 王栻：《严复集》第3册，中华书局1986年版，第668页。
② 王栻：《严复集》第3册，中华书局1986年版，第668页。
③ 梁启超：《饮冰室合集·专集之四》，中华书局1989年版，第5页。

中国传统学术特征的功能，例如它在建构新意识形态的功能方面，"在某种程度上同理学具有伦理价值的宇宙观建立在古代常识基础上同构。"① 所以，自由主义者在自身的理论建设尚未完成之际，就以批判者的姿态攻击传统，又以改良者的身份迎接科学，只注重科学在促进民族富强，或在推动道德政治、文化伦理等领域的作用。既忽视了科学可以成为探索人类社会规律的利器，也忽视了科学不可能形成形而上的意识形态而成为民族的共同秩序和精神，因为这超越了科学自身合理性的界限，而且，"不仅维新运动期间的严复式自由主义如此，以后整个中国近代自由主义思想发展的轨迹亦如此"②。这种充满功利性和轻率的做法，既不能从社会秩序整合层面提供手段，在面临严重社会危机的近代中国也不能构建起一个"科学的人生观"，从而有效填补儒家学说崩溃以后信仰领域的意义危机，这些都造成了近代自由主义者的科学观在中国无法成功实践的重要原因。还有，近代中国本无自由主义的土壤环境，现代科学、自由观念无论如何被"中国化"，但缺乏阶级后盾、民众运动和法治保障等外在条件，自由主义思想只能被视为追求幸福的手段，而决不会成为实现国家富强的道路。当然，中国近代自由主义者希望通过科学理性的精神推动自由、民主等观念在中国生根，倡导科学理性养成公民的批判意识和反省精神等积极影响也是不容抹杀的。他们想将科学理性推崇为一种意识形态信仰的努力虽然最终未能成功，但却超越了先前科学所处的"器"、"技"阶段而进入到伦理德性和终极关怀等形而上层面，从而也就涉足了科学的观念领域，科学与人文、政治结缘并逐步意识形态化，对此后中国社会的发展产生了深远的影响。

　　当然，无论是自由主义还是保守主义、激进主义，如果他们脱离了"救亡图存"的宗旨而只是一种纯粹的学理流派，要想让内外交困以及有着悠久传统的中国人理解和接受，那将是不可想象的。这也就自然涉及近代中国的自由主义、文化保守主义等与民族主义思潮的关系，它们在各自的表现形式

① 孙青：《科学的"承当"：〈新潮〉学生群的走向》，《二十一世纪》1999 年第 12 期。

② 胡伟希等：《十字街头与塔：中国近代自由主义思潮研究》，上海人民出版社 1991 年版，第 22 页。

上或激进或保守，或改良或革命，在形成内涵上或许也有着各自的文化与政治诉求，但它们都饱含着的民族主义关怀则是一致的，换言之，"都可视为民族主义的不同表现形式"①。这其实也可以获取同情的理解，因为在当时内忧外患的现实条件下，科学作为一种外来主义自然首先要被赋予价值和意义，人们对科学的兴趣必然是首先基于科学带来的实效及其产生的模糊联想，而不可能基于纯粹学理上的兴趣。科学精神特别是进化主义的渗透，使得中国近代知识分子表达民族主义情绪更增加了理性的依据。"唯科学主义"或"反科学主义"在近代明显的表象特征就是"东方主义"的沉浮，如"科玄论战"、"中国本位文化论战"等，都是近代学人在面对西学冲击下如何安排中学的困惑而产生的争论，无论这些争论结果或优胜者属于谁，它都使人们更加重视科学的人文前提。

---

① 罗志田：《乱世潜流：民族主义与民国政治》，上海古籍出版社 2001 年版，第 1 页。

第六章　科学观念在中国演进逻辑的当代意义

　　何为科学？一般来说，西方意义上的科学即实证科学，即认识主体对经验对象的猜测或解释，并通过经验方法和逻辑方法对这种猜测或解释进行检验或实证。它是关于不变实物的知识，以求知为目的，以证明为依据。从这一点看，中国科学与西方科学固然存在着本质上的区别。从"格致"到"科学"，从科学救国到科学兴国再到科学发展，中国科学始终秉持着"经世致用"的实用目的。在不同的文化背景和社会语境之中，伴随着国人对科学的价值诉求的改变，人们对科学的认识也发生了极大的转变。可以说，中国科学是人类全部历史、文化、传统的结果，它是不固定的，是关于存在性的知识。那么，本书的目的就在于结合我国"科学救国→科学兴国→科学发展"的特殊历程，揭示科学观念的"知识→价值→文化"的转换逻辑，当然这一"逻辑"不是线性的阶段论性质，而是历史与逻辑的统一，也就是说，虽然知识的逻辑受制于历史本身的逻辑，但科学知识的每一个环节都以某种合目的性的原则被包含在下一个环节之中。正如笔者前文所述，科学在中国的演进路径由注重实证知识的知识论，发展成为既包括知识、制度、器物在内的兼容形上和形下层面的文化论体系。这个体系在党的十九大报告中得到了升华和具体展现。发展"包括新时代坚持和发展中国特色社会主义的总目标、总任务、总体布局、战略布局和发展方向、发展方式、发展动力、战略步骤、外部条件、政治保证等基本问题"，① 以及解决这些问题的相应的方略。这正体现了历史发展的客观条件与主体普遍意识的统一。

第一节　科学观念的演进逻辑与新科学观的确立

按照"知识→价值→文化"的逻辑脉络，突出"科学"作为以人文文化为基础的"统一科学"生发历程，倡导科学与人文的融合，有助于探本溯源，在理论上寻求新的生长点，深入贯彻新发展理念。

一、科学观念的演进逻辑包含了传统科学观批判的依据

在知识论的视域中，科学被客体化为知识或者逻辑，即把科学理解为某种狭义的"事实科学"，科学与人文的疏离必然会导致人的片面发展。清末国事日蹙，从"中体西用"到"科玄论战"，近代中国的演进经历了器具、制度再到文化的批判、吸收和创造性转化的实践。与此同时，人们对科学的认识也经历了从纯而又纯的实证研究之域转向了普遍的价值信仰。科玄论战更是确立了科学基础上更高层次的文化整合，科学主义广为流行，成为这一时期思想界占统治地位的主题。然而正如笔者前文所述，近代科学的发展从表面上看是一步进一步，但却是功利的、机械的、急功近利的，科学主义越过理论整合而直接被奉为价值权威。这一价值权威推进了新中国成立后社会主义现代化的进程，也促成了"科学技术是第一生产力"这一国策性原则的确立，但在实业救国、科技兴国的社会期望中，国人在来不及整合西方科学复杂体系的情况下就匆匆接受了科学主义教条，致使中国科学主义一直缺少逻辑严密的理性研究体系，而更多地在实践层面起作用。"经世致用"、"实用务实"成为中国科学发展的思想意志并反过来推动着人们科学观念的畸形演变。这种盲目追求科学功用的倾向不可能使人保持着理智、独立的科学探

---

① 习近平：《决胜全面建成小康社会　夺取新时代中国特色社会主义伟大胜利——在中国共产党第十九次全国代表大会上的报告》，人民出版社 2017 年版，第 18 页。

索精神，人作为知识创造主体的鲜活性被抹杀了，其结果必然导致科学的精神气质与人文本质的失落。我们知道，发源于古希腊的西方科学本为探索智慧和摆脱愚昧，正如萨顿所说："科学的主要目的和主要报酬是真理的发现，而科学已经产生的和正在产生的无穷无尽的财富只不过是它的副产品而已"。① 如果自由的、纯粹的科学本身遭到了忽视，那么作为科学副产品的"应用科学"迟早也会枯萎而死。"随着科学规则推广到科学领域之外，科学自由将变成科学沙文主义，贬低甚至否定社会人文的历史价值与社会价值"。② 实用至上的科学观失落了科学精神、也失落了人文精神，其结果必然是人的片面发展。

因此，从前文所述科学观念的演进逻辑中，我们可以看到对传统科学观批判和反思的有力依据。这个依据不是主观臆想，而是逻辑的必然结果。

二、科学观念的演进逻辑提供了新科学观确立的逻辑必然性

科学观的理解进入价值论视阈的时候，便涉及人的存在、本性及其意义的本体论追问。价值并不是某种只存在于"彼岸世界"纯粹抽象的超感性实体，它无疑包含着形而下的、人类感性活动或经验生活的内容。针对长期以来人们把"价值"问题当作某种哲学问题来探讨，皮亚杰指出："当人们以思辨的、形而上的方式去思考和把握时，它就是哲学问题；当人们以实证的、形而下的方式去思考和把握时，它就属于科学问题"。③ 可见，价值问题也是科学发展需要追问并解决的主要问题。笔者认为，人本性是科学发展的内在价值属性，即：和谐的价值关系是科学发展与人作为价值主体之间一种满足和被满足的特定效益关系。以人的需求、权益和全面发展作为科学发展的根本目的和价值归宿，这一标准必须要通过在实践中人与自然、人与

① ［美］乔治·萨顿：《科学史和新人文主义》，陈恒六、刘兵、仲维光编译，华夏出版社1989年版，第21页。

② ［美］费耶阿本德：《告别理性》，陈健等译，江苏人民出版社2002年版，第25页。

③ ［瑞士］皮亚杰：《人文科学认识论》，郑文彬译，中央编译出版社1999年版，第50—51页。

人、人与社会的价值关系来实现。在"科教兴国"战略思想的影响下，人们在对待科学的态度，主要反映在认识视野的转变上。人们不再像以往一样仅仅从经济角度，甚至也不再仅仅从政治角度，而是从整个国民素质角度，从提高整个中华民族的国民素养角度来考虑科学的功能，这无疑是一种前所未有的进步。而新发展理念视阈下的科学发展范式坚持以人民为中心，坚持科学精神与人文精神相融合，有效地协调了科学发展中工具理性和价值理性的矛盾。科学是人的历史投影，它只有在人文精神的指导之下，才能朝着最有利于人类发展的方向前进。

科学观念转型进入文化论视阈的时候，便体现了知识论和价值论在更高层次上的融合。但这里的人不是抽象的人，而是处在特定社会关系和文化系统中的人。我们知道，中国传统文化中的人是伦理共同体中的人，是类的人，体现为人与自然、人与社会、人与人的和谐；而西方文化中的人则体现为独立个体，以竞争中获胜为自我实现。前者强调差异性基础上的统一性；而后者则抽象掉了人的差异性，这种抽象的结果即"人格"。西方文化中的这种奠基在抽象人格基础上的社会交往不可避免地会陷入所谓"人类中心主义"之中。"中国哲学主要将天或宇宙看作包罗万象之整体与生生不已大化流行的自然过程，人生存于其中并与之是统一和谐的；而西方哲学则以人为认识主体，以宇宙自然为认识对象，强调人与一切自然存在物的区别，突出了人在宇宙中的独立性和特殊地位。因而中国哲学以和为贵，西方哲学则以矛盾为重。"① 因此，中国现代科学文化在求同存异的基础上，对西方科学做了批判的吸收：一方面注重科学求真，强调经验方法与逻辑方法，赋予理性研究以独立的知识价值；一方面以生命的终极关怀为最高目标，建立一种求同存异、共生共荣的文化交往模式。只有这样，当代中国科学才能超越非此即彼、中西对立的思维模式，从整体的角度把握人与自然、人与人、人与社会"和合"的最高依据，建设中国新的现代性的人文主义精神。

科学观念从知识论经由价值论到文化论的演进逻辑，内蕴着科学与人文

---

① 张志伟：《天人合一与天人相分：中西哲学比较中的一个误区》，《哲学动态》1995年第7期。

不断融合的渐深体认和努力尝试，完成了从实证科学到"统一科学"的逻辑过渡。"统一科学"的观念也在科学文化与人文文化融合的视域中获得了逻辑的合法性，它意味着国人对科学误读和理解偏差的理性清醒。这种"统一科学"强化了对"人文性"和"历史性"的重视，使人的发展更全面、更饱满，饱含了对人、自然和社会及其多重统一的辩证关系网的深刻体认。在这里，我们清晰地看到新科学观确立的逻辑必然性。

第二节 科学观念的演进逻辑与文化自信的坚定

从中国科学观念的演进逻辑来看，"统一科学"观念既有助于引导当前合理的文化发展轨道，又有助于结合未来的文化发展趋向坚定文化自信，为民族的强大提供有益的精神支撑。

一、科学观念的演进逻辑内蕴了坚定文化自信的历史依据

"文化是一个国家、一个民族的灵魂。文化兴国运兴，文化强民族强。没有高度的文化自信，没有文化的繁荣兴盛，就没有中华民族伟大复兴"。[①]可以说，文化对于人性的完善和民族发展都具有重要的塑造意义。在中国近现代文化发展的历程中，"知识→价值→文化"的发展脉络让我们看到一种文化发展的内在逻辑。而这种发展逻辑有其独特的演进背景和历史条件，它恰恰是在"救亡保种的革命性语境→民族崛起的政治性语境→富国强民的经济性语境"的社会语境转换和从"科学主义→反科学主义→科学人文主义"的科技文化转型背景下完成的。在此，我们可以看到，文化视域的每次转换都有其必然的历史依据。中国科学"知识——价值——文化"的演进逻辑体现了中国科学从不加反思和批判地舶取西方科学的概念和理论体系，到结合中国的特殊语境和文化背景对西方科学进行批判、创造的实践，这一转

---

① 习近平：《决胜全面建成小康社会 夺取新时代中国特色社会主义伟大胜利——在中国共产党第十九次全国代表大会上的报告》，人民出版社 2017 年版，第 40—41 页。

变逻辑体现了中国科学内在的文化基因与生长路径。作为一个文化传统悠久、专制时间漫长、现代化进程曲折的国家，中国在其漫长而又坎坷的发展路程中，从鸦片战争后学习西学的技、政、道，到新中国成立后学习苏俄计划经济模式，继而又转向市场经济模式。此间，西方文化特有的运作模式固然发挥着作用，但是更多地无疑体现着中国人特有的对文化、制度和技术的认识，体现着中国人在无数的探索与学习中展现出的特殊智慧。从"唯科学论"到科学人文主义，这是天人合一、共生共荣的中国文化传统与西方理性精神的融合。以"和"文化构建人类命运共同体，在国际舞台上传达中国传统文化的精髓，并在此基础上倡导世界不同文化的共生共荣、包容互鉴，这是中国作为世界大国作出的庄重承诺，是中国构建国际关系的基本准则。这要求我们继续用批判的方式研究和认识西方思想，继承和发展中国的传统文化积淀，关注当下中国发展和世界发展的过程中所存在的各种问题。历史证明了，任何妄图以自己的文化去改造、同化、甚至取而代之别国文化的手段和做法都不会成功，反而会给世界文明带来灾难。

二、科学观念的演进逻辑体现了民族文化的世界性

这种演进逻辑不仅为我们今天进行社会主义文化建设提供了历史和逻辑的依据，同时也为我们今天的民族文化建设提供了方向。可以肯定，在实现中国梦的社会背景下，我们以"知识→价值→文化"的演进逻辑为依据，结合当前中国的社会实际和大众思想实际，放眼全球，建立起民族文化与世界文化的关联。同时，着眼于未来，在"知识→价值→文化"的演进逻辑中确定未来文化发展的方向。这样，必定能够培育出具有和谐意蕴的能够引领世界的优秀的民族文化。

科学观念"知识→价值→文化"的演进逻辑使我们看到了中国科学文化走出去并承担"大国责任"的可能性与必要性，这包含了对各国文化的尊重与对人类共同命运的关怀。总而言之，"'越是民族的，就越是世界的'，这句话并不仅仅用于文学艺术，对社会科学而言，事实上也是如此。在全球化时代，中国社会科学只有为世界学术贡献出'根据中国的理想图景'，而不

仅仅是复制西方的理想图景，我们才能对世界发言，真正为世界学术作出自己的独特贡献"。①

第三节　科学观念的演进逻辑与人的自由全面发展

一、科学观念的演进逻辑展现"人的发现"

在全球化浪潮中，怀揣着提高国民生活水平的殷切希望，我国在科学发展过程中长期坚持生产第一与经济理性，这样得到的结果是："我们的一切发现和进步，似乎是使物化力量成为有智慧的生命，而人的生命则化为愚钝的物质力量。"② 物的发展以人的本质和力量为代价，这样的发展无疑会导致"资本逻辑"无限制的扩张，导致生产力和生产关系不可避免的对抗关系。新发展理念视阈下的科学发展既是理智上的思考和谋划，更是实践上的批判和开拓。科学的"知识→价值→文化"的演进逻辑体现了科学发展从"物本位"的经济发展观到"人本位"的社会综合发展观的转变。这固然不是所谓的人类中心主义，而是弘扬人的主体性，坚持个人的全面发展和社会的全面发展的有机统一。正如我国学者杨信礼所说："发展主体论所实现的观念转变主要表现在两个方面：其一，是把人的现代化作为发展的核心。人不仅是发展的终极目的，而且是发展的必要前提和内在动力；其二，发展主体论把人的发展、人的生活质量的提高作为发展的最高价值追求，纠正了目的与手段的偏误。"③ 人的发展只有作为科学发展与历史发展的根本依据，才能实现"人与自然的和解"以及"人自身的和解"这两大社会发展的基本目标。这是科学发展理念完成的实质性进步，体现了我国科学发展理性度的不断增强。当科学发展不再以"实用"为其唯一目标，还具备了道德、信仰、审美等多重维度，科学才能真正成为"人"的学问，这也正体现了马克思主义发展观关

---

① 邓正来：《全球化时代的中国科学发展》，《社会科学战线》2009 年第 5 期。

② 《马克思恩格斯选集》第 1 卷，人民出版社 1995 年版，第 775 页。

③ 杨信礼：《科学发展观研究》，人民出版社 2007 年版，第 15—16 页。

于人的诉求。

可以说，科学观念从知识论到文化论的发展线条实际上就是一种从"小哲学"到"大哲学"的发展历程，在这个历程中，文化的发展由知识论经由价值论逐渐走向和谐与圆融，走向知识与文化、知识与人的价值的有机统一。我们知道，马克思一直把个人的全面发展和自由人的联合体作为人类社会发展的最终目标，这里的人不是现代形而上学作为主体的个人，而是类的人，是社会性关系中的个人，是社会因素、自然因素和精神因素等多种属性的统一体。在当前我国新发展理念的宏伟蓝图中，"以人民为中心"被作为实现中国科学发展的必须坚持的根本性原则。人被作为主体、目的和动力，人的发展被视为是历史发展的根本依据。而人要真正实现全面发展，就必须使人作为支配一切自然力和社会关系的"主体"出现在自己的活动中，占有自己全面的本质，这里最为关键的还是人的能动性的发挥，是人的本质力量的开启，是"人的发现"。当人与对象的交往不成为手段而成为目的，人才能从单纯的物化逻辑中解放出来，成为可以发展自己各方面能力和兴趣的全面的人。在此，科学的"知识→价值→文化"的演进逻辑，展示了作为科学文化创造主体的"人"的发展历程，无疑可以更好地展示出人逐渐地被视为鲜活地文化创造的主体的过程。同样，人创造知识的过程是一个鲜活的文化创造过程。这是一个人作为科学文化发展之根逐渐显现的过程，是"人的发现"逐渐被强化的过程。显然，这个过程会潜移默化地深化"以人民为中心"的理解，从而促进"以人民为中心"的落实。

二、科学观念演进逻辑展现人的全面发展的交往模式

科学观念的"知识→价值→文化"的演进逻辑体现了以人的全面发展为价值取向的文化交往模式。在文化论视阈中，人是个人、集体、类的综合体。诚如笔者前文所述，西方科学文化奠基在抽象的人格之上，这种文化模式在社会交往中必然会取消掉差异性和多样性，其普适性特征和"无国界"差异使西方科学不可避免地陷入霸权主义之中。马克思曾一针见血地指出："人的依赖纽带、血统差别、教养差别等等事实上都被打破了，被粉碎了（一

切人身纽带至少都表现为人的关系）；各个人看起来似乎独立地……自由地互相接触并在这种自由中互相交换"①。而当代中国科学文化由于其求同存异、共生共荣的发展趋势，在社会交往中注重保护多样性，探索不同文明之间共存共荣的发展模式。人的社会交往程度关乎人的全面发展，因此，人的自由全面发展也必须建立在世界交往普遍发展的基础之上。当今，交往全球化已成为人类最基本的生存状态，但它对人的全面发展却带来双重效应。我们必须立足于实现交往的合理性，努力顺应交往全球化的要求，推进人的全面发展。对此，习近平总书记所强调："文明因交流而多彩，文明因互鉴而丰富。文明交流互鉴，是推动人类文明进步和世界和平发展的重要动力"。②党的十九大进一步强调："要尊重世界文明多样性，以文明交流超越文明隔阂、文明互鉴超越文明冲突、文明共存超越文明优越。"③ 这里具有立足国内、放眼世界的战略含义，强调多元性基础上普遍性和特殊性的结合，即主张各个民族国家都有各自不同的发展道路，具备自己特殊的文化背景，必须努力摆脱西方势力殖民主义的束缚，才能获得自己独立发展的自由。习近平总书记的这种主张促进兼收并蓄、和而不同的文明交流，体现了党中央领导集体对中国人民、亚洲人民乃至全世界人民福祉的深度关切。

科学观念"知识→价值→文化"的演进路径体现了以人的全面发展为指向的发展路径，这里的人不仅包括中国人，还包括世界各国人民的共同命运。西方科学的理性精神与中国传统"天人合一"、"共生共荣"的和文化在新的历史条件下的融合，加之文化论视阈中的科学与人文的融会与统一，必然加速实现人成为完整的人，成为自由全面发展的人。

---

① 《马克思恩格斯全集》第 30 卷，人民出版社 1995 年版，第 113 页。

② 《习近平谈治国理政》，外文出版社 2014 年版，第 258 页。

③ 习近平：《决胜全面建成小康社会　夺取新时代中国特色社会主义伟大胜利——在中国共产党第十九次全国代表大会上的报告》，人民出版社 2017 年版，第 59 页。

参考文献

一、经典著作

1.《马克思恩格斯全集》第 2 卷，人民出版社 2005 年版。

2.《马克思恩格斯全集》第 3 卷，人民出版社 2002 年版。

3.《马克思恩格斯全集》第 19 卷，人民出版社 1980 年版。

4.《马克思恩格斯全集》第 25 卷，人民出版社 1975 年版。

5.《马克思恩格斯全集》第 30 卷，人民出版社 1995 年版。

6.《马克思恩格斯全集》第 31 卷，人民出版社 1998 年版。

7.《马克思恩格斯全集》第 46 卷，人民出版社 1980 年版。

8.《马克思恩格斯全集》第 47 卷，人民出版社 2004 年版。

9.《马克思恩格斯选集》第 1 卷，人民出版社 1995 年版。

10.《马克思恩格斯选集》第 4 卷，人民出版社 1995 年版。

11.《马克思恩格斯文集》第 1 卷，人民出版社 2009 年版。

12.《马克思恩格斯文集》第 3 卷，人民出版社 2009 年版。

13.《马克思恩格斯文集》第 5 卷，人民出版社 2009 年版。

14.《马克思恩格斯文集》第 8 卷，人民出版社 2009 年版。

15.《马克思恩格斯文集》第 9 卷，人民出版社 2009 年版。

16.《列宁全集》第 20 卷，人民出版社 1972 年版。

17.《毛泽东文集》第八卷，人民出版社 1999 年版。

18.《邓小平文选》第二卷，人民出版社 1994 年版。

19.《邓小平文选》第三卷，人民出版社 1993 年版。

20.《邓小平年谱》（上），中央文献出版社 2004 年版。

21. 江泽民：《论科学技术》，中央文献出版社 2001 年版。

22.《江泽民文选》第一卷，人民出版社 2006 年版。

23.《十六大以来重要文献选编》上，中央文献出版社 2005 年版。

24.《十六大以来重要文献选编》中，中央文献出版社 2006 年版。

25. 中共中央宣传部理论局：《科学发展观学习读本》，学习出版社 2006 年版。

26.《习近平谈治国理政》，外文出版社 2014 年版。

27. 中共中央宣传部：《习近平总书记系列重要讲话读本（2016 年版）》，学习出版社、人民出版社 2016 年版。

28. 习近平：《决胜全面建成小康社会　夺取新时代中国特色社会主义伟大胜利——在中国共产党第十九次全国代表大会上的报告》，人民出版社 2017 年版。

29.《习近平谈治国理政》第二卷，外交出版社 2017 年版。

30. 中共中央宣传部：《习近平新时代中国特色社会主义思想三十讲》，学习出版社 2018 年版。

二、中文著作

28.《吴稚晖的人生观》，广州中山书店 1928 年版。

29. 时希孟：《吴稚晖言行录（上）》，上海广益书局 1929 年版。

30. 景昌极：《哲学论文集》，中华书局 1930 年版。

31. 陈序经：《中国文化的出路》，上海商务印书馆 1934 年版。

32. 中国史学会：《戊戌变法资料丛刊》（三），神州国光社 1953 年版。

33. 徐继畬：《鸦片战争》第 2 册，神州国光出版社 1954 年版。

34. 中国史学会：《中国近代史资料丛刊·戊戌变法（一）》，上海人民出版社 1957 年版。

35.《李大钊文集》，人民出版社 1959 年版。

36. 宝鋆：《筹办夷务始末（同治朝卷二十五）》，中华书局 1964 年版。

37.《胡适选集·历史分册》，文星书店 1966 年版。

38.《吴敬恒选集·科学》，台北文星书店 1967 年版。

39. 沈云龙：《近代中国史料丛刊续编》，文海出版社 1978 年版。

40. 《竺可桢文集》，科学出版社 1979 年版。

41. 《谭嗣同全集》，中华书局 1980 年版。

42. 《胡适哲学思想资料选下册》，华东师大出版社 1981 年版。

43. 葛懋春、李兴芝：《胡适哲学思想资料选（上）》，华东师范大学出版社 1981 年版。

44. 葛懋春、李兴芝：《胡适哲学思想资料选（下）》，华东师范大学出版社 1981 年版。

45. 汤志钧：《康有为政论集》，中华书局 1981 年版。

46. 夏东元：《郑观应集》（上册），上海人民出版社 1982 年版。

47. 顾颉刚：《古史辨》第一册，上海古籍出版社 1982 年版。

48. 朱有瓛：《中国近代学制史料》第 1 辑，华东师范大学出版社 1983 年版。

49. 葛懋春、蒋俊：《梁启超哲学思想论文选》，北京大学出版社 1984 年版。

50. 夏东元：《晚清洋务运动研究》，四川人民出版社 1985 年版。

51. 《吴虞集》，四川人民出版社 1985 年版。

52. 《瞿秋白选集》，人民出版社 1985 年版。

53. 王栻：《严复集》第 1—5 册，中华书局 1986 年版。

54. 陈独秀：《独秀文存》，安徽人民出版社 1987 年版。

55. 薛福成：《筹洋刍议·变法·薛福成选集》，上海人民出版社 1987 年版。

56. 马洪林：《康有为大传》，辽宁人民出版社 1988 年版。

57. 钱穆：《中国文化史导论》，三联书店 1988 年版。

58. 《瞿秋白文集：政治理论篇第 2 卷》，人民出版社 1988 年版。

59. 柳诒徵：《中国文化史》，东方出版中心 1988 年版。

60. 梁启超：《饮冰室合集·专集之二》，中华书局 1989 年版。

61. 梁启超：《饮冰室合集·专集之三》，中华书局 1989 年版。

62. 梁启超：《饮冰室合集·专集之四》，中华书局 1989 年版。

63. 梁启超：《饮冰室合集·专集之十》，中华书局 1989 年版。

64. 梁启超：《饮冰室合集·专集之三九》，中华书局 1989 年版。

65. 梁启超：《饮冰室合集·专集之二十六》，中华书局 1989 年版。

66. 梁启超：《饮冰室合集·专集之三十二》，中华书局 1989 年版。

67. 梁启超：《饮冰室合集·专集之三十四》，中华书局 1989 年版。

68. 梁启超：《饮冰室合集·专集之三十七》，中华书局 1989 年版。

69. 梁启超：《饮冰室合集·文集之一》，中华书局 1989 年版。

70. 梁启超：《饮冰室合集·文集之二》，中华书局 1989 年版。

71. 梁启超：《饮冰室合集·文集之四》，中华书局 1989 年版。

72. 梁启超：《饮冰室合集·文集之六》，中华书局 1989 年版。

73. 梁启超：《饮冰室合集·文集之七》，中华书局 1989 年版。

74. 梁启超：《饮冰室合集·文集之九》，中华书局 1989 年版。

75. 梁启超：《饮冰室合集·文集之二十九》，中华书局 1989 年版。

76. 胡伟希等：《十字街头与塔：中国近代自由主义思潮研究》，上海人民出版社 1991 年版。

77. 沈铭贤等：《科学哲学导论》，上海教育出版社 1991 年版。

78. 黄克剑：《张君劢集》，群言出版社 1993 年版。

79. 《梁漱溟全集》第 1 卷，山东人民出版社 1993 年版。

80. 《陈独秀著作选》第 1 卷，上海人民出版社 1993 年版。

81. 《陈独秀著作选》第 2 卷，上海人民出版社 1993 年版。

82. 余英时：《钱穆与中国文化》，上海远东出版社 1994 年版。

83. 孙尚扬、郭兰芳：《国故新知论：学衡派文化论著辑要》，中国广播电视出版社 1995 年版。

84. 丁伟志、陈菘：《中西体用之间》，中国社会科学出版社 1995 年版。

85. 陈其荣：《自然辩证法导论——自然论、科学论和方法论的新综合》，复旦大学出版社 1995 年版。

86. 《胡先骕文存》，江西高校出版社 1996 年版。

87. 《陈旭麓文集》，华东师范大学出版社 1996 年版。

88. 《胡适文存》第 3 集，黄山书社 1996 年版。

89. 方克立：《现代新儒学与中国现代化》，天津人民出版社 1997 年版。

90. 张君劢、丁文江等：《科学与人生观》，山东人民出版社 1997 年版。

91. 《汪晖自选集》，广西师范大学出版社 1997 年版。

92. 朱熹:《圣算格物·近思录》,安平编译,宗教文化出版社 1997 年版。

93. 王国维:《静庵文集》,辽宁教育出版社 1997 年版。

94. 梁启超:《清代学术概论》,上海古籍出版社 1998 年版。

95. 胡适:《胡适精品集》第 4 册,光明日报出版社 1998 年版。

96. 欧阳哲生:《胡适文集》第 2 册,北京大学出版社 1998 年版。

97. 欧阳哲生:《胡适文集》第 4 册,北京大学出版社 1998 年版。

98. 欧阳哲生:《胡适文集》第 5 册,北京大学出版社 1998 年版。

99. 耿云志:《胡适论争集》,中国社会科学出版社 1998 年版。

100. 吴宓:《吴宓日记》第 3 册,三联书店 1998 年版。

101.《胡适文集》第 2 卷,人民文学出版社 1998 年版。

102. 谢遐龄:《变法以致升平:康有为文选》,上海远东出版社 1998 年版。

103. 沈卫威:《回眸"学衡派":文化保守主义的现代命运》,人民文学出版社 1999 年版。

104. 杨国荣:《科学的形上之维——中国近代科学主义的形成与衍化》,上海人民出版社 1999 年版。

105. 王中江、苑淑娅:《新青年:民主与科学的呼唤》,中州古籍出版社 1999 年版。

106. 胡适:《四十自述》,安徽教育出版社 1999 年版。

107. 张东荪:《科学与哲学》,商务印书馆 1999 年版。

108. 黄瑞雄:《两种文化的冲突与融合》,广西师范大学出版社 2000 年版。

109. 胡逢祥:《社会变革与文化传统:中国近代文化保守主义思潮研究》,上海人民出版社 2000 年版。

110.《胡适留学日记》(下),岳麓书社 2000 年版。

111. 姜义华:《理性缺位的启蒙》,上海三联书店 2000 年版。

112. 朱维铮:《维新旧梦录》,三联书店 2000 年版。

113. 尹保云:《什么是现代化——概念与范式的探讨》,人民出版社 2001 年版。

114. 柳诒徵:《中国文化史》,上海古籍出版社 2001 年版。

115.《熊十力全集》第 3 卷,湖北教育出版社 2001 年版。

116. 习近平主编:《科学与爱国:严复思想新探》,清华大学出版社 2001 年版。

117.罗志田：《乱世潜流：民族主义与民国政治》，上海古籍出版社 2001 年版。

118.姜义华：《胡适学术文集（哲学与文化）》，中华书局 2001 年版。

119.张光芒：《启蒙论》，上海三联书店 2002 年版。

120.严复：《天演之声：严复文选》，天津百花文艺出版社 2002 年版。

121.任鸿隽：《科学救国之梦—任鸿隽文存》，樊洪业、张久春选编，上海科技教育出版社 2002 年版。

122.肖峰：《高科技时代的人之忧思》，江苏人民出版社 2002 年版。

123.冯桂芬：《校邠庐抗议》，上海书店出版社 2002 年版。

124.季羡林：《胡适全集》第 1 卷，安徽教育出版社 2003 年版。

125.李泽厚：《中国现代思想史论》，天津社会科学院出版社 2003 年版。

126.冯天瑜等：《中国学术流变》（下册），华东师范大学出版社 2003 年版。

127.李泽厚：《中国现代思想史论》，天津社会科学院出版社 2003 年版。

128.张再林：《中西哲学的歧异与会通》，人民出版社 2004 年版。

129.汪晖：《现代中国思想的兴起》，三联书店 2004 年版。

130.邱若宏：《传播与启蒙——中国近代科学思潮研究》，湖南人民出版社 2004 年版。

131.秦英君：《科学乎，人文乎：中国近代以来文化取向之两难》，河南大学出版社 2005 年版。

132.萧公权：《康有为思想研究》，汪荣祖译，新星出版社 2005 年版。

133.许纪霖：《二十世纪中国思想史论》，东方出版中心 2006 年版。

134.陈其荣：《当代科学技术哲学导论》，复旦大学出版社 2006 年版。

135.李强：《自由主义》，吉林出版社集团 2007 年版。

136.闫润鱼：《自由主义与近代中国》，新星出版社 2007 年版。

137.蔡普民：《科学发展观的人学审视》，中国社会科学出版社 2007 年版。

138.李醒民：《科学的文化意蕴》，高等教育出版社 2007 年版。

139.高瑞泉：《中国近代社会思潮》，上海人民出版社 2007 年版。

140.杨信礼：《科学发展观研究》，人民出版社 2007 年版。

141.《康有为全集》第 4、8、12 集，姜义华、张荣华校，中国人民大学出版社 2007 年版。

142.张剑：《中国近代科学与科学体制化》，四川人民出版社 2008 年版。

143.吴海江：《文化视野中的科学》，复旦大学出版社 2008 年版。

144.曾欢：《西方科学主义思潮的历史轨迹：以科学统一为研究视角》，世界知识出版社 2009 年版。

145.启良：《20 世纪中国思想史》，花城出版社 2009 年版。

146.杨国荣：《实证主义与中国近代哲学》，华东师范大学出版社 2009 年版。

147.汪信砚：《科学：真善美的统一》，中华书局 2009 年版。

148.郭昊龙：《科学、人文及其融合》，高等教育出版社 2009 年版。

149.章清：《胡适评传》，百花洲文艺出版社 2010 年版。

150.熊月之：《西学东渐与晚清社会》，中国人民大学出版社 2011 年版。

151.王星拱：《科学方法论》，商务印书馆 2011 年版。

152.吴国盛：《科学是什么》，广东人民出版社 2016 年版。

三、中文译著

153.《巴甫洛夫选集》，吴生林等译，科学出版社 1955 年版。

154.[英] 贝尔纳：《历史上的科学》，伍况甫等译，科学出版社 1959 年版。

155.[英] 赫胥黎：《进化与伦理（旧译天演论）》，严复译，科学出版社 1971 年版。

156.[英] 休谟：《人性论》，关文运译，商务印书馆 1980 年版。

157.[英] 史蒂芬·梅森：《自然科学史》，周煦良、全增嘏等译，上海译文出版社 1980 年版。

158.[英] 穆勒：《穆勒名学》，严复译，商务印书馆 1981 年版。

159.[美] 海伦·杜卡斯、巴纳希·霍夫曼：《爱因斯坦谈人生》，高志凯译，世界知识出版社 1984 年版。

160.[美] 丹尼尔·贝尔：《后工业社会的来临——对社会预测的一项探索》，高铦等译，商务印书馆 1984 年版。

161.[英] 汤因比、[日] 池田大作：《展望二十一世纪——汤因比与池田大作对话录》，荀春生等译，国际文化出版公司 1985 年版。

162.[美] R.K.默顿：《十七世纪英国的科学技术和社会》，范岱年、吴忠、蒋效东译，四川人民出版社 1986 年版。

163.[英] 卡尔·波普尔:《猜测与反驳》,周煦良、周昌忠译,上海译文出版社 1986 年版。

164.[苏] 格·姆·达夫里扬:《技术·文化·人》,薛启亮、易杰雄等译,河北人民出版社 1987 年版。

165.[美] E.O.威尔逊:《论人的天性》,林和生等译,贵州人民出版社 1987 年版。

166.[比] 伊·普里戈金、[法] 伊·斯唐热:《从混沌到有序——人与自然的新对话》,曾庆宏、沈小峰译,上海译文出版社 1987 年版。

167.[英] 泰勒:《原始文化》,蔡江浓编译,浙江人民出版社 1988 年版。

168.[美] 莫里斯·戈兰:《科学与反科学》,王德禄、王鲁平等译,中国国际广播出版社 1988 年版。

169.[德] 赫伯特·马尔库塞:《单向度的人》,张峰译,重庆出版社 1988 年版。

170.[美] 乔治·萨顿:《科学史和新人文主义》,陈恒六、刘兵、仲维光编译,华夏出版社 1989 年版。

171.[美] 郭颖颐:《中国现代思想中的唯科学主义》,雷颐译,江苏人民出版社 1989 年版。

172.[美] 李克特:《科学是一种文化过程》,顾昕、张小天译,三联书店 1989 年版。

173.[美]M.W.瓦托夫斯基:《科学思想的概念基础——科学哲学导论》,范岱年等译,求实出版社 1989 年版。

174.[美] 萨顿:《科学的历史研究》,刘兵等编译,科学出版社 1990 年版。

175.[美] 迈克尔·P.托达罗:《经济发展与第三世界》,印金强、赵美荣等译,中国经济出版社 1992 年版。

176.[美] 费耶阿本德:《反对方法》,周昌忠译,上海译文出版社 1992 年版。

177.[美] 亨利·哈里斯:《科学与人》,商梓书、江先声译,商务印书馆 1994 年版。

178.[德] 爱因斯坦:《体验宇宙——爱因斯坦如是说》,龚建星、刘毅强选编,上海文艺出版社 1994 年版。

179.[美] 史华兹:《寻求富强:严复与西方》,叶凤美译,江苏人民出版社 1995 年版。

180.[英] 卡尔·波普尔:《通过知识获得解放》,范景中、李本正译,中国美术学院出版社 1996 年版。

181.[意] 奥雷利奥·佩西：《人的素质》，邵晓光译，辽宁大学出版社 1998 年版。

182.[英] 李约瑟：《中国古代科学思想史》，陈立夫译，江西人民出版社 1999 年版。

183.[瑞士] 皮亚杰：《人文科学认识论》，郑文彬译，中央编译出版社 1999 年版。

184.[美] 拉瑞·劳丹：《进步及其问题》，刘新民译，华夏出版社 1999 年版。

185.[美]乔治·麦克林：《传统与超越》，干春松、杨凤岗译，华夏出版社 2000 年版。

186.[美] 达德利·夏佩尔：《理由与求知》，褚平、周文彰译，上海译文出版社 2001 年版。

187.[法] 昂利·彭加勒：《科学与方法》，李醒民译，辽宁教育出版社 2001 年版。

188.[美] 费耶阿本德：《告别理性》，陈健等译，江苏人民出版社 2002 年版。

189.[美] 艾尔曼：《从前现代的格致学到现代的科学》，蒋劲松、庞冠群译，商务印书馆 2002 年版。

190.[英] 贝尔纳：《科学的社会功能》，陈体芳译，广西师范大学出版社 2003 年版。

191.[美]欧文·白璧德：《卢梭与浪漫主义》，孙宜学译，河北教育出版社 2003 年版。

192.[英] 弗里德里希·A.哈耶克：《科学的反革命》，冯克利译，南京译林出版社 2003 年版。

193.[美] 托马斯·库恩：《科学革命的结构》，金吾伦、胡新和译，北京大学出版社 2003 年版。

194.[德]康德：《自然科学的形而上学基础》，邓晓芒译，上海人民出版社 2003 年版。

195.[美] 乔治·萨顿：《科学的生命》，刘珺珺译，上海交通大学出版社 2007 年版。

196.[美] 安乐哲：《和而不同：中西哲学的会通》，温海明等译，北京大学出版社 2009 年版。

197.[美] 爱德华·希尔斯：《论传统》，傅铿、吕乐译，上海人民出版社 2009 年版。

198.[德]康德：《纯粹理性批判》，蓝公武译，商务印书馆 2009 年版。

199.[英] 怀特海：《科学与近代世界》，何钦译，商务印书馆 2009 年版。

200.《爱因斯坦文集》，许良英、赵中立、张宣三编译，商务印书馆 2010 年版。

201.[美] 约瑟夫·劳斯：《涉入科学：如何从哲学上理解科学实践》，戴建平译，苏州大学出版社 2010 年版。

202.[德] 彼得·科斯洛夫斯基:《后现代文化——技术发展的社会文化后果》,毛怡红译,中央编译出版社 2011 年版。

203.[德]黑格尔:《哲学史讲演录》第 1 卷,贺麟、王太庆译,商务印书馆 2011 年版。

204.[美] 蕾切尔·卡森:《寂静的春天》,吕瑞兰、李长生译,上海译文出版社 2011 年版。

205.[英] 卡尔·皮尔逊:《科学的规范》,李醒民译,商务印书馆 2012 年版。

206.《尼采全集》第 1 卷,中国人民大学出版社 2013 年版。

207.[德] 马克斯·玻恩:《我这一代的物理学》,侯德彭、蒋怡安译,商务印书馆 2015 年版。

208.[美] 艾尔曼:《科学在中国（1550—1900)》,原祖杰等译,中国人民大学出版社 2016 年版。

四、外文著作

209. George Sarton，*Sarton on the History of Science*，Harvard University Press，1962.

210. Elliott Reinold Carlson，*Concept shifts in science and Thomas S. Kuhn's The Structure of Scientific Revolutions*，Ann Arbor，Mich.: UMI，1972.

211. Richard Baum，"Scientism and Bureaucratism in Chinese Thought: Cultural Limits of the 'Four Modernizations'"，*Research Policy Insitute Discussion paper*，No.145，April 1981.

212. Hua.Shiping，*Scientism and humanism: two cultures in post-Mao China*，State University of New York Press，1994.

213. Rouse，J.，*Engaging Science: How to Understand Its Practices Philosophically*，Cornell University Press，1996.

214. Elizabeth Irvine，*Consciousness as a scientific concept: a philosophy of science perspective*，Springer，2013.

后 记

　　本书是在国家社会科学基金项目："科学概念在中国的历史演进研究"
（10CZX017）最终成果基础上修改而成的。项目从申请立项到最终完成历时
6 年，随后到本书成稿又经历 2 年时间。其间，我们意图在学理上对"科学"
概念在中国的历史演进的逻辑进行深入分析。经过深入思考和仔细论证，确
定了本书的思路和框架：在中西科学观念比较视阈下的个性与共性的辩证关
系中，在历史与逻辑辩证统一的视野中，把中国科学观念的演进逻辑放在中
国现代化独特的社会和文化背景中加以考察。在分析和思考的过程中，不是
简单地做线性的考察，而是关注社会和文化各要素的综合作用。既关注科学
观念本身的演进逻辑，也关注导引和支配此种演进逻辑的社会语境和文化语
境。如此，展示出了"科学"在内涵和外延上更为宽广的视阈，具有更广义
的意涵，已经突破了原先设定的"科学概念"视阈，高度关注包括"科学概
念"在内的科学观念在中国的历史演进问题，表达了"科学"与社会、文化
等要素的内在关联，思考的深度和广度有所拓展。这种思考路向在内涵和外
延上符合广义的"科学观念"的规定。有鉴于此，我们把项目最终成果名称
更定为"科学观念在中国的历史演进研究"。

　　本书是在项目负责人江苏大学李丽教授的组织协调下完成的。李丽教授
负责全书思路和框架的构思、规划，论证各部分之间的逻辑关系。确定逻辑
框架后，负责组织协调课题组成员进行论证和写作工作。初稿执笔分别为：
引言、第一章、第二章、第四章由李丽教授执笔，第三章由上海交通大学徐
艳如老师执笔，第五章第一节和第三节由江苏大学孙旭红副教授执笔，第五
章第二节和第六章由江苏大学李明宇副教授执笔。全书的统稿工作由李丽完

成，统稿过程中对初稿进行了润色和加工，对各部分之间的逻辑进行了整合。李明宇协助完成统稿工作。书稿撰写过程中，李丽、李明宇、董德福、孙旭红、赵多辉、侯亚楠等课题组成员围绕研究内容在《自然辩证法研究》、《自然辩证法通讯》、《科学技术哲学研究》等期刊陆续发表论文，其基本观点均融入本书的整体架构中。

书稿的完成受到了来自各个方面的关心，在此深表谢忱。感谢全国哲学社会科学规划办对项目的重视并予立项资助，为此项研究提供了坚实的平台！感谢江苏大学为课题申报和开展提供了保障！感谢江苏大学马克思主义学院的领导和同事们多年来的大力支持！感谢课题组成员的精诚团结、无私奉献！感谢清华大学曾国屏教授在项目申报过程中的指导！感谢复旦大学陈其荣教授花费大量时间和精力阅读书稿，对书稿提出的深刻、中肯、富有启发性的修改建议！感谢中国科学院大学孟建伟教授在项目研究开展过程中的启迪！感谢所有为本书写作提供思想火花的论著、文献的作者们！感谢人民出版社洪琼先生在书稿的出版过程中付出的大量心血！

本书所涉及的问题视阈广阔、资料庞杂，有较大的驾驭难度，因而不足之处在所难免。恳请专家和学者批评指正！

李　丽

2019 年 8 月 1 日

责任编辑：洪　琼

图书在版编目（CIP）数据

科学观念在中国的历史演进研究 / 李丽，李明宇 著 . —北京：人民出版社，
　2019.12
ISBN 978－7－01－021517－4

I.①科…　II.①李…②李…　III.①科学史－研究－中国　IV.① G322.9

中国版本图书馆 CIP 数据核字（2019）第 248865 号

科学观念在中国的历史演进研究
KEXUEGUANNIAN ZAI ZHONGGUO DE LISHI YANJIN YANJIU

李　丽　李明宇　著

人 民 出 版 社 出版发行
（100706　北京市东城区隆福寺街 99 号）

中煤（北京）印务有限公司印刷　新华书店经销

2019 年 12 月第 1 版　2019 年 12 月北京第 1 次印刷
开本：710 毫米 ×1000 毫米 1/16　印张：15
字数：230 千字

ISBN 978－7－01－021517－4　定价：59.00 元

邮购地址 100706　北京市东城区隆福寺街 99 号
人民东方图书销售中心　电话（010）65250042　65289539